刘广瑞　著

工业机器人
从基础到实战

U0389856

化学工业出版社
·北京·

内 容 简 介

本书从机器人的概念、类型、组成与工作原理出发，主要讲述工业机器人的基础理论、系统及实战与应用。第1～5章是基础理论篇，主要讲机器人的概念、刚体位姿描述与坐标变换、运动学、动力学与轨迹规划问题。第6～9章是工业机器人系统篇，主要讲工业机器人的机械系统、控制系统、视觉伺服系统与编程系统四大系统。第10、11章是工业机器人实战与应用篇，主要讲工业机器人设计的概念、理念及总体设计思想、工业机器人的机械设计、控制系统设计问题和工业机器人在智能制造中的应用。每章后面都有思考与练习题，可作教学与研究之用。

本书可作为机械工程、机器人工程、智能制造工程等专业的教材，也可以作为相关专业的工程技术人员的参考书籍。

图书在版编目（CIP）数据

工业机器人从基础到实战/刘广瑞著. —北京：化学
工业出版社，2023.7
　　ISBN 978-7-122-43373-2

　　Ⅰ.①工… Ⅱ.①刘… Ⅲ.①工业机器人 Ⅳ.
①TP242.2

中国国家版本馆 CIP 数据核字（2023）第 074964 号

责任编辑：金林茹　　　　　　　　　　　　文字编辑：吴开亮
责任校对：宋　夏　　　　　　　　　　　　装帧设计：王晓宇

出版发行：化学工业出版社（北京市东城区青年湖南街 13 号　邮政编码 100011）
印　　　刷：三河市航远印刷有限公司
装　　　订：三河市宇新装订厂
787mm×1092mm　1/16　印张 19¾　字数 505 千字　2024 年 3 月北京第 1 版第 1 次印刷

购书咨询：010-64518888　　　　　　　　售后服务：010-64518899
网　　　址：http://www.cip.com.cn
凡购买本书，如有缺损质量问题，本社销售中心负责调换。

定　　价：128.00 元

前言
PREFACE

　　机器人从概念到实物诞生，经历了不断的创新和发展，现在已经进入各行各业，从工业、农业、服务业，到军事、国防、科技、教育、医疗卫生，机器人发挥着越来越大的作用。随着电子信息技术的发展，机器人理论和技术都在不断进步。工业机器人作为机器人的重要分支，随着电子信息技术、机械技术、控制技术、网络技术及人工智能技术的发展而不断升级，目前已经是工业4.0中关键基础与标志性设备，正在从数字化的机械电子系统走向数字化、网络化、智能化的信息物理系统。

　　工业机器人以力学、数学、控制理论、电子信息网络技术为基础，有一套完整的理论，包括各种坐标系的建立与坐标变换，运动学、动力学问题，轨迹规划问题，信息处理与控制问题。工业机器人为了实现其功能，自身有完整的系统。工业机器人这个大系统由机械系统、控制系统、视觉伺服系统、编程系统四个子系统构成。随着工业技术的发展，智能制造变得越来越重要，而工业机器人是智能制造中的核心设备，正在向着数字化、网络化、智能化的智能机器人方向发展，在制造业中扮演着越来越重要的角色。

　　本书从机器人的概念、类型、组成与工作原理出发，主要讲述工业机器人的基础理论、系统及实战与应用。全书分三篇，分别是基础理论篇、系统篇和实战与应用篇。第1~5章是基础理论篇，主要讲机器人的概念、刚体位姿描述和齐次变换、运动学、动力学与轨迹规划问题。第6~9章是工业机器人系统篇，主要讲工业机器人的机械系统、控制系统、视觉伺服系统与编程系统四大系统。第10、11章是工业机器人的实战与应用篇，讲述工业机器人设计的概念、理念及总体设计思想、工业机器人的机械设计、控制系统设计问题和工业机器人在智能制造中的应用。

　　本书有下列特色内容。

　　① 在第2章中，用旋量法推导了空间直角坐标系坐标旋转变换通式。

　　② 在第4章中，用能量法推导了操作空间与关节空间的动力学之间的关系。

　　③ 在第10章中，阐述了智能机器人向嵌入式物联网控制系统方向发展的思想、阐述了工业机器人的总体设计理念、工业机器人机械系统和控制系统的设计过程。

　　④ 在第11章中，阐述了工业机器人在智能制造中的核心作用。

　　本书编写过程中参考了大量相关书籍，在此深表感谢！

　　鉴于笔者水平，内容方面尚存在不足之处，敬请批评指正。

著　者

目录
CONTENTS

第 1 篇　基础理论篇

第2篇 工业机器人系统篇

第 3 篇　工业机器人实战与应用篇

第1篇

基础理论篇

第1章

机器人概论

1.1 机器人概念

1.1.1 定义

（1）我国科学家蒋新松对机器人所下的定义

机器人是一种具有高度灵活性的自动化的机器，这种机器具备与人或生物相似的某些智能能力，如感知能力、规划能力、动作能力和协同能力。

（2）国际标准化组织（ISO)给出的机器人定义

① 机器人的动作机构具有类似人或其他生物体某些器官（如肢体、感官等）的功能。

② 机器人具有通用性，工作种类多样，动作程序灵活易变。

③ 机器人具有不同程度的智能性，如记忆、感知、推理、决策、学习等。

④ 机器人具有独立性，完整的机器人系统在工作中可以不依赖人的干预。

（3）森政弘与合田周平提出的定义

机器人是一种具有移动性、个体性、智能性、通用性、半机械半人性、自动性、奴隶性7个特性的柔性机器。

（4）加藤一郎提出的定义

① 具有脑、手、脚三要素的个体。

② 具有非接触传感器（用视觉和听觉传感器接收远方信息）和接触传感器。

③ 具有平衡觉和固有觉的传感器。

1.1.2 外观类型

（1）工业机器人

工业机器人的本体由腰部、大臂、小臂和腕部组成，末端操作工具装在腕部，如图1-1所示。

一个完整的机器人系统由机器人本体、控制柜和示教盒组成，如图1-2所示。

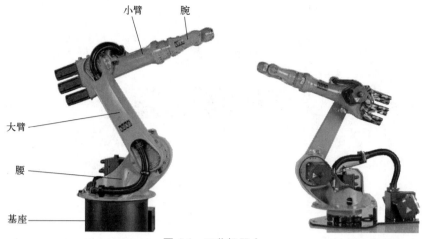

图 1-1　工业机器人

机器人焊接工作站由机器人系统、焊接系统、夹具、变位机及总控制器组成，如图 1-3 所示。

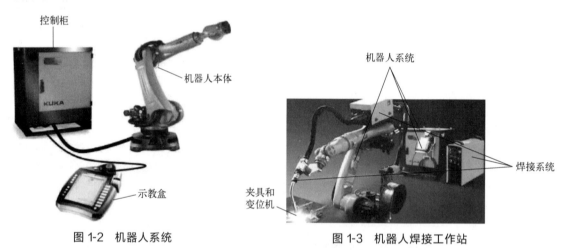

图 1-2　机器人系统　　　　　　　　图 1-3　机器人焊接工作站

图 1-4 所示为一个带有视觉的机器人输送搬运系统，由机器人本体、系统软件、控制

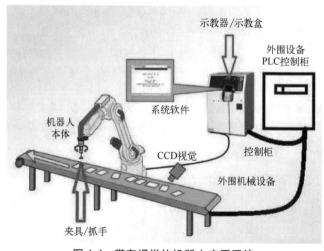

图 1-4　带有视觉的机器人应用系统

柜、外围机械设备、外围设备 PLC 控制柜、CCD 视觉、夹具/抓手、示教盒组成。

（2）移动机器人

移动机器人是机器人的一个大类，包括地面行走机器人（图 1-5）、水中行走机器人（图 1-6）、空中无人机（图 1-7）和空间机器人（图 1-8）几类。

(a) 警用排爆机器人

(b) 工厂搬运AGV小车

(c) 机器狗

(d) 人形机器人

图 1-5　地面行走机器人

(a) 斯坦福的人形水下机器人

(b) 深之蓝公司的白鲨水下机器人

(c) PowerRay小海鳐搭载智能寻鱼器

(d) 鳍源科技的水下机器人

图 1-6　水中行走机器人

(a) 带摄像头的四旋翼无人机

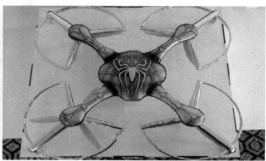

(b) 四旋翼无人机

(c) 人力摇翼飞机

(d) 垂直起降大型无人机

图 1-7　空中无人机

(a) 火星车

(b) 月球车

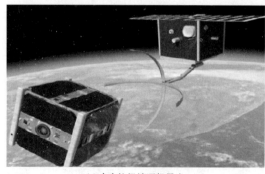

(c) 太空垃圾清理机器人

(d) 舱外作业大型机械臂

图 1-8　空间机器人

1.1.3 机器人三原则

科幻小说家阿西莫夫提出了"机器人三原则"：

① 机器人不应伤害人类。

② 机器人应遵守人类的命令，与第一条违背的命令除外。

③ 机器人应能保护自己，与第一、二条相抵触者除外。

1.2 机器人类型

1.2.1 按应用领域分类

机器人按应用领域，可分为军用机器人和民用机器人两大类，如图1-9所示。

1.2.2 按运动形式分类

机器人通过基座装在某一固定平台上，工作时，腰部、臂部、腕部带着手部末端执行器完成任务。大多数工业机器人属于此类，如图1-10所示。

移动机器人能够在地面、水中、空中、太空及其他星球自由运动，如图1-11所示。

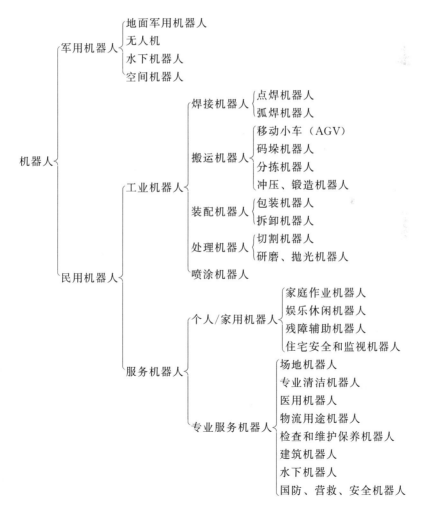

图1-9 机器人按应用领域分类

图1-10　固定平台工作机器人

图1-11　移动机器人

1.2.3　按控制方式分类

　　按照控制方式，机器人可分为遥控工作机器人（图1-12）和自主工作机器人（图1-13）。遥控工作机器人接收远方异地指令，按接收到的指令工作，又能把工作状态返回异地指令端。如无人机属于遥控工作机器人。自主工作机器人可以完全依靠自身程序与指令工作，根据自身传感器感知到的环境变化改变工作程序和状态，远方异地工作站只负责在紧急的时候进行调整和干预。如NASA发射的机遇号、勇气号就属于此类。

(a)

(b)

图1-12　遥控工作机器人

图1-13　自主工作机器人

1.2.4　按机械结构形式分类

　　整个串联机器人，从基础→腰部→臂部→腕部→手部是一个开式链结构，末端操作手在其工作空间自由运动，如图1-14所示。腰部装在基础上，驱动大臂的运动；大臂装在腰上，驱动小臂的运动；小臂装在大臂上，驱动腕部的运动；腕部装在小臂上，驱动末端操作手的运动；末端操作手夹持工件或工具（焊枪或打磨头等）。这种串联结构可以代替专业的机械结构实现许多专业的动作和过程，这是机器人的优点。但是这种结构的运动学和动力学很复杂，控制起来难度很大，这是研究、设计、制造这种机器人的难点，也是它明显的缺点。

　　并联机器人（图1-15）的连杆连在固定平台和运动平台之间，各个连杆之间是并联关系。各个连杆的驱动器均装在固定平台上。它的运动学、动力学问题比串联机器人简单，但是工作空间没有串联机器人的工作空间大。

图 1-14　串联机器人

图 1-15　并联机器人

1.2.5　按坐标系分类

按坐标系分类，机器人可分为直角坐标机器人、圆柱坐标机器人、极坐标机器人、平行轴机器人（SCARA 机器人）、多关节机器人等，如图 1-16 所示。

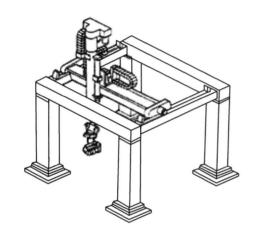

(a) 直角坐标机器人

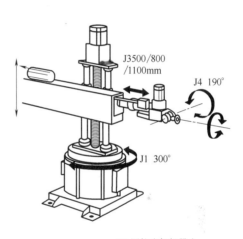

(b) 圆柱坐标机器人

(c) 极坐标机器人

(d) 平行轴机器人(SCARA机器人)

图 1-16

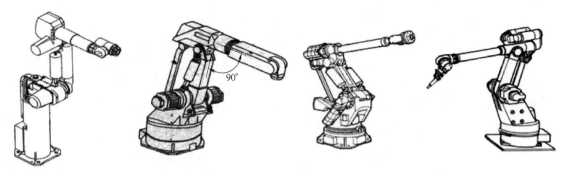

| (1) 轴有偏置 | (2)电驱动大臂平行四边形机构 | (3)液压驱动重载机械臂 | (4)轴无偏置 |

(e) 多关节机器人

图 1-16　机器人按坐标系分类

1.2.6　按驱动装置分类

（1）电气驱动

电气驱动是指由步进电动机或伺服电动机驱动各个关节的运动，各关节联合运动拉动末端操作手，实现最终的操作运动。机器人有几个关节就有几个对应的关节驱动电动机和相应的关节控制系统。

（2）液压驱动

液压驱动是指由液压缸或液压马达驱动各个关节的运动，各关节联合运动拉动末端操作手，实现最终的操作运动。机器人有几个关节就有几个对应的液压伺服控制系统。

（3）气压驱动

气压驱动是指由气压缸或气压马达驱动各个关节的运动，各关节联合运动拉动末端操作手，实现最终的操作运动。机器人有几个关节就有几个对应的气压控制系统。

（4）特种驱动

在一些特殊应用领域，由特种驱动器（压电执行器、磁致伸缩驱动器、形状记忆合金、微纳驱动器、分子马达等）驱动机器人各个关节的运动，各关节联合运动拉动末端操作手，实现最终的操作运动。

（5）混合驱动

根据需要，各关节选用不同类型的驱动器和相应控制系统完成关节控制，由总控制器协调调度各关节控制系统，实现机器人总体控制目标。

1.3　机器人的组成与工作原理

机器人由硬件系统和软件系统组成。

1.3.1　机器人硬件系统的组成

传感与检测装置包括信息获取部分、传感器检测部分、人机接口，相当于人体的五官。驱动与传动装置用于驱动、传动，相当于人体的肌肉和骨骼。控制系统包括各种控制器及接口电路，相当于人体的大脑、脊髓和神经传导。机械结构是执行机构部分，相当于人体的躯干、四肢。

（1）传感与检测装置

工业机器人上用得最多的传感器有与伺服电动机同轴的编码器、左右限位开关、中点检测接近开关等。摄像机、照相机作为视觉与图像采集传感器，近年来在工业机器人上的应用越来越多。其他传感器如触觉、接近觉、滑觉、位置、速度、加速度、力矩、距离、方位、颜色等传感器，也越来越多地用在机器人上，使机器人越来越智能化。

（2）驱动与传动装置

电气传动：伺服电动机、步进电动机、交流电动机、直流电动机、电磁阀。

液压传动：液压泵、液压阀、液压缸或液压马达、液压附件。

气压传动：气源、气动控制元件、气缸或气动马达。

特种执行器：压电执行器、形状记忆合金、磁致伸缩驱动器等。

机器人的驱动器与执行器类型如图 1-17 所示。

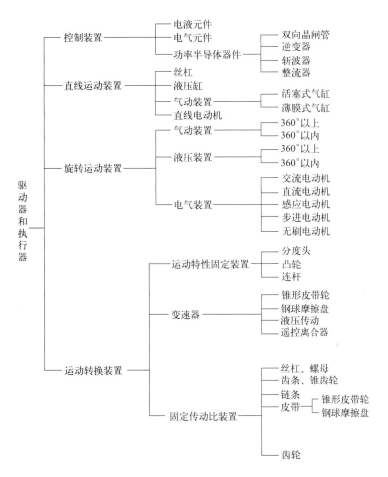

图 1-17　机器人的驱动器与执行器类型

（3）控制系统

控制系统由微控制器（俗称单片机）、可编程逻辑控制器（PLC）、专用运动控制器（工控机与内插板）、CNC 系统、DSP 与嵌入式系统、智能手机等组成。机器人控制系统如图 1-18 所示，机器人控制系统控制方框图如图 1-19 所示。

（4）机械结构

① 构成固定机器人的机械本体和移动机器人的机架。

② 移动机器人的各种行走装置：轮、腿、履带；旋翼、固定翼；水中前进的螺旋桨等。

③ 机械传动机构：齿轮、连杆、链条、皮带、滚珠丝杠、轴承、轴、关节等。

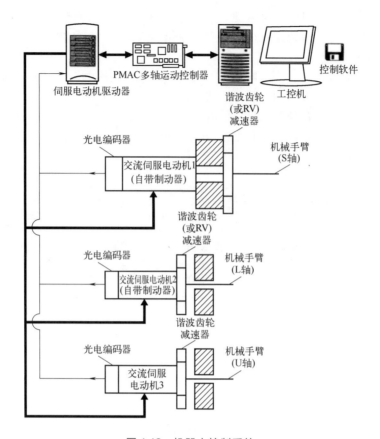

图 1-18 机器人控制系统

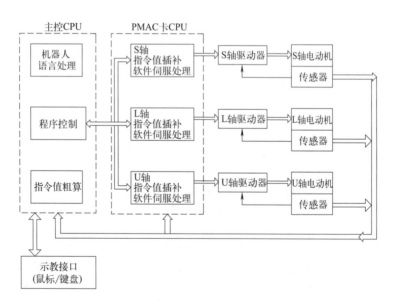

图 1-19 机器人控制系统控制方框图

（5）工业机器人硬件系统组成

工业机器人的硬件系统组成如图 1-20 所示。

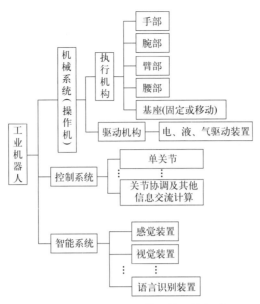

图 1-20　工业机器人的硬件系统组成

（6）移动机器人硬件系统组成

移动机器人硬件系统组成如图 1-21 所示。

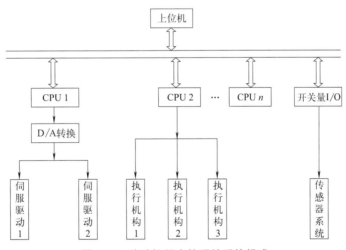

图 1-21　移动机器人的硬件系统组成

1.3.2　机器人软件系统的组成

机器人软件系统包括操作系统、离线编程软件和算法库三部分。

1.3.2.1　机器人操作系统

机器人操作系统（robot operating system，ROS）是用于管理、控制机器人硬件和软件资源的具有高度稳定性的软件平台。它包含了大量工具软件、库代码和约定协议，旨在简化跨机器人平台创建复杂的、鲁棒的机器人行为这一过程的难度与复杂性。ROS 的首要目标是提供统一的开源程序框架，用以在多样化的现实世界与仿真环境中实现对机器人的控制。

机器人操作系统对实时性有较高的要求。工业机器人的专用操作系统有 VxWorks（嵌入式实时操作系统）、Windows CE、嵌入式 Linux、μC/OS-Ⅱ 以及通用 ROS 平台等，其中

Windows CE、嵌入式 Linux、μC/OS-Ⅱ以及通用 ROS 平台为使用较多的开源操作系统，VxWorks 在军事和工业领域应用较多，例如被应用在战斗机和火箭上。

机器人操作系统是为机器人标准化设计而构造的软件平台，它使每一位机器人设计师都可以使用同样的平台来进行机器人软件开发。标准的机器人操作系统包括硬件抽象、底层设备控制、常用功能实现、进程间消息及数据包管理等功能，一般而言可分为底层操作系统层和用户群贡献的实现不同功能的各种软件包。

现有的机器人操作系统架构基本都源自 Linux，主流机器人操作系统有以下几种，且都是依托于 Linux 内核构建起来的。

（1）Ubuntu 操作系统

Ubuntu 操作系统由全球化的专业开发团队 Canonical Ltd. 打造，基于 Debian GNU/Linux 开发，同时也支持 x86、amd64/x64 和 PPC 架构。Ubuntu 操作系统的初衷是作为 Debian 的一个测试平台，向其提供通过测试的稳定软件，并且希望 Ubuntu 操作系统中的软件可以很好地与 Debian 兼容。由于它的易用性，Ubuntu 操作系统发展成了流行的 Linux 发行版本。

Ubuntu 操作系统的软件更新快，系统稳定性好。Ubuntu 所有系统相关的任务均需使用 sudo 指令，这是它的一大特色，这种方式比传统的以系统管理员账号进行管理工作的方式更为安全，这也是 Linux、Unix 操作系统的基本思路之一。

随着物联网设备的风行，2015 年 Ubuntu 首度推出了一个专门针对物联网设备设计的 Snappy Ubuntu Core，整合了更多云端和虚拟技术，并宣称能够在机器人上更顺畅地运行。在众多开源桌面操作系统中，无论是性能还是界面，Ubuntu 操作系统被认为是最优秀的。

（2）Android 操作系统

Android 操作系统通常在手机上使用，其实在机器人领域，它也是一个主流的操作系统，软银公司生产的 Pepper 机器人就使用 Android 操作系统。由于 Android 操作系统在应用程序的审核上相对宽松，因此，目前来说，使用 Android 操作系统开发智能机器人的企业占绝大多数。

（3）ROS——专为机器人设计的操作系统

ROS 是专门为机器人设计的一个开源操作系统，2007 年斯坦福大学人工智能实验室与机器人技术公司 Willow Garage 针对个人机器人项目开发了 ROS 的雏形。多年来，ROS 从最初的无人问津的小众操作系统，已经发展成主流的机器人操作系统之一。

ROS 充当的是通信中间件的角色，即在已有操作系统的基础上搭建了一整套针对机器人系统的实现框架。ROS 还提供了一组实用工具和软件库，用于维护、构建、编写和执行可用于多个计算平台的软件代码。值得一提的是，ROS 的设计者考虑了各软件的不同开发语言，因此 ROS 的开发语言独特，支持 C、Python 等多种开发语言。

市场调查结果显示，目前已经有很多机器人公司采用 ROS 来开发全新的市场产品，如 Clearpath、Rethink、Unbounded、Neurala、Blue River，最典型的是 Willow Garage 的 PR2 机器人。除此之外，还有不少大型公司注意到 ROS，例如，Nvidia、博世、高通、英特尔、宝马及大疆等。

ROS 和 Android 都是开源的，功能相差无几，可以提供硬件抽象、底层设备控制、常用功能实现、进程间消息及数据包管理等功能。但 ROS 能够支持多种语言，如 C、Python、Octave 和 LISP，甚至支持多种语言混合使用，减少开发者的工作量。另外，ROS 是基于 Linux 系统的，其可靠性更高，体积可以做到更小，适合嵌入式设备。

ROS 系统的结构设计也颇有特色，其运行是由多个松耦合的进程组成，每个进程称为节点（node），所有节点可以运行在一个处理器上，也可以分布式运行在多个处理器上。在实际使用时，这种松耦合的结构设计可以让开发者根据机器人所需功能灵活添加各种功能模块。另外，ROS 是分布式处理框架，开发者可以单独设计可执行文件。不同节点的进程能接收、发布各种信息（例如传感、控制、状态、规划等）。但是就目前来看，在业界公认的机器人三大操作系统——Ubuntu、Android 和 ROS 中，使用 Android 操作系统的企业居多。

在国内，做智能机器人产品的公司数不胜数，但敢做并且有实力做智能机器人操作系统的公司屈指可数，小 i 是一家，图灵机器人则是另外一家，还有一家是中国人工智能创业公司 ROOBO。

（4）图灵机器人操作系统 Turing OS

机器人操作系统 Turing OS 于 2015 年 11 月正式面世。这个机器人操作系统不仅能模仿人类的感情和思维，更重要的是，可以实现自主学习升级，真正践行了"人工智能"四个字。目前，除了"哆啦 A 梦"和"乐迪"，还有七八款机器人产品搭载了 Turing OS。

以往提到机器人操作系统，很多人都会想到 ROS，但它并不适用于家庭服务类场景。而 Turing OS 可以说是为家庭场景而生。目前，升级后的 Turing OS 1.5 版本已搭载 40 余款围绕家庭场景的官方应用，并正式引入了多个第三方开发的产品，这些应用覆盖了家庭场景的大部分需求。

Turing OS 与 Windows、安卓（Android）的区别有三个方面。

第一，场景。Windows 主要用在桌面计算机、笔记本电脑，安卓主要用在智能手机，Turing OS 主要用在智能机器人。这是由于使用场景和硬件载体方面的差别。

第二，交互模式。Windows 多通过键盘、鼠标的方式使人机互动。安卓多通过多点触摸的方式使人与智能手机互动。机器人有很大的不同，计算机、手机至少有一个屏幕，但是很多机器人没有屏幕，机器人与人最主要的交互方式是多模态方式，图灵在一次发布会中也提出了机器人多模态交互概念。

第三，应用场景。作为终端载体，通过不同的硬件、操作系统，以及交互方式产生的应用完全不一样，无论是 PC 还是手机都有自己的一套应用体系。Turing OS 基于对人类宏观思维模式及微观思维模式的研究，为机器人研发了一套强大的思维强化引擎，让机器人具备多种宏观及微观思维模式，从而获得人类思维能力。据悉，目前搭载 Turing OS 的机器人在思维强化引擎的作用下，思维能力已达到四五岁儿童的水平。

（5）小 i 机器人云操作系统 iBot OS

小 i 机器人被人们称为"智能机器人客服中国第一品牌"。除 Nao 和 Ina 两个智能机器人产品外，小 i 机器人在操作系统上一样下了不少功夫。

iBot OS 是由小 i 机器人自主研发的智能机器人云操作系统，它采用离线和在线相结合的服务模式，是全球首款采用"云端"的智能机器人操作系统，能够帮助普通机器人和硬件设备实现深度学习，使其具备智能感知能力、智能认知能力、智能协作能力、逻辑分析能力、自主学习能力和情感表达能力。

iBot OS 具备全面的跨平台性和强大的硬件适配能力，"Lite 版本"为单片机等嵌入式系统提供支持功能，可运行于低成本、低主频的嵌入式硬件内，为硬件增加智能处理能力，同时也兼容 x86 和 ARM 等主流硬件平台，能够桥接 ROS、Linux、Windows 和 Android 等各种操作系统。

（6）ROOBO 人工智能机器人系统

中国人工智能创业公司发布了 ROOBO 人工智能机器人系统，还有 DOMGY 智能宠物机器人等一大波令人眼花缭乱的机器人新品。

ROOBO的智能机器人系统主打交互最短路径、交互主动性，以及带有情感的交互，使机器人具备人的智能，能够与人进行有感情、有思想的交流，可以说是重新定义了机器人时代人机交互的方式。

1.3.2.2 机器人离线编程软件

下面介绍全球各大工业机器人离线编程软件的优缺点。

（1）Robotmaster

Robotmaster来自加拿大，由上海傲卡自动化科技有限公司代理，是目前全球离线编程软件中顶尖的软件，几乎支持市场上绝大多数机器人品牌（如KUKA、ABB、FANUC、MOTOMAN、史陶比尔、珂玛、三菱、DENSO、松下等）。Robotmaster在Mastercam中无缝集成了机器人编程、仿真和代码生成功能，提高了机器人编程速度。

优点：可以按照产品数模生成程序，适用于切割、铣削、焊接、喷涂等。独家的优化功能，运动学规划和碰撞检测非常精确，支持外部轴（如直线导轨系统、旋转系统），并支持复合外部轴组合系统。

缺点：暂时不支持多台机器人同时模拟仿真（就是只能做单个工作站），是基于Mastercam做的二次开发，价格昂贵。

（2）RobotArt

RobotArt是目前国内品牌离线编程软件中较好的软件，根据几何数模的拓扑信息生成机器人运动轨迹，之后的轨迹仿真、路径优化、后置代码一气呵成，同时集碰撞检测、场景渲染、动画输出于一体，可快速生成效果逼真的模拟动画，广泛应用于打磨、去毛刺、焊接、激光切割、数控加工等领域。

RobotArt教育版针对教学实际情况，增加了模拟示教器、自由装配等功能，帮助初学者在虚拟环境中快速认识机器人，快速学会机器人示教器基本操作，大幅缩短学习周期，降低学习成本。

优点：① 支持多种格式的三维CAD模型，可导入扩展名为step、igs、stl、x_t、prt（UG）、prt（ProE）、CATPart、sldpart等的格式文件。

② 支持多种品牌工业机器人离线编程操作，如ABB、KUKA、FANUC、YASKAWA、史陶比尔、KEBA、新时达、广数等。

③ 拥有大量航空航天高端应用经验。

④ 自动识别与搜索CAD模型的点、线、面信息生成轨迹。

⑤ 轨迹与CAD模型特征关联，模型移动或变形，轨迹自动变化。

⑥ 一键优化轨迹与一键检测几何级别的碰撞。

⑦ 支持多种工艺包，如切割、焊接、喷涂、去毛刺、数控加工。

⑧ 支持将整个工作站仿真动画发布到网页、手机端。

缺点：软件不支持整个生产线仿真（不够万能），也不支持国外某些小品牌机器人，但是作为机器人离线编程软件，功能一点也不输给国外软件。

（3）RobotWorks

RobotWorks是来自以色列的机器人离线编程仿真软件，与Robotmaster类似，是基于Solidworks做的二次开发。使用时，需要先购买Solidworks。

优点：生成轨迹方式多样、支持多种机器人、支持外部轴。

缺点：基于Solidworks，Solidworks本身不带CAM功能，编程烦琐，机器人运动学规划策略智能化程度低。

（4）Robcad

Robcad 软件较庞大，重点用于生产线仿真，价格也是同类软件中最贵的。软件支持离线点焊，支持多台机器人仿真，支持非机器人运动机构仿真，支持精确的节拍仿真。Robcad 主要应用于产品生命周期中的概念设计和结构设计两个前期阶段，现已被西门子收购，不再更新。

优点：它与主流的 CAD 软件（如 NX、CATIA、IDEAS）无缝集成，实现工具工装、机器人和操作者的三维可视化，可进行制造单元设计、测试以及编程的仿真。

缺点：价格昂贵，离线功能较弱；它是由 Unix 移植过来的界面，人机界面不友好。

（5）DELMIA

汽车行业都用 DELMIA。DELMIA 是达索旗下的 CAM 软件，大名鼎鼎的 CATIA 是达索旗下的 CAD 软件。DELMIA 有六大模块，其中 Robotics 解决方案涵盖汽车领域的发动机、总装和白车身（body-in-white），航空领域的机身装配、维修维护，以及一般制造业的制造工艺。DELMIA 的机器人模块 Robotics 是一个可伸缩的解决方案，利用强大的 PPR 集成中枢快速进行机器人工作单元建立、仿真与验证，是一个完整的、可伸缩的、柔性的解决方案。

优点：可从可搜索的含有超过 400 种机器人的资源目录中，下载机器人和其他工具资源；可利用工厂布置规划工程师所要完成的工作；可加入工作单元中工艺所需的资源进一步细化布局。

缺点：DELMIA 属于专家型软件，操作难度较大。

（6）RobotStudio

RobotStudio 是瑞士 ABB 公司配套的软件，是机器人本体商软件中做得较好的一款。RobotStudio 支持机器人的整个生命周期，使用图形化编程、编辑和调试机器人系统来创建机器人的运行，并模拟优化现有的机器人程序。

优点：CAD 导入方便，可方便地导入各种主流 CAD 格式的数据，包括 IGES、STEP、VRML、VDAFS、ACIS 及 CATIA 等。

缺点：只支持 ABB 品牌机器人，机器人之间的兼容性很差。

（7）Robomove

Robomove 来自意大利，支持市面上大多数品牌的机器人，机器人加工轨迹由外部 CAM 导入。

优点：与其他软件不同的是，Robomove 走的是私人定制路线，根据实际项目进行定制；软件操作自由，功能完善，支持多台机器人仿真。

缺点：需要操作者对机器人有较深的理解，策略智能化程度与 Robotmaster 有较大差距。

（8）其他

其他软件包括安川的 MotoSim，KUKA 的 SimPro，发那科的 ROBGUIDE。此外，还有一些国产软件也在陆续开发中。

1.3.2.3　机器人应用软件——机器人算法库

算法库包括底层算法库及应用工艺算法。

（1）底层算法库

底层算法库的运动学控制算法即规划运动点位，负责控制工业机器人末端执行器按照规定的轨迹达到指定地点。动力学算法负责识别每一个姿态下机身负载物的转动惯量，使其保持最优化输出的状态。

（2）应用工艺算法

应用工艺算法即二次开发，针对不同行业的应用工艺算法，只有在掌握底层算法的基础上才能较好地实现应用工艺算法。

1.3.3 机器人的工作原理

任务的确立：例如，末端操作手按一定的姿态，从起点到终点走某一轨迹的运动。

任务的分解规划：例如，在这个过程中，各个关节应该以多大的速度走多大的角度。

子任务的协调与执行：例如，各个关节之间的协调和配合，同步或以一定的顺序运动，以实现末端手部的运动轨迹。

（1）工业机器人的工作过程

① 通过示教器或离线编程输入运动轨迹。

② 通过轨迹规划生成关节角等运动学参数。

③ 关节伺服系统执行轨迹规划的结果，产生关节运动。

④ 各个关节联动合成末端执行器的运动，从而完成机器人应该完成的作业，如图 1-22 所示。

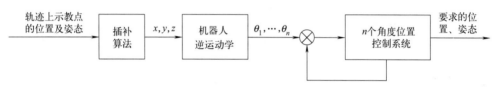

图 1-22　工业机器人的工作过程

（2）移动机器人的工作过程

移动机器人的工作应该包括移动到位和展开工作两部分。仅就移动部分来说，其工作过程包括：环境感知与定位；路径规划；导航；运动控制。

移动机器人控制系统有两种控制结构：图 1-23 是慎思式控制结构，图 1-24 是反应式控制结构。

图 1-23　移动机器人的慎思式控制结构　　　图 1-24　移动机器人的反应式控制结构

1.4　机器人的历史与发展

1.4.1　机器人的历史

1920 年，捷克斯洛伐克卡雷尔·恰佩克在科幻小说《罗萨姆的机器人万能公司》中，根据 robota（捷克文，原意为"劳役、苦工"）和 robotnik（波兰文，原意为"工人"），创造出"机器人"这个词。

1939 年，美国纽约世博会上展出了西屋电气公司制造的家用机器人 Elektro。它由电缆控制，可以行走，会说 77 个字，甚至可以抽烟，但离真正干家务活还差得远。它让人们对家用机器人的憧憬变得更加具体。

1942 年，美国科幻巨匠阿西莫夫提出"机器人三定律"。虽然这只是科幻小说里的创造，但后来成为学术界默认的研发原则。

1954 年，美国人乔治·德沃尔制造出世界上第一台可编程的机器人，并注册了专利。这种机械手能按照不同的程序从事不同的工作，因此具有通用性和灵活性。

1956 年，在达特茅斯会议上，马文·明斯基提出了他对智能机器的看法：智能机器"能够创建周围环境的抽象模型，如果遇到问题，能够从抽象模型中寻找解决方法"。这个定义影响了其后 30 年智能机器人的研究方向。

1959 年，德沃尔与美国发明家约瑟夫·恩格尔伯格联手制造出第一台工业机器人。随后，成立了世界上第一家机器人制造公司——Unimation 公司。由于恩格尔伯格对工业机器人的研发和宣传，他也被称为"工业机器人之父"。

1962 年，美国 AMF 公司生产出"Verstran"（意思是万能搬运），与 Unimation 公司生产的 Unimate 一样成为真正商业化的工业机器人，并出口到世界各国，掀起了全世界对机器人和机器人研究的热潮。

1962～1963 年，传感器的应用提高了机器人的可操作性。人们试着在机器人上安装各种各样的传感器，包括 1961 年恩斯特采用的触觉传感器；1962 年托莫维奇和博尼在世界上最早的"灵巧手"上用到了压力传感器；1963 年麦卡锡开始在机器人中加入视觉传感系统，并在 1965 年，帮助麻省理工学院（MIT）推出了世界上第一个带有视觉传感器，能识别并定位积木的机器人系统。

1965 年，约翰斯·霍普金斯大学应用物理实验室研制出 Beast 机器人。Beast 能通过声呐系统、光电管等装置，根据环境校正自己的位置。20 世纪 60 年代中期开始，美国麻省理工学院、美国斯坦福大学、英国爱丁堡大学等陆续成立了机器人实验室。美国兴起研究第二代带传感器、"有感觉"的机器人的热潮，并向人工智能进发。

1968 年，美国斯坦福研究所公布他们研发成功的机器人 Shakey。它带有视觉传感器，能根据人的指令发现并抓取积木，不过控制它的计算机有一个房间那么大。Shakey 可以算是世界上第一台智能机器人，拉开了第三代机器人研发的序幕。

1969 年，日本早稻田大学加藤一郎实验室研发出第一台以双脚走路的机器人。加藤一郎长期致力于仿人机器人研究，被誉为"仿人机器人之父"。日本专家一向以研发仿人机器人和娱乐机器人的技术见长，后来更进一步，催生出本田公司的 ASIMO 和索尼公司的 QRIO。

1973 年，世界上第一次机器人和小型计算机合作，在美国 Cincinnati 的 Milacron 公司诞生了机器人 T3。

1978 年，美国 Unimation 公司推出通用工业机器人 PUMA，这标志着工业机器人技术已经完全成熟。PUMA 至今仍然工作在工厂第一线。

1984 年，恩格尔伯格推出机器人 Helpmate，这种机器人能在医院里送饭、送药、送邮件。恩格尔伯格宣称："我要让机器人擦地板，做饭，出去帮我洗车，检查安全"。

1998 年，丹麦乐高公司推出机器人 Mindstorms 套件，让机器人制造变得与搭积木一样，相对简单又能任意拼装，使机器人开始走入个人世界。

1999 年，日本索尼公司推出犬型机器人爱宝（AIBO），当即销售一空，从此娱乐成为机器人迈进普通家庭的途径之一。

2002 年，丹麦 iRobot 公司推出了吸尘器机器人 Roomba，它能避开障碍，自动设计行进路线，还能在电量不足时，自动驶向充电座。吸尘器机器人是目前世界上销量最大、最商业化的家用机器人。

2006 年 6 月，微软公司推出 Microsoft Robotics Studio，机器人模块化、平台统一化的趋势越来越明显，比尔·盖茨预言，家用机器人很快将席卷全球。

2007 年，德国库卡公司（KUKA）推出了 1000kg 有效载荷的远距离机器人和重型机器人，它大幅扩展了工业机器人的应用范围。

2008 年，日本发那科（FANUC）公司推出了一个新的重型机器人 M-2000iA，其有效载荷约达 1200kg。

2008 年，世界上第一例机器人切除脑瘤手术成功。施行手术的是卡尔加里大学医学院研制的"神经臂"。

2008 年 11 月 25 日，国内首台家用网络智能机器人——塔米（TAMI）在北京亮相。

2009 年，瑞典 ABB 公司推出了世界上最小的多用途工业机器人 IRB120。

2010 年，德国库卡公司（KUKA）推出了一系列新的货架式机器人（Quantec），该系列机器人拥有 KR C4 机器人控制器。

2011 年，第一台仿人型机器人进入太空。

2014 年，国内首条"机器人制造机器人"生产线投产。

2014 年，英国雷丁大学的研究表明，一台超级计算机成功让人类相信它是一个 13 岁的男孩儿，从而成为有史以来首台通过"图灵测试"的机器。

2015 年，中国研制出世界上首台自主运动可变形液态金属机器。

2015 年，世界级"网红"——Sophia（索菲亚）诞生。

2017 年 10 月 26 日，索菲亚在沙特阿拉伯首都利雅得举行的"未来投资倡议"大会上获得了沙特公民身份，也是史上首位获得公民身份的机器人。

2017 年 11 月，美国加利福尼亚州的 Abyss Creations 公司宣布，真正意义上的性爱女机器人已经成功研发，并正式进入全球市场开始销售。

除此之外，2017 年还有很多让人惊讶的机器人，如全球首款社交机器人 Jibo，会翻跟头的人形机器人 Atlas。

1.4.2　机器人的发展

机器人由工业开始逐步走向农业、服务业，并向着人类生产生活的各个方面扩展。

现在，机器人是人工智能的主力军，也是智能制造、自动化生产的支柱。

机器人发展阶段的划分如下。

第一代机器人：具有示教再现功能；有内部传感器（位置、速度、力或力矩）；有相应的伺服控制系统。

第二代机器人：具有感知外部环境的传感器。

第三代机器人（所谓的智能机器人）：能独立决定工作方式，并能适应内外环境的变化。

机器人的发展趋势：全面模拟人的功能，但比人更强。

1.5　工业机器人的关键技术

机器人关键基础部件主要分成以下三部分：高精度机器人减速器（减速器也称减速机）、高性能交直流伺服电动机和驱动器、高性能机器人控制器。

1.5.1　高精度机器人减速器

减速器是机器人的关键部件，目前主要使用两种类型的减速器：谐波齿轮减速器（图 1-25）和 RV 减速器（图 1-26）。

图 1-25　谐波齿轮减速器

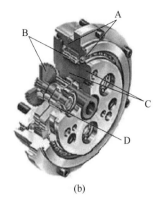

(a)　　　　　　　(b)

图 1-26　RV 减速器（纳博特斯克的
专利产品——两级摆线减速器）

A—轴承；B—行星齿轮；C—滚轮；D—滚针

（1）谐波齿轮减速器

谐波传动方法由美国发明家 C. Walton Musser 于 20 世纪 50 年代中期发明。谐波齿轮减速器主要由波发生器、柔轮和刚轮 3 个基本构件组成，依靠波发生器使柔轮产生可控弹性变形，并与刚轮相啮合来传递运动和动力，单级传速比可达 70～1000，借助柔轮变形可做到反转无侧隙啮合。与一般减速器比较，输出力矩相同时，谐波齿轮减速器的体积可减小 2/3，重量可减轻 1/2。柔轮承受较大的交变载荷，因而其材料的抗疲劳强度、加工和热处理要求较高，制造工艺复杂，柔轮性能是高品质谐波齿轮减速器的关键。输入轴带动波轮运动，柔轮带动输出轴产生减了速的输出运动。

国内外工业机器人主流高精度谐波齿轮减速器性能比较如表 1-1 所示。

表 1-1　国内外工业机器人主流高精度谐波减速器性能比较

参　数	Harmonic Drive(日本)	中技克美(中国)
允许最高输入转速/(r/min)	6500	3000
额定转矩(输入 2000r/min)/(N·m)	24	16
传动效率/%	85	80
扭转刚度/(N·m/deg)	2.94	0.5872

（2）RV 减速器

德国人 Lorenz Baraen 于 1926 年提出摆线针轮行星齿轮传动原理，日本帝人株式会社（Teijin Seiki Co., Ltd）于 20 世纪 80 年代率先开发了 RV 减速器。RV 减速器由一个行星齿轮减速器的前级和一个摆线针轮减速器的后级组成。相比于谐波齿轮减速器，RV 减速器具有更好的回转精度和精度保持性。

国内外工业机器人主流高精度摆线针轮减速器性能比较如表 1-2 所示。

表 1-2　国内外工业机器人主流高精度摆线针轮减速器性能比较

参　数	Nabtesco RV	住友 Cyclo	国内
额定转矩(输出 15r/min)/(N·m)	980	966	
传动效率/%	85	70	尚无成熟的产品
扭转刚度/(N·m/deg)	510	294	
质量	19.5		

目前在高精度机器人减速器方面，市场份额的75%由两家日本减速器公司占有，分别为提供RV摆线针轮减速器的日本Nabtesco公司和提供高性能谐波减速器的日本Harmonic Drive公司。包括ABB、FANUC、KUKA、MOTOMAN在内的国际主流机器人厂商的减速器均由以上两家公司提供。关节处的减速器如图1-27所示。

图1-27 关节处的减速器

1.5.2 高性能交直流伺服电动机及驱动器

在伺服电动机和驱动器方面，目前欧系机器人的驱动部分主要由伦茨、Lust、博世力士乐等公司提供，这些电动机及驱动部件过载能力强，动态响应好，驱动器开放性强，且具有总线接口，但是价格昂贵。而日系品牌工业机器人关键部件主要由安川、松下、三菱等公司提供，其价格相对较低，但是动态响应能力较差，开放性较差，且大部分只具备模拟量和脉冲控制方式。国内近年来也开展了大功率交流永磁同步电动机及驱动部分的基础研究和产业化，如哈尔滨工业大学、北京和利时集团、广州数控设备有限公司等单位，并且具备了一定的生产能力，但是其动态性能、开放性和可靠性还需要更多的实际机器人项目应用进行验证。伺服电动机及驱动器如图1-28所示。

机器人用伺服系统的特殊要求：快速响应、高精度、体积小、重量轻、特殊结构（如空心杯形）、适应频繁加减速、适应频繁正反向、承受短时过载、高可靠性、稳定性。

图1-28 伺服电动机及驱动器

1.5.3 高性能机器人控制器

在机器人控制器方面，目前国外主流机器人厂商的控制器均为在通用的多轴运动控制器平台基础上自主研发的。目前通用的多轴控制器平台主要分为以嵌入式处理器（DSP、POWER PC）为核心的运动控制卡和以工控机加实时系统为核心的PLC系统，其代表分别是Delta Tau的PMAC卡和Beckhoff的TwinCAT系统。国内在运动控制卡方面，固高公司已经开发出相应成熟产品，但是在机器人上的应用还相对较少。

1.5.4 机器人操作系统

通用的机器人操作系统是为机器人设计的标准化的构造平台，每一位机器人设计师都可以使用这种操作系统来进行机器人软件开发。ROS将推进机器人行业向硬件、软件独立的方向发展。

ROS提供标准操作系统服务，包括硬件抽象、底层设备控制、常用功能实现、进程间消息及数据包管理。

ROS分成两层：底层是操作系统层；高层是用户群贡献的机器人实现不同功能的各种软件包。

现有的机器人操作系统架构主要是基于Linux的Ubuntu开源操作系统。另外，美国斯坦福大学、美国麻省理工学院、德国慕尼黑大学等已经开发出了各类ROS系统。2007年，微软机器人开发团队推出了一款"Windows机器人版"操作系统。

1.5.5 各部分占整个机器人的成本比例

机器人各个部分占总成本的比例如图 1-29 所示。

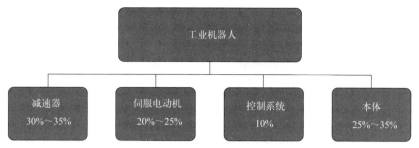

图 1-29 机器人各个部分占总成本的比例

1.6 工业机器人产业链

机器人自动化行业按产业链分为上游、中游和下游。

上游：原材料供应、零部件供应。

- 原材料供应：铸铁、铝合金、不锈钢等传统材料，碳纤维、尼龙、树脂等新型材料。
- 零部件供应：减速器、伺服电动机及驱动器、控制器。

中游：本体制造商、系统集成商。

- 本体制造商：机器人支柱、基座、大小臂、腕、末端执行器的生产、组装。
- 系统集成商：负责机器人软件系统的开发与集成。

下游：本地合作商、代理商、第三方服务。

- 本地合作商：承担厂商的系统二次开发、定制末端执行器、售后服务。
- 代理商：品牌代理、分销等工作。
- 第三方服务：负责机器人的维护、教育培训等工作。

从成本上来看，核心零部件占工业机器人成本的大头，约 72%。多轴工业机器人的成本构成中，机械本体占约 22%；伺服系统占约 24%；减速器系统占约 36%；控制系统占约 12%；其他外设占约 6%。

我国工业机器人生产主要集中在本体和集成端，核心零部件缺失严重抬高国内工业机器人的成本，制约行业发展。多数厂商承担系统二次开发、定制部件和售后服务等附加值低的工作。关键基础部件中，国内大部分知名机器人本体制造企业均已实现控制器自主生产，但和国际水平仍有差距；而另两个关键基础部件——伺服电动机和减速器，仍大量依赖进口。

"伺服系统""控制器""核心算法""精密减速器"及"应用和集成技术"五大核心技术被称为机器人本体的"成功五要素"。国内机器人本体要发展得好，在这五大要素中至少要有两个是擅长的。

1.7 国内外工业机器人制造商

（1）国外著名机器人制造商

国外著名机器人制造商包括库卡（KUKA）、ABB、发那科（FUNAC）、安川（Yaskawa）、松下（Panasonic）、不二越（Nachi）、川崎（Kawasaki）、史陶比尔（Staubli）、柯马（Comau）、爱普生（EPSON）、新松（SIASUN）、埃夫特（EFORT）。其中发那科、ABB、安川、库卡为工业机器人四大家族。

（2）国内自主品牌知名企业

国内自主品牌知名企业见表1-3。

表1-3　国内自主品牌知名企业

产业链环节		知名企业
关键零部件	控制系统	沈阳新松、广州数控、南京埃斯顿、慈星股份、新时达、深圳固高等
	伺服电动机	广州数控、南京埃斯顿、新时达、汇川技术、华中数控、英威腾等
	减速器	南通振康、苏州绿的、浙江恒丰泰、上海机电、浙江双环、秦川等
机器人本体		沈阳新松、广州数控、安徽埃夫特、南京埃斯顿、新时达、美的、苏州铂电、上海沃迪、广州启帆、博实股份、新时达、华中数控、常州铭赛等
系统集成		沈阳新松、唐山开元、广州数控、安徽埃夫特、南京埃斯顿、长沙长泰、广州瑞松、华恒焊接、巨一自动化、博实股份等

国内自主品牌机器人生产企业主要分布区域如表1-4所示。

表1-4　自主品牌机器人生产企业主要分布区域

地区	城市	企业
东北地区	沈阳	沈阳新松、中科院沈阳自动化研究所
	哈尔滨	哈工大、工大博实
环渤海地区	北京	时代科技、培田大富、托波尔、康力优蓝、天智医疗、纳恩伯科技
	青岛	科捷、宝佳、华东机械、诺利达、海山海洋设备、创想
	唐山	开元
	天津	晨星自动化、纳恩伯科技、天瑞搏、深之蓝
中西部地区	重庆	华数、嘉鹏
	长沙	长泰
	武汉	华中数控
	芜湖	艾夫特、瑞祥
	合肥	雄鹰、巨一、科大讯飞、泰禾光电、科大智能
长三角地区	上海	沃迪、新时达、未来伙伴、智臻、好小子
	常州	铭赛、远量、汉迪
	南京	埃斯顿
	南通	振康
	苏州	汇博、科沃斯、绿的、华恒、辰华、穿山甲、瑞泰智能
	杭州	浙江中控
珠三角地区	广州	广数、启帆、达意灌、明璐、瑞松、粤研
	深圳	固高、大疆、优必选、繁兴
	佛山	利迅达、嘉腾、鼎峰

本 章 小 结

① 介绍了机器人的一般概念、常见类型。

② 介绍了机器人的硬件组成。

③ 介绍了机器人常见操作系统。

④ 介绍了工业机器人的常见离线编程软件。

⑤ 介绍了机器人的一般工作原理。

⑥ 介绍了机器人的历史与发展。

⑦ 介绍了工业机器人的关键技术。

⑧ 介绍了工业机器人的产业链。

⑨ 介绍了国内外工业机器人制造商。

思考与练习题

1. 列出几种机器人定义。
2. 划分机器人类型。
3. 按照应用领域分，军用和民用机器人各有哪些类型？
4. 按照用途列出几种工业机器人类型。
5. 工业机器人由哪几部分构成？叙述工业机器人的工作原理。
6. 移动机器人由哪几部分构成？叙述移动机器人的工作原理。
7. 为什么说机器人是一个机械电子系统？
8. 简述机器人发展史。
9. 简述工业机器人发展阶段。
10. 工业机器人的关键技术有哪些？

参 考 文 献

[1] 吴振彪，王正家. 工业机器人 [M]. 2版. 武汉：华中科技大学出版社，2006.
[2] 刘极峰，易际明. 机器人技术基础 [M]. 北京：高等教育出版社，2006.
[3] 马香峰. 工业机器人的操作机设计 [M]. 北京：冶金工业出版社，1996.
[4] 余达太，马香峰. 工业机器人应用工程 [M]. 北京：冶金工业出版社，1999.
[5] 郭洪红. 工业机器人技术 [M]. 3版. 西安：西安电子科技大学出版社，2016.
[6] 刘进长，辛健成. 机器人世界 [M]. 郑州：河南科学技术出版社，2000.
[7] 尔尼·L贺尔，贝蒂·C贺尔. 机器人学入门 [M] 刘又午译. 天津：天津大学出版社，1987.
[8] 程栋等. 世界科普画廊：机器与人 [M]. 杭州：浙江教育出版社，1997.
[9] 李昌烟，李爱华，王敬东等. 结识机器人 [M]. 济南：山东大学出版社，2002.
[10] 王天然. 机器人 [M]. 北京：化学工业出版社，2002.
[11] 彼得·门泽尔，费斯·阿卢伊西奥. 机器人的未来：类人机器人访谈录 [M]. 张帆，钟皓，译. 上海：上海辞书出版社，2002.
[12] 张毅，罗元，郑太雄. 移动机器人技术及其应用. 北京：电子工业出版社，2007.

第 **2** 章

刚体位姿描述和齐次变换

2.1 刚体位姿描述

2.1.1 位置的描述

空间中一点的位置可用坐标系中一点的位置坐标来描述。位置的描述都是相对的，先要确定原点，再建立坐标系，然后再用点在坐标轴上的投影的坐标描述该点在该坐标系中的位置。例如，一点 A 在坐标系 $oxyz$ 中的坐标可表示为

$$\boldsymbol{p}_A = \begin{bmatrix} p_x \\ p_y \\ p_z \end{bmatrix} \tag{2-1}$$

式中，p_x、p_y、p_z 分别为 A 点在坐标系 $oxyz$ 中的坐标。

2.1.2 姿态的描述

刚体（不考虑变形的物体）姿态的描述需要建立两个坐标系：一个叫参考坐标系 A；另一个叫固接坐标系 B。固接坐标系（连体坐标系）：为了表示空间某刚体 B 的姿态，在该刚体上固接一坐标系 $\{B\}$，与该刚体一起运动，代表该刚体在空间中的姿态（或叫方位），$\{B\}$ 称为固接坐标系。旋转矩阵：固接坐标系 $\{B\}$ 的 3 个单位主矢相对于参考坐标系 $\{A\}$ 的 3 个坐标轴的 9 个方向余弦组成 3×3 矩阵。用这个旋转矩阵表示 B 坐标系相对 A 坐标系的姿态，称为 B 坐标系相对 A 坐标系的姿态矩阵。

$$\boldsymbol{R}_{B \to A} = \begin{bmatrix} ^A\boldsymbol{x}_B & ^A\boldsymbol{y}_B & ^A\boldsymbol{z}_B \end{bmatrix}$$

$$\vec{\mathbb{x}} = \begin{bmatrix} r_{11} & r_{12} & r_{13} \\ r_{21} & r_{22} & r_{23} \\ r_{31} & r_{32} & r_{33} \end{bmatrix} \tag{2-2}$$

式中，$^A\boldsymbol{x}_B = \begin{bmatrix} r_{11} \\ r_{21} \\ r_{31} \end{bmatrix}$ 为 B 坐标系的 x 轴与 A 坐标系的 3 个坐标轴的夹角的余弦所构成的

列向量，$r_{11} = \cos(x_B, x_A)$，$r_{21} = \cos(x_B, y_A)$，$r_{31} = \cos(x_B, z_A)$；$^A\boldsymbol{y}_B = \begin{bmatrix} r_{12} \\ r_{22} \\ r_{32} \end{bmatrix}$ 为 B 坐

标系的 y 轴与 A 坐标系的 3 个坐标轴的夹角的余弦所构成的列向量，$r_{12} = \cos(y_B, x_A)$，

$r_{22} = \cos(y_B, y_A)$，$r_{32} = \cos(y_B, z_A)$；${}^A z_B = \begin{bmatrix} r_{13} \\ r_{23} \\ r_{33} \end{bmatrix}$ 为 B 坐标系的 z 轴与 A 坐标系的 3 个

坐标轴的夹角的余弦所构成的列向量，$r_{13} = \cos(z_B, x_A)$，$r_{23} = \cos(z_B, y_A)$，$r_{33} = \cos(z_B, z_A)$。

2.1.3 位姿的描述

B 坐标系相对于 A 坐标系的位姿描述方法：用 B 坐标系的原点在 A 坐标系下的位置坐标或矢量表示 B 坐标系的位置，用 B 坐标系相对于 A 坐标系的姿态矩阵表示 B 坐标系的姿态，用 B 坐标系相对 A 坐标系的位置矢量加上姿态矩阵，两者联合表示 B 坐标系相对 A 坐标系的位姿，用下面的表达式表示。

$$\boldsymbol{B} = \begin{bmatrix} \boldsymbol{R}_{B \to A} & {}^A \boldsymbol{p}_{o_B} \end{bmatrix} \tag{2-3}$$

这应该是一个 3 行 4 列的矩阵。

刚体的位置和姿态描述如图 2-1 所示。

若知道 B 坐标系的原点 o_B 在 A 坐标系中的坐标，知道 B 坐标系的 3 个坐标轴相对于 A 坐标系的 3 个坐标轴的夹角，就可以确定 B 坐标系在 A 坐标系下的位姿。

2.1.4 手爪坐标系

按照以上的刚体位姿描述的方法，机器人末端手爪的位姿就可以这样描述：在手爪上建立固接坐标系 $\{B\}$，那么手爪相对于其他坐标系的位置和姿态就可以用这个固接坐标系相对于其他坐

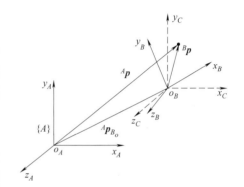

图 2-1 刚体的位置和姿态描述

标系的一个 3 行 4 列的矩阵来表示。例如，如果想把手爪的位置和姿态描述在基座等处建立的参考坐标系 $\{A\}$ 中，那么，就可以用手爪固接坐标系相对于参考坐标系的 3×4 矩阵来描述了。

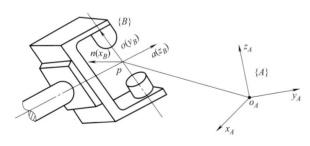

图 2-2 机器人末端手爪位姿的描述

对图 2-2 所示的末端手爪，在其上建立连体坐标系表达其自身的位姿。理论上该连体坐标系建在哪里都行，只要与该末端手爪绑定在一起、随之一起运动，能够代表该手爪的位姿就行。但实际上常常以便于获取手爪上某一点在绑定的连体坐标系内的坐标为好。通常两个手指的中心连线的中点为坐标系原点 o，以二指中心线作为 y 轴，方向从一个指的中心指向另一个指的中心。以通过原点、垂直于手爪的安装平面的直线方向作为 z 轴方向，以通过原点、垂直于 yz 平面的方向作为 x 方向，具体指向要符合右手法则。有时候手爪坐标系的建立还要参考腕部坐标系，符合第 3 章机器人运动学中所讲的 D-H 方法。在建立手爪的连体坐标系 $\{B\}$ 和参考坐标系 (A) 之后，手爪的位姿就可以用 B 坐标系相对于 A 坐标系的 3×4 位姿矩阵来描述。

2.2 坐标变换

若已知刚体上一点在该刚体的连体坐标系中的位置坐标，那么如何将其转化为在参考坐标系中的坐标呢？为此，这里先找到坐标平移、坐标旋转两种特殊情况下的坐标变换关系，然后推知在一般情况下的坐标变换关系。

2.2.1 坐标平移

坐标系 $\{B\}$ 与坐标系 $\{A\}$ 具有相同的方位，坐标轴全平行，但是原点不重合（图 2-3），这种情况称为两坐标系之间的平移关系。

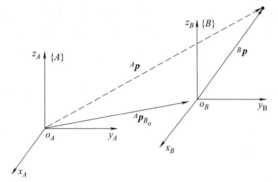

图 2-3 坐标系 B 与坐标系 A 的
坐标轴全平行但原点不重合

在这种情况下，若已知空间一点在 B 坐标系下的坐标，如何求出它在 A 坐标系下的坐标呢？

例如，若已知空间一点在 B 坐标系下的坐标 $p(x_B, y_B, z_B)$，如何求出它在 A 坐标系下的坐标 $p(x_A, y_A, z_A)$？

这种情况下有下式成立：

$$\begin{cases} x_A = x_B + x_{B_o} \\ y_A = y_B + y_{B_o} \\ z_A = z_B + z_{B_o} \end{cases}$$

写成矢量式为

$$\boldsymbol{p}_A = \boldsymbol{p}_B + \boldsymbol{p}_{B_o} \tag{2-4}$$

其中

$$\boldsymbol{p}_A = \begin{bmatrix} x_A \\ y_A \\ z_A \end{bmatrix}, \quad \boldsymbol{p}_B = \begin{bmatrix} x_B \\ y_B \\ z_B \end{bmatrix}, \quad \boldsymbol{p}_{B_o} = \begin{bmatrix} x_{B_o} \\ y_{B_o} \\ z_{B_o} \end{bmatrix}$$

这就是坐标平移变换，它是最简单的一种坐标变换关系。

2.2.2 坐标旋转

坐标系 $\{B\}$ 与坐标系 $\{A\}$ 具有相同的坐标原点，但是方位不同，如图 2-4 所示。这种情况下，两坐标系之间是坐标旋转关系。这种情况下，若已知一点 p 在 B 坐标系下的坐标，如何求出它在 A 坐标系下的坐标呢？这种情况称为从 B 坐标系到 A 坐标系的坐标旋转。

首先回顾一下平面坐标系下，纯旋转情况下，两坐标系下的坐标之间的关系。如图 2-5 所示，坐标系 $B(x_B, y_B)$ 与坐标系 $A(x_A, y_A)$ 的原点重合。

直接从图 2-5 所示的几何关系即可得出

$$x_a = x_b \cos\theta - y_b \sin\theta$$
$$y_a = x_b \sin\theta + y_b \cos\theta$$

写成向量矩阵式

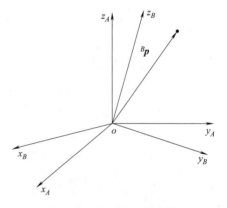

图 2-4 坐标系 B 与坐标系 A 之间是纯旋转关系

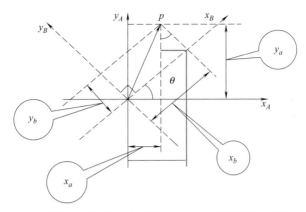

图 2-5　平面坐标系下两个原点重合的坐标系下坐标之间的关系

$$\begin{bmatrix} x_a \\ y_a \end{bmatrix} = \begin{bmatrix} \cos\theta & -\sin\theta \\ \sin\theta & \cos\theta \end{bmatrix} \begin{bmatrix} x_b \\ y_b \end{bmatrix}$$

简写成

$$^A\boldsymbol{p} = \boldsymbol{R}_{B \to A}(\theta)\,{}^B\boldsymbol{p} \tag{2-5}$$

此即平面情况下，两原点重合的坐标系之间的坐标关系。

在三维情况下，坐标系 B 与坐标系 A 的原点重合的情况下，点 P（或位置矢量 $\overrightarrow{OP}$）在这两个坐标系下的坐标有什么关系呢？

在 B 坐标系下，位置矢量 $\overrightarrow{OP}$ 可表示成

$$\overrightarrow{OP} = x_B\boldsymbol{i}_B + y_B\boldsymbol{j}_B + z_B\boldsymbol{k}_B \tag{2-6}$$

式中，$\boldsymbol{i}_B$、$\boldsymbol{j}_B$、$\boldsymbol{k}_B$ 分别为 B 坐标系的 x、y、z 轴的单位矢量。

在 A 坐标系下，位置矢量 $\overrightarrow{OP}$ 可表示成

$$\overrightarrow{OP} = x_A\boldsymbol{i}_A + y_A\boldsymbol{j}_A + z_A\boldsymbol{k}_A \tag{2-7}$$

式中，$\boldsymbol{i}_A$、$\boldsymbol{j}_A$、$\boldsymbol{k}_A$ 分别为 A 坐标系的 x、y、z 轴的单位矢量。
在两个坐标系下同一矢量的两个表达式应该相等

$$x_A\boldsymbol{i}_A + y_A\boldsymbol{j}_A + z_A\boldsymbol{k}_A = x_B\boldsymbol{i}_B + y_B\boldsymbol{j}_B + z_B\boldsymbol{k}_B$$

所以

$$[\boldsymbol{i}_A,\boldsymbol{j}_A,\boldsymbol{k}_A]\begin{bmatrix} x_A \\ y_A \\ z_A \end{bmatrix} = [\boldsymbol{i}_B,\boldsymbol{j}_B,\boldsymbol{k}_B]\begin{bmatrix} x_B \\ y_B \\ z_B \end{bmatrix}$$

$$\begin{bmatrix} \boldsymbol{i}_A \\ \boldsymbol{j}_A \\ \boldsymbol{k}_A \end{bmatrix}[\boldsymbol{i}_A,\boldsymbol{j}_A,\boldsymbol{k}_A]\begin{bmatrix} x_A \\ y_A \\ z_A \end{bmatrix} = \begin{bmatrix} \boldsymbol{i}_A \\ \boldsymbol{j}_A \\ \boldsymbol{k}_A \end{bmatrix}[\boldsymbol{i}_B,\boldsymbol{j}_B,\boldsymbol{k}_B]\begin{bmatrix} x_B \\ y_B \\ z_B \end{bmatrix}$$

$$\begin{bmatrix} 1 & 0 & 0 \\ 0 & 1 & 0 \\ 0 & 0 & 1 \end{bmatrix}\begin{bmatrix} x_A \\ y_A \\ z_A \end{bmatrix} = \begin{bmatrix} \cos(\boldsymbol{i}_A,\boldsymbol{i}_B) & \cos(\boldsymbol{i}_A,\boldsymbol{j}_B) & \cos(\boldsymbol{i}_A,\boldsymbol{k}_B) \\ \cos(\boldsymbol{j}_A,\boldsymbol{i}_B) & \cos(\boldsymbol{j}_A,\boldsymbol{j}_B) & \cos(\boldsymbol{j}_A,\boldsymbol{k}_B) \\ \cos(\boldsymbol{k}_A,\boldsymbol{i}_B) & \cos(\boldsymbol{k}_A,\boldsymbol{j}_B) & \cos(\boldsymbol{k}_A,\boldsymbol{k}_B) \end{bmatrix}\begin{bmatrix} x_B \\ y_B \\ z_B \end{bmatrix}$$

也就是

$$\begin{bmatrix} x_A \\ y_A \\ z_A \end{bmatrix} = \begin{bmatrix} \cos(X_A, X_B) & \cos(X_A, Y_B) & \cos(X_A, Z_B) \\ \cos(Y_A, X_B) & \cos(Y_A, Y_B) & \cos(Y_A, Z_B) \\ \cos(Z_A, X_B) & \cos(Z_A, Y_B) & \cos(Z_A, Z_B) \end{bmatrix} \begin{bmatrix} x_B \\ y_B \\ z_B \end{bmatrix} \tag{2-8}$$

写成矢量形式

$$\boldsymbol{p}_A = \boldsymbol{R}_{B \to A} \boldsymbol{p}_B \tag{2-9}$$

其中

$$\boldsymbol{p}_A = \begin{bmatrix} x_A \\ y_A \\ z_A \end{bmatrix}, \ \boldsymbol{R}_{B \to A} = \begin{bmatrix} \cos(X_A, X_B) & \cos(X_A, Y_B) & \cos(X_A, Z_B) \\ \cos(Y_A, X_B) & \cos(Y_A, Y_B) & \cos(Y_A, Z_B) \\ \cos(Z_A, X_B) & \cos(Z_A, Y_B) & \cos(Z_A, Z_B) \end{bmatrix}, \ \boldsymbol{p}_B = \begin{bmatrix} x_B \\ y_B \\ z_B \end{bmatrix}$$

由 B 坐标系到 A 坐标系的旋转变换通式也可以按下式理解

$$\boldsymbol{R}_{B \to A} = \begin{array}{c} \\ X_A \\ Y_A \\ Z_A \end{array} \begin{array}{ccc} X_B & Y_B & Z_B \\ \begin{bmatrix} \cos(X_A, X_B) & \cos(X_A, Y_B) & \cos(X_A, Z_B) \\ \cos(Y_A, X_B) & \cos(Y_A, Y_B) & \cos(Y_A, Z_B) \\ \cos(Z_A, X_B) & \cos(Z_A, Y_B) & \cos(Z_A, Z_B) \end{bmatrix} \end{array}$$

同样，由 A 坐标系到 B 坐标系的旋转变换通式也可以按下式理解：

$$\boldsymbol{R}_{A \to B} = \begin{array}{c} \\ X_B \\ Y_B \\ Z_B \end{array} \begin{array}{ccc} X_A & Y_A & Z_A \\ \begin{bmatrix} \cos(X_B, X_A) & \cos(X_B, Y_A) & \cos(X_B, Z_A) \\ \cos(Y_B, X_A) & \cos(Y_B, Y_A) & \cos(Y_B, Z_A) \\ \cos(Z_B, X_A) & \cos(Z_B, Y_A) & \cos(Z_B, Z_A) \end{bmatrix} \end{array}$$

从两个旋转变化矩阵可知，从 B 到 A 的旋转矩阵与从 A 到 B 的旋转变换矩阵互为转置。

$$\boldsymbol{R}_{A \to B} = \boldsymbol{R}_{B \to A}^{\mathrm{T}}$$

$$\boldsymbol{R}_{B \to A} = \boldsymbol{R}_{A \to B}^{\mathrm{T}}$$

2.2.3 一般变换（平移+旋转）

坐标系 $\{B\}$ 与坐标系 $\{A\}$ 原点不重合，方位也不同。坐标系 $\{B\}$ 可以看作由坐标系 $\{A\}$ 经旋转和平移得到的。如图 2-1 所示。

这种情况下，可以这样理解：引进一个中间坐标系 C，C 的原点与 B 的原点重合，C 的坐标轴与 A 的坐标轴全部平行。整个变换过程分成两个阶段：首先由 B 坐标系到 C 坐标系，属于纯旋转变换，B 坐标系下的坐标左乘 $\boldsymbol{R}_{B \to C}(=\boldsymbol{R}_{B \to A})$ 转换到了 C 坐标系；然后进入从 C 到 A 的平移变换阶段，加上 o_A 到 o_B 的平移矢量。经过这两个阶段，就可以将 B 坐标系下的坐标转换到 A 坐标系下。这时，坐标变换的表达式为

$$\begin{bmatrix} x_A \\ y_A \\ z_A \end{bmatrix} = \begin{bmatrix} \cos(X_A, X_B) & \cos(X_A, Y_B) & \cos(X_A, Z_B) \\ \cos(Y_A, X_B) & \cos(Y_A, Y_B) & \cos(Y_A, Z_B) \\ \cos(Z_A, X_B) & \cos(Z_A, Y_B) & \cos(Z_A, Z_B) \end{bmatrix} \begin{bmatrix} x_B \\ y_B \\ z_B \end{bmatrix} + \begin{bmatrix} x_{B_o} \\ y_{B_o} \\ z_{B_o} \end{bmatrix} \tag{2-10}$$

写成矢量式为

$$\boldsymbol{p}_A = \boldsymbol{R}_{B \to A} \boldsymbol{p}_B + \boldsymbol{p}_{B_o} \tag{2-11}$$

式中，$\boldsymbol{p}_B$ 为 P 点在 B 坐标系下的坐标；$\boldsymbol{p}_{B_o}$ 为 B 坐标系的原点在 A 坐标系的坐标；$\boldsymbol{p}_A$ 为 P 点在 A 坐标系下的坐标；$\boldsymbol{R}_{B \to A}$ 为 B 坐标系到 A 坐标系的旋转矩阵。

2.2.4 三维坐标变换的几个特例

（1）绕 Z 轴旋转

在 B 坐标系与 A 坐标系坐标原点重合，并且 B 坐标系可以认为是 A 坐标系绕 Z 轴旋转 θ 角而得到的情况下，空间一点在 A 坐标系下的坐标 $(x_a，y_a，z_a)$ 与其在 B 坐标系下的坐标 $(x_b，y_b，z_b)$ 之间存在如下关系

$$x_a = x_b\cos\theta - y_b\sin\theta + 0\times z_b$$
$$y_a = x_b\sin\theta + y_b\cos\theta + 0\times z_b$$
$$z_a = x_b\times 0 + y_b\times 0 + z_b\times 1$$

写成矩阵形式为

$$\begin{bmatrix} x_a \\ y_a \\ z_a \end{bmatrix} = \begin{bmatrix} \cos\theta & -\sin\theta & 0 \\ \sin\theta & \cos\theta & 0 \\ 0 & 0 & 1 \end{bmatrix} \begin{bmatrix} x_b \\ y_b \\ z_b \end{bmatrix}$$

简化为

$$^A\boldsymbol{p} = \boldsymbol{R}_{B\to A}\big[Z(\theta)\big]^B\boldsymbol{p}$$

这种情况下的旋转矩阵为

$$\boldsymbol{R}_{B\to A}\big[Z(\theta)\big] = \begin{bmatrix} \cos\theta & -\sin\theta & 0 \\ \sin\theta & \cos\theta & 0 \\ 0 & 0 & 1 \end{bmatrix}$$

这个时候的旋转矩阵也可以由下式得到

$$\boldsymbol{R}_{B\to A} = \begin{bmatrix} \cos(X_A,X_B) & \cos(X_A,Y_B) & \cos(X_A,Z_B) \\ \cos(Y_A,X_B) & \cos(Y_A,Y_B) & \cos(Y_A,Z_B) \\ \cos(Z_A,X_B) & \cos(Z_A,Y_B) & \cos(Z_A,Z_B) \end{bmatrix}$$

因为 A、B 两坐标系原点重合，B 坐标系可以认为是 A 坐标系绕 Z 轴旋转 θ 角而得到，此时

$$\cos(Z_A,Z_B) = \cos0° = 1$$
$$\cos(Z_A,X_B) = \cos(Z_A,Y_B) = \cos90° = 0$$
$$\cos(X_A,Z_B) = \cos(Y_A,Z_B) = \cos90° = 0$$
$$\cos(X_A,X_B) = \cos(Y_A,Y_B) = \cos\theta$$
$$\cos(Y_A,X_B) = \cos(90°-\theta) = \sin\theta$$
$$\cos(X_A,Y_B) = \cos(90°+\theta) = -\sin\theta$$

所以

$$\boldsymbol{R}_{B\to A}\big[Z(\theta)\big] = \begin{bmatrix} \cos\theta & -\sin\theta & 0 \\ \sin\theta & \cos\theta & 0 \\ 0 & 0 & 1 \end{bmatrix}$$

（2）绕 Y 轴旋转

在 B 坐标系与 A 坐标系坐标原点重合，并且 B 坐标系可以认为是 A 坐标系绕 Y 轴旋转 θ 角而得到的情况下，空间一点在 A 坐标系下的坐标 $(x_a，y_a，z_a)$ 与其在 B 坐标系下的坐标 $(x_b，y_b，z_b)$ 之间存在如下关系

$$x_a = x_b\cos\theta - y_b\times 0 + z_b\times(-\sin\theta)$$
$$y_a = x_b\times 0 + y_b\times 1 + 0\times z_b$$
$$z_a = x_b\times \sin\theta + y_b\times 0 + z_b\times\cos\theta$$

写成矩阵形式为

$$\begin{bmatrix} x_a \\ y_a \\ z_a \end{bmatrix} = \begin{bmatrix} \cos\theta & 0 & -\sin\theta \\ 0 & 1 & 0 \\ \sin\theta & 0 & \cos\theta \end{bmatrix} \begin{bmatrix} x_b \\ y_b \\ z_b \end{bmatrix}$$

简化为

$$^A\boldsymbol{p} = \boldsymbol{R}_{B \to A}\left[Y(\theta)\right]{}^B\boldsymbol{p}$$

这种情况下的旋转矩阵为

$$\boldsymbol{R}_{B \to A}\left[Y(\theta)\right] = \begin{bmatrix} \cos\theta & 0 & -\sin\theta \\ 0 & 1 & 0 \\ \sin\theta & 0 & \cos\theta \end{bmatrix}$$

这个时候的旋转矩阵也可以由下式得到

$$\boldsymbol{R}_{B \to A} = \begin{bmatrix} \cos(X_A, X_B) & \cos(X_A, Y_B) & \cos(X_A, Z_B) \\ \cos(Y_A, X_B) & \cos(Y_A, Y_B) & \cos(Y_A, Z_B) \\ \cos(Z_A, X_B) & \cos(Z_A, Y_B) & \cos(Z_A, Z_B) \end{bmatrix}$$

因为 A、B 两坐标系原点重合，并且 B 坐标系可以认为是 A 坐标系绕 Y 轴旋转 θ 角而得到，此时

$\cos(Y_A, Y_B) = \cos 0° = 1$

$\cos(Z_A, Y_B) = \cos(X_A, Y_B) = \cos 90° = 0$

$\cos(Y_A, Z_B) = \cos(Y_A, X_B) = \cos 90° = 0$

$\cos(X_A, X_B) = \cos(Z_A, Z_B) = \cos\theta$

$\cos(X_A, Z_B) = \cos(90° + \theta) = -\sin\theta$

$\cos(Z_A, X_B) = \cos(90° - \theta) = \sin\theta$

所以

$$\boldsymbol{R}_{B \to A}\left[Y(\theta)\right] = \begin{bmatrix} \cos\theta & 0 & -\sin\theta \\ 0 & 1 & 0 \\ \sin\theta & 0 & \cos\theta \end{bmatrix}$$

（3）绕 X 轴旋转

在 B 坐标系与 A 坐标系坐标原点重合，并且 B 坐标系可以认为是 A 坐标系绕 X 轴旋转 θ 角而得到的情况下，空间一点在 A 坐标系下的坐标（x_a，y_a，z_a）与其在 B 坐标系下的坐标（x_b，y_b，z_b）之间存在如下关系：

$$x_a = x_b \times 1 + y_b \times 0 + z_b \times 0$$
$$y_a = x_b \times 0 + y_b \times \cos\theta + z_b \times (-\sin\theta)$$
$$z_a = x_b \times 0 + y_b \times \sin\theta + z_b \times \cos\theta$$

写成矩阵形式

$$\begin{bmatrix} x_a \\ y_a \\ z_a \end{bmatrix} = \begin{bmatrix} 1 & 0 & 0 \\ 0 & \cos\theta & -\sin\theta \\ 0 & \sin\theta & \cos\theta \end{bmatrix} \begin{bmatrix} x_b \\ y_b \\ z_b \end{bmatrix}$$

简化为

$$^A\boldsymbol{p} = \boldsymbol{R}_{B \to A}\left[X(\theta)\right]{}^B\boldsymbol{p}$$

这种情况下的旋转矩阵为

$$\boldsymbol{R}_{B \to A}\left[X(\theta)\right] = \begin{bmatrix} 1 & 0 & 0 \\ 0 & \cos\theta & -\sin\theta \\ 0 & \sin\theta & \cos\theta \end{bmatrix}$$

这个时候的旋转矩阵也可以由下式得到

$$\boldsymbol{R}_{B \to A} = \begin{bmatrix} \cos(X_A, X_B) & \cos(X_A, Y_B) & \cos(X_A, Z_B) \\ \cos(Y_A, X_B) & \cos(Y_A, Y_B) & \cos(Y_A, Z_B) \\ \cos(Z_A, X_B) & \cos(Z_A, Y_B) & \cos(Z_A, Z_B) \end{bmatrix}$$

因为 A、B 两坐标系原点重合，并且 B 坐标系可以认为 A 坐标系绕 X 轴旋转 θ 角而得到，此时

$\cos(X_A, X_B) = \cos 0° = 1$

$\cos(Z_A, X_B) = \cos(Y_A, X_B) = \cos 90° = 0$

$\cos(X_A, Y_B) = \cos(X_A, Z_B) = \cos 90° = 0$

$\cos(Y_A, Y_B) = \cos(Z_A, Z_B) = \cos\theta$

$\cos(Z_A, Y_B) = \cos(90° - \theta) = \sin\theta$

$\cos(Y_A, Z_B) = \cos(90° + \theta) = -\sin\theta$

所以：

$$\boldsymbol{R}_{B \to A}\left[X(\theta)\right] = \begin{bmatrix} 1 & 0 & 0 \\ 0 & \cos\theta & -\sin\theta \\ 0 & \sin\theta & \cos\theta \end{bmatrix}$$

2.3 旋转变换通式和等效转轴与转角

2.3.1 旋转变换通式

空间直角坐标系的旋转：假设坐标系 $o'x'y'z'$ 由 $oxyz$ 绕过原点的旋转轴 $\boldsymbol{\phi}$ 的旋转角 θ 得到，o' 与 o 重合。旋转轴 $\boldsymbol{\phi}$ 的单位矢量为

$$\boldsymbol{\phi} = \phi_x \boldsymbol{i} + \phi_y \boldsymbol{j} + \phi_z \boldsymbol{k} \tag{2-12}$$

式中，$\boldsymbol{i}$、$\boldsymbol{j}$、$\boldsymbol{k}$ 为坐标系 $oxyz$ 的 3 个坐标轴的单位矢量。

其中

$$\phi_x^2 + \phi_y^2 + \phi_z^2 = 1$$

旋转后的坐标系 $o'x'y'z'$ 的 3 个坐标轴方向的单位矢量为 $\boldsymbol{i}'$、$\boldsymbol{j}'$、$\boldsymbol{k}'$。按照矢量旋转的定义，则有

$$\begin{cases} \boldsymbol{i}' = (\theta\boldsymbol{\phi}) \otimes \boldsymbol{i} = \cos\theta \boldsymbol{i} + (1 - \cos\theta)(\boldsymbol{\phi} \cdot \boldsymbol{i})\boldsymbol{\phi} + \sin\theta(\boldsymbol{\phi} \times \boldsymbol{i}) \\ \boldsymbol{j}' = (\theta\boldsymbol{\phi}) \otimes \boldsymbol{j} = \cos\theta \boldsymbol{j} + (1 - \cos\theta)(\boldsymbol{\phi} \cdot \boldsymbol{j})\boldsymbol{\phi} + \sin\theta(\boldsymbol{\phi} \times \boldsymbol{j}) \\ \boldsymbol{k}' = (\theta\boldsymbol{\phi}) \otimes \boldsymbol{k} = \cos\theta \boldsymbol{k} + (1 - \cos\theta)(\boldsymbol{\phi} \cdot \boldsymbol{k})\boldsymbol{\phi} + \sin\theta(\boldsymbol{\phi} \times \boldsymbol{k}) \end{cases}$$

按照点积定义，则

$$\begin{cases} (\boldsymbol{\phi} \cdot \boldsymbol{i})\boldsymbol{\phi} = \phi_x \boldsymbol{i} \\ (\boldsymbol{\phi} \cdot \boldsymbol{j})\boldsymbol{\phi} = \phi_y \boldsymbol{j} \\ (\boldsymbol{\phi} \cdot \boldsymbol{k})\boldsymbol{\phi} = \phi_z \boldsymbol{k} \end{cases} \tag{2-13}$$

式中，ϕ_x、ϕ_y、ϕ_z 分别为旋转轴 $\boldsymbol{\phi}$ 在 $\boldsymbol{i}$、$\boldsymbol{j}$、$\boldsymbol{k}$ 方向的分量。

按照叉积定义，则

$$\boldsymbol{\phi} \times \boldsymbol{i} = \begin{bmatrix} \boldsymbol{i} & \boldsymbol{j} & \boldsymbol{k} \\ \phi_x & \phi_y & \phi_z \\ 1 & 0 & 0 \end{bmatrix} = \phi_z \boldsymbol{j} - \phi_y \boldsymbol{k}$$

$$\phi \times j = \begin{vmatrix} i & j & k \\ \phi_x & \phi_y & \phi_z \\ 0 & 1 & 0 \end{vmatrix} = -\phi_z i + \phi_x k$$

$$\phi \times k = \begin{vmatrix} i & j & k \\ \phi_x & \phi_y & \phi_z \\ 0 & 0 & 1 \end{vmatrix} = \phi_y i - \phi_x j$$

所以

$$\begin{cases} i' = (\theta\phi) \otimes i = \cos\theta i + (1-\cos\theta)\phi_x i + \sin\theta(\phi_z j - \phi_y k) \\ j' = (\theta\phi) \otimes j = \cos\theta j + (1-\cos\theta)\phi_y j + \sin\theta(-\phi_z i + \phi_x k) \\ k' = (\theta\phi) \otimes k = \cos\theta k + (1-\cos\theta)\phi_z k + \sin\theta(\phi_y i - \phi_x j) \end{cases}$$

即

$$\begin{cases} i' = (\theta\phi) \otimes i = [\cos\theta + (1-\cos\theta)\phi_x]i + \sin\theta\phi_z j - \sin\theta\phi_y k \\ j' = (\theta\phi) \otimes j = -\sin\theta\phi_z i + [\cos\theta + (1-\cos\theta)\phi_y]j + \sin\theta\phi_x k \\ k' = (\theta\phi) \otimes k = \sin\theta\phi_y i - \sin\theta\phi_x j + [\cos\theta + (1-\cos\theta)\phi_z]k \end{cases}$$

$$\begin{bmatrix} i' \\ j' \\ k' \end{bmatrix} = \begin{bmatrix} \cos\theta + (1-\cos\theta)\phi_x & \sin\theta\phi_z & -\sin\theta\phi_y \\ -\sin\theta\phi_z & \cos\theta + (1-\cos\theta)\phi_y & \sin\theta\phi_x \\ \sin\theta\phi_y & -\sin\theta\phi_x & \cos\theta + (1-\cos\theta)\phi_z \end{bmatrix} \begin{bmatrix} i \\ j \\ k \end{bmatrix}$$

公理：空间矢量 p 在坐标系 $oxyz$ 中的分量为 (x, y, z)，在同原点的另一坐标系 $o'x'y'z'$ 中的分量为 (x', y', z')。则有

$$xi + yj + zk = x'i' + y'j' + z'k' \tag{2-14}$$

式中，i'、j'、k' 为坐标系 $o'x'y'z'$ 的单位矢量；i、j、k 为坐标系 $oxyz$ 的单位矢量。o' 与 o 重合。

根据这个公理，按照旋转矢量的定义及展开式，可以得到旋转变换通式。

$$\begin{bmatrix} x & y & z \end{bmatrix} \begin{bmatrix} i \\ j \\ k \end{bmatrix} = \begin{bmatrix} x' & y' & z' \end{bmatrix} \begin{bmatrix} i' \\ j' \\ k' \end{bmatrix}$$

所以

$$\begin{bmatrix} x & y & z \end{bmatrix} \begin{bmatrix} i \\ j \\ k \end{bmatrix} = \begin{bmatrix} x' & y' & z' \end{bmatrix} \begin{bmatrix} \cos\theta + (1-\cos\theta)\phi_x & \sin\theta\phi_z & -\sin\theta\phi_y \\ -\sin\theta\phi_z & \cos\theta + (1-\cos\theta)\phi_y & \sin\theta\phi_x \\ \sin\theta\phi_y & -\sin\theta\phi_x & \cos\theta + (1-\cos\theta)\phi_z \end{bmatrix} \begin{bmatrix} i \\ j \\ k \end{bmatrix}$$

$$\begin{bmatrix} x & y & z \end{bmatrix} = \begin{bmatrix} x' & y' & z' \end{bmatrix} \begin{bmatrix} \cos\theta + (1-\cos\theta)\phi_x & \sin\theta\phi_z & -\sin\theta\phi_y \\ -\sin\theta\phi_z & \cos\theta + (1-\cos\theta)\phi_y & \sin\theta\phi_x \\ \sin\theta\phi_y & -\sin\theta\phi_x & \cos\theta + (1-\cos\theta)\phi_z \end{bmatrix}$$

$$\begin{bmatrix} x \\ y \\ z \end{bmatrix} = \begin{bmatrix} \cos\theta + (1-\cos\theta)\phi_x & -\sin\theta\phi_z & \sin\theta\phi_y \\ \sin\theta\phi_z & \cos\theta + (1-\cos\theta)\phi_y & -\sin\theta\phi_x \\ -\sin\theta\phi_y & \sin\theta\phi_x & \cos\theta + (1-\cos\theta)\phi_z \end{bmatrix} \begin{bmatrix} x' \\ y' \\ z' \end{bmatrix}$$

得到旋转变换通式

$$R(\phi, \theta) = \begin{bmatrix} \cos\theta + (1-\cos\theta)\phi_x & -\sin\theta\phi_z & \sin\theta\phi_y \\ \sin\theta\phi_z & \cos\theta + (1-\cos\theta)\phi_y & -\sin\theta\phi_x \\ -\sin\theta\phi_y & \sin\theta\phi_x & \cos\theta + (1-\cos\theta)\phi_z \end{bmatrix}$$

由以上得出的旋转变换通式，可以得到以下 3 种绕坐标系旋转的特例，这与 2.2.4 节得到的结果是一样的。

① 绕 X 轴回转 θ 角时，$\phi_x = 1$，$\phi_y = 0$，$\phi_z = 0$，则

$$\boldsymbol{R}(X,\theta) = \begin{bmatrix} 1 & 0 & 0 \\ 0 & \cos\theta & -\sin\theta \\ 0 & \sin\theta & \cos\theta \end{bmatrix}$$

② 绕 Y 轴回转 θ 角时，$\phi_x = 0$，$\phi_y = 1$，$\phi_z = 0$，则

$$\boldsymbol{R}(Y,\theta) = \begin{bmatrix} \cos\theta & 0 & -\sin\theta \\ 0 & 1 & 0 \\ \sin\theta & 0 & \cos\theta \end{bmatrix}$$

③ 绕 Z 轴回转 θ 角时，$\phi_x = 0$，$\phi_y = 0$，$\phi_z = 1$，则

$$\boldsymbol{R}(Z,\theta) = \begin{bmatrix} \cos\theta & -\sin\theta & 0 \\ \sin\theta & \cos\theta & 0 \\ 0 & 0 & 1 \end{bmatrix}$$

2.3.2　等效转轴与转角

若已知由直角坐标系 $oxyz$ 到直角坐标系 $o'x'y'z'$ 的旋转变换矩阵 $\boldsymbol{R}$，可求出过原点的等效转轴 $\boldsymbol{\phi}$ 和等效转角 θ。

已知旋转变换矩阵 $\boldsymbol{R}$

$$\boldsymbol{R} = \begin{bmatrix} n_x & o_x & a_x \\ n_y & o_y & a_y \\ n_z & o_z & a_z \end{bmatrix}$$

求对应的等效转轴 $\boldsymbol{\phi}$ 和等效转角 θ。

令

$$
\begin{aligned}
\boldsymbol{R} &= \begin{bmatrix} n_x & o_x & a_x \\ n_y & o_y & a_y \\ n_z & o_z & a_z \end{bmatrix} \\
&= \boldsymbol{R}(\boldsymbol{\phi},\theta) = \begin{bmatrix} \cos\theta + (1-\cos\theta)\phi_x & -\sin\theta\phi_z & \sin\theta\phi_y \\ \sin\theta\phi_z & \cos\theta + (1-\cos\theta)\phi_y & -\sin\theta\phi_x \\ -\sin\theta\phi_y & \sin\theta\phi_x & \cos\theta + (1-\cos\theta)\phi_z \end{bmatrix}
\end{aligned}
$$

得到等效转轴在（x，y，z）中的 3 个分量

$$
\begin{cases} \phi_x = \dfrac{o_z - a_y}{2\sin\theta} \\[2mm] \phi_y = \dfrac{a_x - n_z}{2\sin\theta} \\[2mm] \phi_z = \dfrac{n_y - o_x}{2\sin\theta} \end{cases}
\quad \text{并且} \quad
\begin{cases} \phi_x = \dfrac{n_x - \cos\theta}{1 - \cos\theta} \\[2mm] \phi_y = \dfrac{o_y - \cos\theta}{1 - \cos\theta} \\[2mm] \phi_z = \dfrac{a_z - \cos\theta}{1 - \cos\theta} \end{cases}
$$

$$\phi_x^2 + \phi_y^2 + \phi_z^2 = 1$$

等效转角

$$\sin\theta = \pm\frac{1}{2}\sqrt{(o_z - a_y)^2 + (a_x - n_z)^2 + (n_y - o_x)^2}$$

$$\cos\theta = \frac{1}{2}(n_x + o_y + a_z - 1) \pm \frac{1}{2}\sqrt{(n_x + o_y + a_z - 1)^2 - 2(n_x^2 + o_y^2 + a_z^2)}$$

2.4 齐次坐标和齐次变换

2.4.1 引进齐次坐标

一般坐标变换如图 2-1 所示，空间一点在 B 坐标系下的矢量 $^B\boldsymbol{p}$ 与它在 A 坐标系下的矢量 $^A\boldsymbol{p}$ 之间存在如式（2-15）所示的关系。其中，$\boldsymbol{R}_{B\to A}$ 为 3×3 纯旋转变换矩阵，$^A\boldsymbol{p}_{o_B}$ 为 B 坐标系的原点 o_B 在 A 坐标系下的位置矢量。按照式（2-15）来计算旋转平移后的位置坐标，需要一次矩阵与向量的乘法和向量的加法。

$$^A\boldsymbol{p} = \boldsymbol{R}_{B\to A}{}^B\boldsymbol{p} + {}^A\boldsymbol{p}_{o_B} \tag{2-15}$$

引进齐次坐标

$$\boldsymbol{P} = \begin{bmatrix} x \\ y \\ z \\ 1 \end{bmatrix}$$

代替

$$\boldsymbol{p} = \begin{bmatrix} x \\ y \\ z \end{bmatrix}$$

那么，空间一点在 A 坐标系下的齐次坐标如下。

$$\boldsymbol{P}_A = \begin{bmatrix} x_A \\ y_A \\ z_A \\ 1 \end{bmatrix} = \begin{bmatrix} \boldsymbol{p}_A \\ 1 \end{bmatrix}$$

空间一点在 B 坐标系下的齐次坐标如下。

$$\boldsymbol{P}_B = \begin{bmatrix} x_B \\ y_B \\ z_B \\ 1 \end{bmatrix} = \begin{bmatrix} \boldsymbol{p}_B \\ 1 \end{bmatrix}$$

空间同一点（或同一向量）在两个不同坐标系下的坐标之间的关系可以重写为下面的表达式

$$\left| \begin{aligned} {}^A\boldsymbol{p} &= \boldsymbol{R}_{B\to A}{}^B\boldsymbol{p} + {}^A\boldsymbol{p}_{o_B} \\ 1 &= \begin{bmatrix} 0 & 0 & 0 \end{bmatrix}{}^B\boldsymbol{p} + 1\times1 \end{aligned} \right.$$

写成如下分块矩阵的形式

$$\begin{bmatrix} \boldsymbol{p}_A \\ 1 \end{bmatrix} = \begin{bmatrix} \boldsymbol{R}_{B\to A} & {}^A\boldsymbol{p}_{o_B} \\ 0 \quad 0 \quad 0 & 1 \end{bmatrix} \begin{bmatrix} \boldsymbol{p}_B \\ 1 \end{bmatrix}$$

$$\boldsymbol{P}_A = \begin{bmatrix} \boldsymbol{R}_{B\to A} & {}^A\boldsymbol{p}_{o_B} \\ 0 \quad 0 \quad 0 & 1 \end{bmatrix} \boldsymbol{P}_B \tag{2-16}$$

2.4.2 将复合变换式改写为齐次变换式

引入齐次变换矩阵 $\boldsymbol{T}_{B\to A}$

$$T_{B \to A} = \begin{bmatrix} R_{B \to A} & {}^{A}p_{o_B} \\ 0 \quad 0 \quad 0 & 1 \end{bmatrix}$$

坐标变换表达式可以写成

$${}^{A}P = T_{B \to A}{}^{B}P \tag{2-17}$$

式（2-16）表明，引进了齐次坐标、齐次变换矩阵之后，在一个坐标系下的齐次坐标通过左乘相应齐次变换矩阵就可以将之变换到另一个坐标系中，这为空间向量在坐标系之间的连续变换打开了方便之门。

2.4.3 绕坐标轴旋转的3个特殊齐次变换矩阵

（1）绕X轴旋转的齐次变换矩阵

$$\begin{bmatrix} x_a \\ y_a \\ z_a \\ 1 \end{bmatrix} = \begin{bmatrix} 1 & 0 & 0 & 0 \\ 0 & \cos\theta & -\sin\theta & 0 \\ 0 & \sin\theta & \cos\theta & 0 \\ 0 & 0 & 0 & 1 \end{bmatrix} \begin{bmatrix} x_b \\ y_b \\ z_b \\ 1 \end{bmatrix}$$

$$P_A = T_{B \to A}[X(\theta)]P_B$$

$$T_{B \to A}[X(\theta)] = \begin{bmatrix} 1 & 0 & 0 & 0 \\ 0 & \cos\theta & -\sin\theta & 0 \\ 0 & \sin\theta & \cos\theta & 0 \\ 0 & 0 & 0 & 1 \end{bmatrix}$$

（2）绕Y轴旋转的齐次变换矩阵

$$\begin{bmatrix} x_a \\ y_a \\ z_a \\ 1 \end{bmatrix} = \begin{bmatrix} \cos\theta & 0 & -\sin\theta & 0 \\ 0 & 1 & 0 & 0 \\ \sin\theta & 0 & \cos\theta & 0 \\ 0 & 0 & 0 & 1 \end{bmatrix} \begin{bmatrix} x_b \\ y_b \\ z_b \\ 1 \end{bmatrix}$$

$$P_A = T_{B \to A}[Y(\theta)]P_B$$

$$T_{B \to A}[Y(\theta)] = \begin{bmatrix} \cos\theta & 0 & -\sin\theta & 0 \\ 0 & 1 & 0 & 0 \\ \sin\theta & 0 & \cos\theta & 0 \\ 0 & 0 & 0 & 1 \end{bmatrix}$$

（3）绕Z轴旋转的齐次变换矩阵

$$\begin{bmatrix} x_a \\ y_a \\ z_a \\ 1 \end{bmatrix} = \begin{bmatrix} \cos\theta & -\sin\theta & 0 & 0 \\ \sin\theta & \cos\theta & 0 & 0 \\ 0 & 0 & 1 & 0 \\ 0 & 0 & 0 & 1 \end{bmatrix} \begin{bmatrix} x_b \\ y_b \\ z_b \\ 1 \end{bmatrix}$$

$$P_A = T_{B \to A}[Z(\theta)]P_B$$

$$T_{B \to A}[Z(\theta)] = \begin{bmatrix} \cos\theta & -\sin\theta & 0 & 0 \\ \sin\theta & \cos\theta & 0 & 0 \\ 0 & 0 & 1 & 0 \\ 0 & 0 & 0 & 1 \end{bmatrix}$$

2.4.4 齐次旋转矩阵和平移矩阵

如果 A 坐标系与 B 坐标系原点重合，则两坐标系之间只有旋转关系，没有平移关系，

此时的两坐标系之间的齐次变换矩阵可以称为纯旋转齐次变换矩阵，表达式如下

$$\mathrm{Rot}(\boldsymbol{k},\theta) = \begin{bmatrix} & & & 0 \\ & \boldsymbol{R}_{B \to A} & & 0 \\ & & & 0 \\ 0 & 0 & 0 & 1 \end{bmatrix}$$

如果 A 坐标系与 B 坐标系原点不重合，并且两个坐标系的坐标轴全部平行，则两坐标系之间只有平移关系，没有旋转关系，此时的两坐标系之间的齐次变换矩阵可以称为纯平移齐次变换矩阵，其表达式如下

$$\mathrm{Trans}(\boldsymbol{p}_{o_B}^A) = \begin{bmatrix} 1 & 0 & 0 & \\ 0 & 1 & 0 & \boldsymbol{p}_{o_B}^A \\ 0 & 0 & 1 & \\ 0 & 0 & 0 & 1 \end{bmatrix}$$

如果 A 坐标系与 B 坐标系原点不重合，并且两个坐标系的坐标轴不全部平行，则两坐标系之间既有平移关系，也有旋转关系，此时的两坐标系之间的齐次变换矩阵是一般的齐次变换矩阵。若此时的旋转变换齐次矩阵为 $\mathrm{Rot}(\boldsymbol{k},\theta)$，平移变换齐次矩阵为 $\mathrm{Trans}(\boldsymbol{p}_{o_B}^A)$，则总的齐次变换矩阵如下

$$\boldsymbol{T}_{B \to A} = \mathrm{Trans}(\boldsymbol{p}_{o_B}^A)\mathrm{Rot}(\boldsymbol{k},\theta) = \begin{bmatrix} \boldsymbol{R}_{B \to A} & \boldsymbol{p}_{o_B}^A \\ 0 \quad 0 \quad 0 & 1 \end{bmatrix}$$

2.4.5　齐次变换矩阵的特点

（1）相乘

若数字 0、1、2、3、4、5 分别代表一个坐标系，$\boldsymbol{T}_{1 \to 0}$、$\boldsymbol{T}_{2 \to 1}$、$\boldsymbol{T}_{3 \to 2}$、$\boldsymbol{T}_{4 \to 3}$、$\boldsymbol{T}_{5 \to 4}$ 分别代表 1 坐标系到 0 坐标系的齐次变换矩阵、2 坐标系到 1 坐标系的齐次变换矩阵、3 坐标系到 2 坐标系的齐次变换矩阵、4 坐标系到 3 坐标系的齐次变换矩阵、5 坐标系到 4 坐标系的齐次变换矩阵，那么 5 坐标系到 0 坐标系的齐次变换矩阵可以用式（2-18）求出：

$$\boldsymbol{T}_{5 \to 0} = \boldsymbol{T}_{1 \to 0}\boldsymbol{T}_{2 \to 1}\boldsymbol{T}_{3 \to 2}\boldsymbol{T}_{4 \to 3}\boldsymbol{T}_{5 \to 4} \tag{2-18}$$

如果 $\boldsymbol{T}_{3 \to 1}$、$\boldsymbol{T}_{5 \to 3}$ 分别代表 3 坐标系到 1 坐标系的齐次变换矩阵、5 坐标系到 3 坐标系的齐次变换矩阵，那么，可以由式（2-19）求出 5 坐标系到 1 坐标系的齐次变换矩阵 $\boldsymbol{T}_{5 \to 1}$

$$\boldsymbol{T}_{5 \to 1} = \boldsymbol{T}_{3 \to 1}\boldsymbol{T}_{5 \to 3} \tag{2-19}$$

如果 A 坐标系能转换到 B 坐标系，B 坐标系能转换到 C 坐标系，则 A 坐标系可以借道 B 坐标系转换到 C 坐标系。

（2）互逆

从 A 坐标系到 B 坐标系的齐次变换矩阵 $\boldsymbol{T}_{A \to B}$，与从 B 坐标系到 A 坐标系的齐次变换矩阵 $\boldsymbol{T}_{B \to A}$ 之间存在互为逆矩阵关系，即

$$\boldsymbol{T}_{A \to B} = \boldsymbol{T}_{B \to A}^{-1}$$

从 A 坐标系到 B 坐标系的齐次变换矩阵 $\boldsymbol{T}_{A \to B}$，与从 B 坐标系到 A 坐标系的齐次变换矩阵 $\boldsymbol{T}_{B \to A}$ 之间存在互为转置矩阵关系，即

$$\boldsymbol{T}_{A \to B} = \boldsymbol{T}_{B \to A}^{\mathrm{T}}$$

2.5　工业机器人运动学建立思路

机器人运动方程建立的思路如下。

① 建立连体坐标系和参考坐标系。

② 求出相邻坐标系之间的坐标变换齐次矩阵。

③ 依次相乘，得到把末端手坐标系上的坐标转换为参考坐标系坐标的运动学方程

$$\boldsymbol{T}_{n \to 0} = \boldsymbol{T}_{1 \to 0} \boldsymbol{T}_{2 \to 1} \cdots \boldsymbol{T}_{n-1 \to n-2} \boldsymbol{T}_{n \to n-1}$$

2.6 坐标变换应用举例

2.6.1 机器人与环境之间的坐标变换

机器人与环境之间的坐标变换如图 2-6 所示。

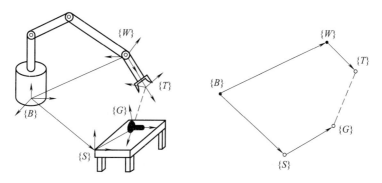

图 2-6 机器人与环境之间的坐标变换

{B}—基座坐标系（静坐标系）；{W}—腕坐标；{T}—工具坐标系；

{S}—工作站坐标系（静坐标系）；{G}—目标坐标系

$$\boldsymbol{T}_{T \to B} = \boldsymbol{T}_{W \to B} \boldsymbol{T}_{T \to W} \tag{2-20}$$

式中，$\boldsymbol{T}_{T \to B}$ 为机器人工具坐标系到基座坐标系的位姿变换矩阵；$\boldsymbol{T}_{W \to B}$ 为腕坐标系到基座坐标系的齐次变换矩阵；$\boldsymbol{T}_{T \to W}$ 为工具坐标系到腕坐标系的位姿齐次变换矩阵。

$$\boldsymbol{T}_{T \to B} = \boldsymbol{T}_{S \to B} \boldsymbol{T}_{G \to S} \boldsymbol{T}_{T \to G} \tag{2-21}$$

式中，$\boldsymbol{T}_{T \to B}$ 为机器人工具坐标系到基座坐标系的位姿变换矩阵；$\boldsymbol{T}_{S \to B}$ 为工作站坐标系到基座坐标系的齐次变换矩阵；$\boldsymbol{T}_{G \to S}$ 为目标坐标系到工作站坐标系的齐次变换矩阵；$\boldsymbol{T}_{T \to G}$ 为机器人工具坐标系到目标坐标系的位姿齐次变换矩阵。

$$\boldsymbol{T}_{W \to B} \boldsymbol{T}_{T \to W} = \boldsymbol{T}_{S \to B} \boldsymbol{T}_{G \to S} \boldsymbol{T}_{T \to G}$$

$$\boldsymbol{T}_{W \to B} = \boldsymbol{T}_{S \to B} \boldsymbol{T}_{G \to S} \boldsymbol{T}_{T \to G} \boldsymbol{T}_{T \to W}^{-1}$$

$$= \boldsymbol{T}_{S \to B} \boldsymbol{T}_{G \to S} \boldsymbol{T}_{T \to G} \boldsymbol{T}_{W \to T}$$

2.6.2 摄像机的坐标系与坐标的变换

（1）四种坐标系

图像坐标系：u-v。

成像平面坐标系：x-y。

摄像机坐标系：X_C-Y_C-Z_C。

世界坐标系：X_W-Y_W-Z_W。

（2）四种坐标系之间的关系

图 2-7 所示为图像坐标系与成像平面坐标系之间的关系。图 2-8 所示为四种坐标系之间的关系。

（3）四种坐标系之间的变换公式

从 $(x, y) \to (u, v)$

$$\begin{bmatrix} u \\ v \\ 1 \end{bmatrix} = \begin{bmatrix} 1/\mathrm{d}x & s' & u_0 \\ 0 & 1/\mathrm{d}y & v_0 \\ 0 & 0 & 1 \end{bmatrix} \begin{bmatrix} x \\ y \\ 1 \end{bmatrix} \tag{2-22}$$

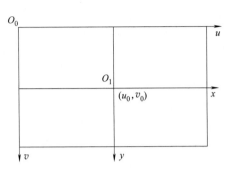
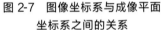

图 2-7　图像坐标系与成像平面
　　　　坐标系之间的关系

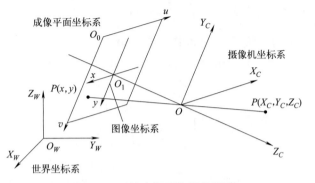

图 2-8　四种坐标系之间的关系

式中，$\mathrm{d}x$、$\mathrm{d}y$ 分别为每一个像素在 x、y 方向的尺寸数值；s' 为 u-v 和 x-y 之间的夹角因子。

从 $(X_C, Y_C, Z_C) \rightarrow (x, y)$

$$\begin{bmatrix} x \\ y \\ 1 \end{bmatrix} = \begin{bmatrix} f & 0 & 0 & 0 \\ 0 & f & 0 & 0 \\ 0 & 0 & 1 & 0 \end{bmatrix} \begin{bmatrix} X_C \\ Y_C \\ Z_C \\ 1 \end{bmatrix} \tag{2-23}$$

式中，(X_C, Y_C, Z_C) 为空间点在摄像机坐标系下的坐标；f 为摄像机的焦距，$f = OO_1$。

从 $(X_W, Y_W, Z_W) \rightarrow (X_C, Y_C, Z_C)$

$$\begin{bmatrix} X_C \\ Y_C \\ Z_C \\ 1 \end{bmatrix} = \begin{bmatrix} \boldsymbol{R}_{W \to C} & \boldsymbol{t} \\ \boldsymbol{0}^{\mathrm{T}} & 1 \end{bmatrix} \begin{bmatrix} X_W \\ Y_W \\ Z_W \\ 1 \end{bmatrix} \tag{2-24}$$

式中，$\boldsymbol{R}_{W \to C}$ 为 W 到 C 的 3×3 旋转矩阵；$\boldsymbol{t}$ 为平移三维列矢量，$\boldsymbol{0}^{\mathrm{T}} = (0, 0, 0)$。

$$\begin{bmatrix} u \\ v \\ 1 \end{bmatrix} = \begin{bmatrix} 1/\mathrm{d}x & s' & u_0 \\ 0 & 1/\mathrm{d}y & v_0 \\ 0 & 0 & 1 \end{bmatrix} \begin{bmatrix} f & 0 & 0 & 0 \\ 0 & f & 0 & 0 \\ 0 & 0 & 1 & 0 \end{bmatrix} \begin{bmatrix} \boldsymbol{R}_{W \to C} & \boldsymbol{t} \\ \boldsymbol{0}^{\mathrm{T}} & 1 \end{bmatrix} \begin{bmatrix} X_W \\ Y_W \\ Z_W \\ 1 \end{bmatrix} \tag{2-25}$$

$$= \begin{bmatrix} \alpha_u & s & u_0 \\ 0 & \alpha_v & v_0 \\ 0 & 0 & 1 \end{bmatrix} \begin{bmatrix} \boldsymbol{R}_{W \to C} & \boldsymbol{t} \\ \boldsymbol{0}^{\mathrm{T}} & 1 \end{bmatrix} \begin{bmatrix} X_W \\ Y_W \\ Z_W \\ 1 \end{bmatrix} = \boldsymbol{K} \begin{bmatrix} \boldsymbol{R}_{W \to C} & \boldsymbol{t} \\ \boldsymbol{0}^{\mathrm{T}} & 1 \end{bmatrix} \widetilde{\boldsymbol{X}} = \widetilde{\boldsymbol{P}} \widetilde{\boldsymbol{X}}$$

$$\alpha_u = f/\mathrm{d}x$$
$$\alpha_v = f/\mathrm{d}y$$
$$s = s'f$$

式中，K 为摄像机内部参数矩阵；P 为投影矩阵。

本 章 小 结

① 介绍了刚体位姿描述方法。

② 介绍了坐标系平移、旋转和一般情况下，不同坐标系下坐标之间的关系。

③ 介绍了旋转变换通式与等效转轴与转角。

④ 介绍了齐次坐标和齐次变换。

⑤ 介绍了工业机器人运动学方程建立的思路。

⑥ 介绍了机器人与环境之间的坐标变换。

⑦ 介绍了摄像机的坐标系与坐标变换。

思考与练习题

一、思考题

1. 如何描述刚体的位姿？

2. 什么叫坐标变换？

3. 写出坐标变换的一般表达式。

4. 什么叫齐次坐标变换？

5. 齐次变换矩阵有什么特点？

6. 叙述建立机器人运动学方程的步骤。

二、练习题

1. B 坐标系相对于 A 坐标系绕 Z 轴旋转 $30°$，写出 B 相对于 A 的旋转矩阵 $R_{B \to A}$。若 B 坐标系中一点 P 的坐标为（0，2，0），求出该点在 A 坐标系下的坐标。

2. B 坐标系相对于 A 坐标系绕 Z 轴旋转 $30°$，B 坐标系的原点 O_B 在 A 坐标系下为（10，5，0）。若 B 坐标系中一点 P 的坐标为（3，7，0），求出该点在 A 坐标系下的坐标。

3. B 坐标系相对于 A 坐标系绕 Z 轴旋转 $30°$，B 坐标系的原点 O_B 在 A 坐标系下为（4，3，0）。写出 B 相对于 A 的齐次坐标变换矩阵 $T_{B \to A}$。

4. 矢量 $^A P$ 关于 Z_A 旋转 θ，然后关于 X_A 旋转 ϕ，请给出按指定顺序旋转后的旋转矩阵。

5. 坐标系 $\{B\}$ 最初描述为与 $\{A\}$ 重合，让 $\{B\}$ 关于 z_B 轴旋转 θ 角，然后再关于 x_B 轴旋转 ϕ 角，给出旋转矩阵，能够使向量表述 $^B P$ 转变为 $^A P$。

6. 证明旋转矩阵的特征值是 1，$e^{\alpha i}$，$e^{-\alpha i}$，其中 $i = \sqrt{-1}$。

7. 参考本题图，写出齐次坐标变换矩阵 $T_{B \to A}$、$T_{C \to A}$、$T_{C \to B}$、$T_{A \to C}$。

8. 参考本题图，写出齐次坐标变换矩阵 $T_{C \to A}$、$T_{C \to B}$、$T_{A \to C}$。

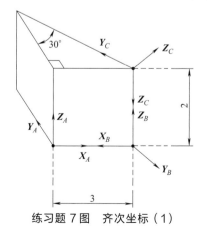

练习题 7 图　齐次坐标（1）

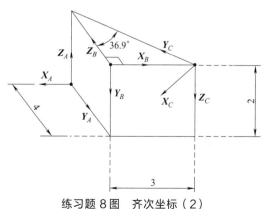

练习题 8 图　齐次坐标（2）

9. 证明任何旋转矩阵的行列式的值都等于 1。

10. 在平面（或者说二维空间）移动的刚体有 3 个自由度，在三维空间移动的刚体有 6 个自由度。证明在 N 维空间移动的物体有 $\frac{1}{2}(N^2+N)$ 个自由度。

11. 给定矩阵

$$T_{B \to A} = \begin{bmatrix} 0.26 & 0.45 & 0.90 & 5.0 \\ 0.87 & -0.50 & 0.20 & -4.0 \\ 0.45 & 0.87 & -0.50 & 2.0 \\ 0 & 0 & 0 & 1 \end{bmatrix}$$

求矩阵 $T_{A \to B}$ 的元素 (1, 4) 是多少？

12. 点矢量 v 为 $[10.00 \quad 20.00 \quad 30.00]^T$，相对参考系做如下齐次坐标变换：

$$A = \begin{bmatrix} 0.866 & -0.50 & 0.00 & 11.0 \\ 0.50 & 0.866 & 0.00 & -3.0 \\ 0.00 & 0.00 & 1.00 & 9.0 \\ 0 & 0 & 0 & 1 \end{bmatrix}$$

写出变换后点矢量 v 的表达式，并说明是什么性质的变换，写出旋转算子 Rot 及平移算子 Trans。

13. 有一旋转变换，先绕固定坐标系 z_0 轴旋转 $45°$，再绕 x_0 轴旋转 $30°$，最后绕 y_0 轴旋转 $60°$，试求该齐次坐标变换矩阵。

14. 坐标系 $\{B\}$ 起初与固定坐标系 $\{O\}$ 相重合，现坐标系 $\{B\}$ 绕 z_B 旋转 $30°$，然后绕旋转后的动坐标系的 x_B 轴旋转 $45°$，试写出该坐标系 $\{B\}$ 的起始矩阵表达式和最后矩阵表达式。

15. 坐标系 $\{A\}$ 及 $\{B\}$ 在固定坐标系 $\{O\}$ 中的矩阵表达式为：

$$A = \begin{bmatrix} 1.00 & 0.00 & 0.00 & 0.0 \\ 0.00 & 0.866 & -0.500 & 10.0 \\ 0.00 & 0.500 & 0.866 & -20.0 \\ 0 & 0 & 0 & 1 \end{bmatrix}$$

$$B = \begin{bmatrix} 0.866 & -0.500 & 0.000 & -3.0 \\ 0.433 & 0.750 & -0.500 & -3.0 \\ 0.250 & 0.433 & 0.866 & 3.0 \\ 0 & 0 & 0 & 1 \end{bmatrix}$$

画出它们在 $\{O\}$ 坐标系中的位置和姿态；

16. 写出齐次变换矩阵 $T_{B \to A}$，它表示坐标系 $\{B\}$ 连续相对固定坐标系 $\{A\}$ 做以下变换：

① 绕 z_A 轴旋转 $90°$。

② 绕 x_A 轴旋转 $-90°$。

③ 移动至 $[3，7，9]^T$。

参 考 文 献

[1] 江苏师范学院数学系《解析几何》编写组. 解析几何 [M]. 2 版. 北京：高等教育出版社，1982.

[2] 日本机器人学会. 新版机器人技术手册 [M]. 宗光化，程君实等译. 北京：科学出版社，2008.

[3] 机械工程手册电机工程手册编辑委员会. 机械工程手册 [M]. 2 版. 北京：机械工业出版社，1997.

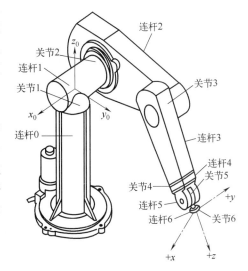 *(image appears in lower-right region of page, integrated with text)*

第3章

机器人运动学

3.1 连杆参数和连杆坐标系

3.1.1 机器人连杆和关节的概念

（1）连杆

在机器人运动学分析中，连杆是指构成机器人的基座、腰部、大臂、小臂、腕部的各个运动部件。这与机械学中连杆机构中的连杆是同样的概念。借助这个概念，工业机器人就可以认为是由若干连杆组成的。工业机器人是由若干连杆组成的开式链（串联机器人）或闭式链（并联机器人）。

（2）关节

关节用于连接两个连杆，分为转动关节和移动关节两种。

（3）连杆序号

连杆序号是指连杆按一定顺序的标号。如从基座→腰部→大臂→小臂→腕部→手部，给每一个连杆标上一定的序号来表示连杆的名字。有的是按照从基座到腕部连杆序号逐渐增加的，有的可能相反。在工业机器人运动学分析时，通常从基座到腕部连杆序号是逐渐增加的，即基座是 0 号连杆、腰部是 1 号连杆、大臂是 2 号连杆、小臂是 3 号连杆、腕部连接小臂的连杆是 4 号连杆、腕部后面的连杆是 5 号连杆、6 号连杆。末端操作手可以标为 7 号连杆或用其他标识符。末端操作手可以不认为是机器人本体的组成部分，可单列、单独制造，不同的应用末端操作手可以是不同的，是可以更换的。

（4）关节序号

关节序号就是给连杆之间的关节确定的顺序号。一般情况下，某连杆前端（靠近基座一侧）的关节序号与该连杆同序号，连杆后端（靠近腕部一侧）的关节序号是该连杆序号加 1。若连杆的顺序号是 i，则其前端的关节序号为 i，后端的关节序号为 $i+1$，如图 3-1 所示。

3.1.2 连杆参数

（1）单个连杆的描述

一般情况下，连杆 i 有两个转动轴，靠近机

图 3-1 PUMA560 工业机器人的
连杆关节组成及序号

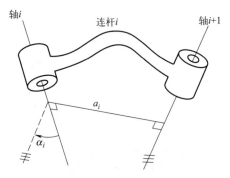

图 3-2 连杆的两个参数

座的一端轴的序号为 i，靠近末端执行器的另一端轴的序号为 $i+1$。轴 i 和轴 $i+1$ 一般是异面直线，并不平行。定义两个轴的公垂线两垂足之间线段的长度为连杆长度，如图 3-2 中的 a_i，定义轴 i 和 $i+1$ 之间的夹角为连杆 i 的扭角 α_i。连杆长度和扭角是描述连杆的两个参数。

（2）两个连杆之间的相互位置参数

两个相邻连杆之间的相互位置参数如图 3-3 所示。连杆 i 的参数：连杆长度 a_i 和连杆扭角 α_i。连杆 $i+1$ 的参数：连杆长度 a_{i+1} 和连杆扭角 α_{i+1}。连杆 i 和连杆 $i+1$ 之间的相互位置参数：连杆 i 的前后两个轴的公垂线 x_i 与连杆 $i+1$ 的前后两个轴的公垂线 x_{i+1} 之间的夹角为两个连杆之间的夹角 θ_{i+1}，通常这是一个关节运动变量，是关节伺服控制系统的期望值。连杆 i 的前后两个轴的公垂线 x_i 与连杆 $i+1$ 的前后两个轴的公垂线 x_{i+1} 在轴线 $i+1$ 上的两个垂足之间的距离，称为两个连杆之间的偏置，如图 3-3 中的 d_{i+1}。两个连杆之间的夹角 θ_{i+1} 和两个连杆之间的偏置 d_{i+1} 是两个相邻连杆之间的相互位置参数。

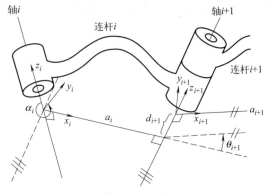

图 3-3 两个相邻连杆之间的相互位置参数

3.1.3 连杆坐标系

在构成机器人的每个连杆上都建立一个固接在连杆上、与这个连杆一起运动的坐标系，称为连杆坐标系（连体坐标系）。连杆坐标系的序号与连杆的序号一致，即连杆 i 上的连杆坐标系的序号为 i，连杆 $i+1$ 上的连杆坐标系的序号为 $i+1$。连杆坐标系 i 的 z 轴用连杆 i 的前端的轴线 z_i，连杆坐标系 i 的 x 轴用连杆 i 的两端的轴线的公垂线 x_i，连杆坐标系 i 的 y 轴由 x_i、z_i 用右手定则判断。连杆坐标系 $\{i\}(x_i，y_i，z_i)$ 如图 3-3 所示。同样，连杆 $i+1$ 对应的坐标系 $\{i+1\}(x_{i+1}，y_{i+1}，z_{i+1})$ 如图 3-3 所示。

3.2 用 D-H 方法建立机器人运动学方程

3.2.1 D-H 方法的概念与思路

D-H 方法：由关节和连杆组成的机器人，通常用 D-H 方法进行运动学分析。这种方法是 Denavit 和 Hartenberg 两位学者于 1955 年在 *ASME Journal of Applied Mechanics* 上发表的一篇论文中提出来的，后称 D-H 法。

这种方法的思路：首先给每一个连杆指定一个与该连杆固接的坐标系（也称为连体坐标系），然后确定从一个连杆坐标系到下一个连杆坐标系变换的步骤，并求出相邻连杆之间的齐次变换矩阵。

如果将从基座到连杆 1、从连杆 1 到连杆 2 一直到最后一个连杆的所有变换组合起来，就可以得到总的变换矩阵，由此得到运动学方程。

3.2.2 用 D-H 方法建立连杆坐标系的特点

① 对机器人各个连杆进行编号，从基座→腰部→大臂→小臂→腕部依次为 0、1、2、

3、…、n，定义第 i 个连杆的连体坐标系为 $(x_i，y_i，z_i)$，它的原点为 o_i。

② z_i 是第 i 个连杆的前端轴线，z_{i+1} 是第 i 个连杆的后端轴线。

③ x_i 定义为 z_{i+1} 和 z_i 的公垂线，从 z_i 指向 z_{i+1}。

④ z_i 和 z_{i+1} 两轴线之间的距离（公垂线的长度）定义为连杆 i 的长度 a_i。

⑤ 连杆 i 的两端的轴线 z_i 和 z_{i+1} 之间的夹角 α_i 定义为连杆 i 的扭角。

⑥ x_i、x_{i+1} 与 z_{i+1} 的垂足之间的距离称为连杆 $i+1$ 和连杆 i 中心线之间的偏置 d_{i+1}。特别注意：对应连杆 i 的偏置 d_i 应该是 x_i 相对 x_{i-1} 沿着 z_i 方向的偏置。

⑦ x_{i+1} 和 x_i 之间的夹角 θ_{i+1} 定义为连杆 $i+1$ 相对于连杆 i 的转角，同样，x_i 和 x_{i-1} 之间的夹角 θ_i 定义为连杆 i 相对于连杆 $i-1$ 的转角。

3.2.3 相邻连杆坐标系变换

连杆坐标系 $\{i+1\}$ 相对于坐标系 $\{i\}$ 的变换称为相邻连杆坐标系变换，记为 $\boldsymbol{T}_{i+1 \rightarrow i}$。若直接写齐次变换矩阵，那就要知道 $\{i+1\}$ 坐标系的原点在 $\{i\}$ 坐标系中的位置 $P_{oi+1 \rightarrow oi}$，并且还要知道 $\{i+1\}$ 坐标系的各个坐标轴与 $\{i\}$ 坐标系的各个坐标轴之间的夹角，而直接找到这些夹角往往很难（9个夹角）。所以在 $\{i+1\}$ 坐标系和 $\{i\}$ 坐标系之间加入 3 个坐标系 1 $(x_1，y_1，z_1)$、2 $(x_2，y_2，z_2)$、3 $(x_3，y_3，z_3)$。引入 4 个子变换：第一个坐标变换，从 i 坐标系到 1 坐标系；第二个坐标变换，从 1 坐标系到 2 坐标系；第三个坐标变换，从 2 坐标系到 3 坐标系；第四个坐标变换，从 3 坐标系到 $\{i+1\}$ 坐标系。

连杆坐标变换可以看成坐标系 $\{i\}$ 经过如下四个子变换达到 $\{i+1\}$。

① 绕轴 x_i 转动 α_i。第一个坐标变换：旋转变换，从 i 坐标系到 1 坐标系。

② 沿轴 x_i 移动 a_i。第二个坐标变换：平移变换，从 1 坐标系到 2 坐标系。

③ 绕轴 z_{i+1} 转动 θ_{i+1}。第三个坐标变换：旋转变换，从 2 坐标系到 3 坐标系。

④ 沿轴 z_{i+1} 移动 d_{i+1}。第四个坐标变换：平移变换，从 3 坐标系到 $i+1$ 坐标系。

①、②两步使 z_i 和 z_{i+1} 重合，③、④两步使 x_i 和 x_{i+1} 重合。这 4 步将 $\{i+1\}$ 坐标系中的位置向量变换到 $\{i\}$ 坐标系之中。

分别写出以上 4 个齐次变换矩阵，并相乘得到结果。

$$\boldsymbol{T}_{i+1 \rightarrow i}=\boldsymbol{R}(x_i,\alpha_i)\boldsymbol{T}(x_i,a_i)\boldsymbol{R}(z_{i+1},\theta_{i+1})\boldsymbol{T}(z_{i+1},d_{i+1}) \tag{3-1}$$

式中，$\boldsymbol{R}(x_i，\alpha_i)$ 为绕轴 x_i 转动 α_i 的纯旋转齐次变换矩阵；$\boldsymbol{T}(x_i，a_i)$ 为沿轴 x_i 移动 a_i 的纯平移齐次变换矩阵；$\boldsymbol{R}(z_{i+1}，\theta_{i+1})$ 为绕轴 z_{i+1} 转动 θ_{i+1} 的纯旋转齐次变换矩阵；$\boldsymbol{T}(z_{i+1}，d_{i+1})$ 为沿轴 z_{i+1} 移动 d_{i+1} 的纯平移齐次变换矩阵。

对应的四个齐次变换矩阵为

$$\boldsymbol{R}(x_i,\alpha_i)=\text{Rot}(x_i,\alpha_i)=\begin{bmatrix} 1 & 0 & 0 & 0 \\ 0 & \cos\alpha_i & -\sin\alpha_i & 0 \\ 0 & \sin\alpha_i & \cos\alpha_i & 0 \\ 0 & 0 & 0 & 1 \end{bmatrix} \tag{3-2}$$

$$\boldsymbol{T}(x_i,a_i)=\text{Trans}(x_i,a_i)=\begin{bmatrix} 1 & 0 & 0 & a_i \\ 0 & 1 & 0 & 0 \\ 0 & 0 & 1 & 0 \\ 0 & 0 & 0 & 1 \end{bmatrix} \tag{3-3}$$

$$\boldsymbol{R}(z_{i+1},\theta_{i+1})=\mathrm{Rot}(z_{i+1},\theta_{i+1})=\begin{bmatrix}\cos\theta_{i+1} & -\sin\theta_{i+1} & 0 & 0\\ \sin\theta_{i+1} & \cos\theta_{i+1} & 0 & 0\\ 0 & 0 & 1 & 0\\ 0 & 0 & 0 & 1\end{bmatrix} \tag{3-4}$$

$$\boldsymbol{T}(z_{i+1},d_{i+1})=\mathrm{Trans}(z_{i+1},d_{i+1})=\begin{bmatrix}1 & 0 & 0 & 0\\ 0 & 1 & 0 & 0\\ 0 & 0 & 1 & d_{i+1}\\ 0 & 0 & 0 & 1\end{bmatrix} \tag{3-5}$$

将这四个齐次变换矩阵按以下顺序相乘,就可以得到从 $\{i+1\}$ 坐标系到 $\{i\}$ 坐标系的齐次变换矩阵,利用此变换矩阵可以将 $\{i+1\}$ 坐标系下一点的坐标转化到 $\{i\}$ 坐标系下。

$$\boldsymbol{T}_{i+1\to i}=\mathrm{Rot}(x_i,\alpha_i)\mathrm{Trans}(x_i,a_i)\mathrm{Rot}(z_{i+1},\theta_{i+1})\mathrm{Trans}(z_{i+1},d_{i+1})$$

$$=\begin{bmatrix}\cos\theta_{i+1} & -\sin\theta_{i+1} & 0 & a_i\\ \cos\alpha_i\sin\theta_{i+1} & \cos\alpha_i\cos\theta_{i+1} & -\sin\alpha_i & -\sin\alpha_i d_{i+1}\\ \sin\alpha_i\sin\theta_{i+1} & \sin\alpha_i\cos\theta_{i+1} & \cos\alpha_i & \cos\alpha_i d_{i+1}\\ 0 & 0 & 0 & 1\end{bmatrix}$$

3.2.4 相邻连杆坐标系之间的齐次变换矩阵的进一步解释

① 从 (x'_{i+1},z_{i+1}) 到 (x_{i+1},z_{i+1}),沿着 z_{i+1} 纯平移距离 d_{i+1},齐次变换矩阵为 $\mathrm{Trans}(z_{i+1},d_{i+1})$。

② 从 (x_i,z_{i+1}) 到 (x'_{i+1},z_{i+1}),绕着 z_{i+1} 纯旋转角度 θ_{i+1},齐次变换矩阵为 $\mathrm{Rot}(z_{i+1},\theta_{i+1})$。

③ 从 (x_i,z'_{i+1}) 到 (x_i,z_{i+1}),沿着 x_i 纯平移距离 a_i,齐次变换矩阵为 $\mathrm{Trans}(x_i,a_i)$。

④ 从 (x_i,z_i) 到 (x_i,z'_{i+1}),绕着 x_i 纯旋转角度 α_i,齐次变换矩阵为 $\mathrm{Rot}(x_i,\alpha_i)$。

在坐标系 (x_{i+1},z_{i+1}) 上一点的坐标 $(x_{i+1},y_{i+1},z_{i+1})$ 通过一系列的变换,就得到在坐标系 (x_i,z_i) 上一点的坐标 (x_i,y_i,z_i):

$$\begin{bmatrix}x_i\\ y_i\\ z_i\\ 1\end{bmatrix}=\boldsymbol{T}_{i+1\to i}\begin{bmatrix}x_{i+1}\\ y_{i+1}\\ z_{i+1}\\ 1\end{bmatrix}=\mathrm{Rot}(x_i,\alpha_i)\left\{\mathrm{Trans}(x_i,a_i)\left\{\mathrm{Rot}(z_{i+1},\theta_{i+1})\left\{\mathrm{Trans}(z_{i+1},d_{i+1})\left\{\begin{bmatrix}x_{i+1}\\ y_{i+1}\\ z_{i+1}\\ 1\end{bmatrix}\right\}\right\}\right\}\right\} \tag{3-6}$$

式中,$\mathrm{Trans}(z_{i+1},d_{i+1})\begin{bmatrix}x_{i+1}\\ y_{i+1}\\ z_{i+1}\\ 1\end{bmatrix}$ 把一点在 $\{i+1\}$ 坐标系 (x_{i+1},z_{i+1}) 中的坐标转换到 3 坐标系 (x'_{i+1},z'_{i+1}),此处,$x'_{i+1}/\!/x_{i+1}$,z'_{i+1} 与 z_{i+1} 重合为一;

$$\mathrm{Rot}\ (z_{i+1},\ \theta_{i+1})\left\{\mathrm{Trans}\ (z_{i+1},\ d_{i+1})\begin{bmatrix}x_{i+1}\\y_{i+1}\\z_{i+1}\\1\end{bmatrix}\right\}$$ 又把该点在 3 坐标系 $(x'_{i+1},\ z'_{i+1})$

中的坐标转换到 2 坐标系 $(x'_i,\ z'_{i+1})$，此处，x'_i 与 x_i 重合，z'_{i+1} 与 z_{i+1} 重合；Trans

$$(x_i,\ a_i)\left\{\mathrm{Rot}(z_{i+1},\ \theta_{i+1})\left\{\mathrm{Trans}(z_{i+1},\ d_{i+1})\begin{bmatrix}x_{i+1}\\y_{i+1}\\z_{i+1}\\1\end{bmatrix}\right\}\right\}$$ 又把该点在 2 坐标系 $(x'_i,\ z'$

$_{i+1})$ 下的坐标转换到 1 坐标系 $(x'_i,\ z'_i)$，此处，x'_i 与 x_i 重合，$z'_i\ /\!/\ z_{i+1}$；$\mathrm{Rot}(x_i,\ \alpha_i)$

$$\left\{\mathrm{Trans}(x_i,\ a_i)\left\{\mathrm{Rot}(z_{i+1},\ \theta_{i+1})\left\{\mathrm{Trans}(z_{i+1},\ d_{i+1})\begin{bmatrix}x_{i+1}\\y_{i+1}\\z_{i+1}\\1\end{bmatrix}\right\}\right\}\right\}$$ 又把该点在 1 坐标系

$(x'_i,\ z'_i)$ 下的坐标转换到 $\{i\}$ 坐标系 $(x_i,\ z_i)$。

这四步的纯平移、纯旋转变换把 $\{i+1\}$ 坐标系 $(x_{i+1},\ z_{i+1})$ 下一点的坐标转换到 $\{i\}$ 坐标系 $(x_i,\ z_i)$ 下。总的齐次变换矩阵 $\boldsymbol{T}_{i+1\to i}$ 与四个子齐次变换矩阵之间的关系如下。

$$\boldsymbol{T}_{i+1\to i}=\boldsymbol{R}(x_i,\alpha_i)\boldsymbol{T}(x_i,a_i)\boldsymbol{R}(z_{i+1},\theta_{i+1})\boldsymbol{T}(z_{i+1},d_{i+1})$$

3.3 机器人运动学方程的形式与建立步骤

3.3.1 机器人运动学方程的形式

若已知机器人有 n 个连杆，由低到高的序号分别为 0、1、2、3、…、n。0 表示基座，一般在基座上建立机器人的参考坐标系。$\boldsymbol{T}_{i+1\to i}$ 表示从 $\{i+1\}$ 坐标系到 $\{i\}$ 坐标系的齐次变换矩阵。则从末端连杆坐标系到参考坐标系的齐次变换矩阵与机器人各个相邻连杆坐标系之间的齐次变换矩阵之间的关系如下。

$$\boldsymbol{T}_{n\to 0}(q_1,q_2,\cdots,q_n)=\boldsymbol{T}_{1\to 0}(q_1)\boldsymbol{T}_{2\to 1}(q_2)\cdots\boldsymbol{T}_{n\to n-1}(q_n) \tag{3-7}$$

这就是机器人的运动学方程。

机器人的运动学方程的意义在于已知机器人手部某点在自身连体坐标系中的坐标，可以由运动学方程求出该点在参考坐标系下的坐标，这是正运动学；若已知运动学方程（即末端操作手到基座参考系的齐次变换矩阵，也就是已知手部位姿矩阵），可以求出其中包含的所有关节变量，也就是说可以在正运动学基础上解决逆运动学问题。

若已知一工业机器人的末端操作手的位姿矩阵

$$\boldsymbol{T}_{n\to 0}(q_1,q_2,\cdots,q_n)=\begin{bmatrix}n_x & o_x & a_x & P_x\\n_y & o_y & a_y & P_y\\n_z & o_z & a_z & P_z\\0 & 0 & 0 & 1\end{bmatrix} \tag{3-8}$$

可以从中求出末端操作手坐标系（n 坐标系）的原点在参考坐标系（0 坐标系）下的坐标。

末端操作手连体坐标系 n 的原点在其自身坐标系下的齐次坐标如下。

$$\begin{bmatrix} x^n_{n_o} \\ y^n_{n_o} \\ z^n_{n_o} \\ 1 \end{bmatrix} = \begin{bmatrix} 0 \\ 0 \\ 0 \\ 1 \end{bmatrix}$$

末端操作手连体坐标系 n 的原点在其参考坐标系下的齐次坐标如下。

$$\begin{bmatrix} x^0_{n_o} \\ y^0_{n_o} \\ z^0_{n_o} \\ 1 \end{bmatrix} = \begin{bmatrix} n_x & o_x & a_x & P_x \\ n_y & o_y & a_y & P_y \\ n_z & o_z & a_z & P_z \\ 0 & 0 & 0 & 1 \end{bmatrix} \begin{bmatrix} 0 \\ 0 \\ 0 \\ 1 \end{bmatrix} = \begin{bmatrix} P_x \\ P_y \\ P_z \\ 1 \end{bmatrix}$$

由上述可知，机器人末端操作手连体坐标系的原点在参考坐标系下的坐标就是末端操作手到参考坐标系的齐次变换矩阵的第四列的元素值。另外，可以注意到：末端操作手到参考坐标系的齐次变换矩阵的前三行与前三列构成的 3×3 矩阵正是末端操作手连体坐标系相对于参考坐标系的旋转矩阵。

$$\boldsymbol{R}_{n \to 0} = \begin{bmatrix} n_x & o_x & a_z \\ n_y & o_y & a_y \\ n_z & o_z & a_z \end{bmatrix}$$

3.3.2　机器人运动学方程的建立步骤

① 按照 D-H 方法建立机器人运动学方程的一般步骤如下。

a. 建立连体坐标系和参考坐标系。

b. 列表各连杆的参数和相邻连杆的互相位置参数。

c. 列写相邻连杆的连体坐标系之间的齐次变换矩阵。

d. 计算从手部到参考坐标系的齐次变换矩阵。

e. 列写有关运动学方程。

② 若已知机器人末端操作手上建立的连体坐标系相对于基础上的参考坐标系的各个坐标轴之间夹角的余弦，则可按照旋转矩阵的定义直接写出两者之间的齐次变换矩阵的旋转矩阵。进一步地，若知道末端操作手上的连体坐标系的原点在基础上的参考坐标系中的位置坐标，则可直接写出两者之间的齐次变换矩阵，即可直接写出机器人的运动学方程。

③ 若按连杆参数直接写出相邻连杆之间的齐次变换矩阵有困难，可以把连杆之间的坐标变换分成四个子变换，分别写出每个子变换的齐次变换矩阵，按照顺序相乘，即可得出相邻连杆之间的齐次变换矩阵。

3.3.3　用 D-H 方法建立机器人运动学方程应注意的问题

① 计算 $\boldsymbol{T}_{i+1 \to i}$ 时，连杆参数和连杆相互位置参数要从 0 号连杆开始填写，四个参数为连杆 i 的长度 a_i、扭角 α_i，连杆 i 与后面紧邻大序号连杆 $i+1$ 之间的相互位置参数偏置 d_{i+1}、转角 θ_{i+1}。此时的连杆参数见表 3-1。

② 计算 $\boldsymbol{T}_{i \to i-1}$ 时，连杆参数和连杆相互位置参数要从 1 号连杆开始填写，四个参数为连杆 i 的长度 a_i、扭角 α_i，连杆 i 与前面紧邻小序号连杆 $i-1$ 之间的相互位置参数偏置 d_{i-1}、转角 θ_{i-1}。此时的连杆参数见表 3-2。

表 3-1　连杆参数（1）

连杆序号	长度 a_i	扭角 α_i	偏置 d_{i+1}	转角 θ_{i+1}	关节变量范围	连杆参数	备注
0	Z_0Z_1 的公垂线长度 a_0	Z_0Z_1 之间的夹角 α_0	X_0X_1 之间的距离 d_1	X_0X_1 之间的夹角 θ_1			
1	Z_1Z_2 的公垂线长度 a_1	Z_1Z_2 之间的夹角 α_1	X_1X_2 之间的距离 d_2	X_1X_2 之间的夹角 θ_2			
2	Z_2Z_3 的公垂线长度 a_2	Z_2Z_3 之间的夹角 α_2	X_2X_3 之间的距离 d_3	X_2X_3 之间的夹角 θ_3			
3	Z_3Z_4 的公垂线长度 a_3	Z_3Z_4 之间的夹角 α_3	X_3X_4 之间的距离 d_4	X_3X_4 之间的夹角 θ_4			
4	Z_4Z_5 的公垂线长度 a_4	Z_4Z_5 之间的夹角 α_4	X_4X_5 之间的距离 d_5	X_4X_5 之间的夹角 θ_5			
5	Z_5Z_6 的公垂线长度 a_5	Z_5Z_6 之间的夹角 α_5	X_5X_6 之间的距离 d_6	X_5X_6 之间的夹角 θ_6			
6	Z_6Z_7 的公垂线长度 a_6	Z_6Z_7 之间的夹角 α_6	X_6X_7 之间的距离 d_7	X_6X_7 之间的夹角 θ_7			

表 3-2　连杆参数（2）

连杆序号	长度 a_i	扭角 α_i	偏置 d_{i-1}	转角 θ_{i-1}	关节变量范围	连杆参数	备注
1	Z_0Z_1 的公垂线长度 a_1	Z_0Z_1 之间的夹角 α_1	X_0X_1 之间的距离 d_0	X_0X_1 之间的夹角 θ_0			
2	Z_1Z_2 的公垂线长度 a_2	Z_1Z_2 之间的夹角 α_2	X_1X_2 之间的距离 d_1	X_1X_2 之间的夹角 θ_1			
3	Z_2Z_3 的公垂线长度 a_3	Z_2Z_3 之间的夹角 α_3	X_2X_3 之间的距离 d_2	X_2X_3 之间的夹角 θ_2			
4	Z_3Z_4 的公垂线长度 a_4	Z_3Z_4 之间的夹角 α_4	X_3X_4 之间的距离 d_3	X_3X_4 之间的夹角 θ_3			
5	Z_4Z_5 的公垂线长度 a_5	Z_4Z_5 之间的夹角 α_5	X_4X_5 之间的距离 d_4	X_4X_5 之间的夹角 θ_4			
6	Z_5Z_6 的公垂线长度 a_6	Z_5Z_6 之间的夹角 α_6	X_5X_6 之间的距离 d_5	X_5X_6 之间的夹角 θ_5			
7	Z_6Z_7 的公垂线长度 a_7	Z_6Z_7 之间的夹角 α_7	X_6X_7 之间的距离 d_6	X_6X_7 之间的夹角 θ_6			

③ 若连杆是第 i 个连杆，则参数表中的两个相互位置参数要么是与后面连杆之间的相对位置参数——偏置 d_{i+1}、转角 θ_{i+1}，要么是与前面连杆之间的相对位置参数——偏置 d_{i-1}、转角 θ_{i-1}，不能是连杆 i 的相互位置参数——d_i、θ_i。表 3-3 中偏置 d_i、转角 θ_i 的写法是错误的。

表 3-3　连杆参数（3）

连杆序号	长度 a_i	扭角 α_i	偏置 d_i	转角 θ_i	关节变量范围	连杆参数	备注

3.4 PUMA560 机器人运动学方程的建立过程

3.4.1 建立 PUMA560 机器人各连杆坐标系和参考坐标系

PUMA560 机器人的各连杆坐标系和参考坐标系见图 3-4。

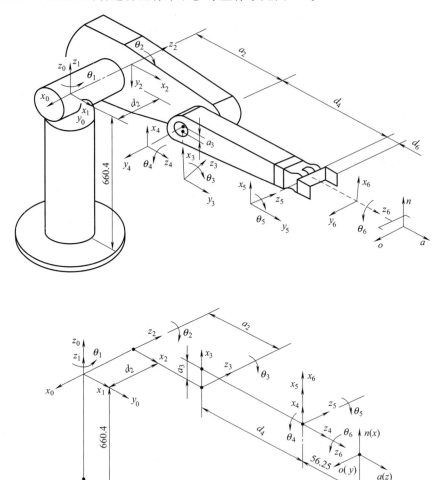

图 3-4 PUMA560 机器人的各连杆坐标系和参考坐标系

3.4.2 填写连杆参数表

PUMA560 机器人的连杆参数见表 3-4。

表 3-4 PUMA560 机器人的连杆参数

i	a_i	α_i	d_{i+1}	θ_{i+1}	关节变量范围	连杆参数值/mm
0	0	$0°$	0	$\theta_1(90°)$	$-160°\sim160°$	$a_2=431.8$
1	0	$-90°$	d_2	$\theta_2(0°)$	$-225°\sim45°$	$a_3=20.32$
2	a_2	$0°$	0	$\theta_3(-90°)$	$-45°\sim225°$	$d_2=149.09$
3	a_3	$-90°$	d_4	$\theta_4(0°)$	$-110°\sim170°$	$d_4=433.07$
4	0	$90°$	0	$\theta_5(0°)$	$-100°\sim100°$	
5	0	$-90°$	0	$\theta_6(0°)$	$-266°\sim266°$	

3.4.3 写出相邻连杆之间的齐次变换矩阵

按照下面的 $\{i+1\}$ 连杆坐标系到 $\{i\}$ 连杆坐标系的齐次变换矩阵的一般表达式，结合各连杆的参数和相邻连杆的相互位置参数，分别写出各个相邻连杆坐标系之间的齐次变换矩阵。

$$\boldsymbol{T}_{i+1\to i} = \text{Rot}(x_i, \alpha_i)\text{Trans}(x_i, a_i)\text{Rot}(z_{i+1}, \theta_{i+1})\text{Trans}(z_{i+1}, d_{i+1})$$

$$= \begin{bmatrix} \cos\theta_{i+1} & -\sin\theta_{i+1} & 0 & a_i \\ \cos\alpha_i \sin\theta_{i+1} & \cos\alpha_i \cos\theta_{i+1} & -\sin\alpha_i & -\sin\alpha_i d_{i+1} \\ \sin\alpha_i \sin\theta_{i+1} & \sin\alpha_i \cos\theta_{i+1} & \cos\alpha_i & \cos\alpha_i d_{i+1} \\ 0 & 0 & 0 & 1 \end{bmatrix}$$

$i = 0$ 时，写出 $\boldsymbol{T}_{1\to 0}$：

$$\boldsymbol{T}_{1\to 0} = \text{Rot}(x_0, \alpha_0)\text{Trans}(x_0, a_0)\text{Rot}(z_1, \theta_1)\text{Trans}(z_1, d_1)$$

$$= \begin{bmatrix} \cos\theta_1 & -\sin\theta_1 & 0 & a_0 \\ \cos\alpha_0 \sin\theta_1 & \cos\alpha_0 \cos\theta_1 & -\sin\alpha_0 & -\sin\alpha_0 d_1 \\ \sin\alpha_0 \sin\theta_1 & \sin\alpha_0 \cos\theta_1 & \cos\alpha_0 & \cos\alpha_0 d_1 \\ 0 & 0 & 0 & 1 \end{bmatrix}$$

$$= \begin{bmatrix} c\theta_1 & -s\theta_1 & 0 & 0 \\ s\theta_1 & c\theta_1 & 0 & 0 \\ 0 & 0 & 1 & 0 \\ 0 & 0 & 0 & 1 \end{bmatrix}$$

其中，$c\theta_i = \cos\theta_i$；$s\theta_i = \sin\theta_i$。

$i = 1$ 时，从图 3-4 可知，此时从 (x_1, z_1) 到 (x_2, z_2) 经历了一个绕着 x_1 轴的顺时针纯旋转和沿着 z_2 轴的纯平移，以及一个绕 z_2 轴的转角为 θ_2 的纯旋转。所以

$$\boldsymbol{T}_{2\to 1} = \text{Rot}(x_1, -90°)\text{Trans}(z_2, d_2)\text{Rot}(z_2, \theta_2)$$

$$= \begin{bmatrix} 1 & 0 & 0 & 0 \\ 0 & 0 & 1 & 0 \\ 0 & -1 & 0 & d_2 \\ 0 & 0 & 0 & 1 \end{bmatrix} \begin{bmatrix} c\theta_2 & -s\theta_2 & 0 & 0 \\ s\theta_2 & c\theta_2 & 0 & 0 \\ 0 & 0 & 1 & 0 \\ 0 & 0 & 0 & 1 \end{bmatrix}$$

$$= \begin{bmatrix} c\theta_2 & -s\theta_2 & 0 & 0 \\ 0 & 0 & 1 & 0 \\ -s\theta_2 & -c\theta_2 & 0 & d_2 \\ 0 & 0 & 0 & 1 \end{bmatrix}$$

有时候，按照相邻连杆之间的齐次变换矩阵的一般表达式 $\boldsymbol{T}_{i+1\to i}$ 实在难以确定其中的参数，这时可以把 $\{i\}$ 坐标系到 $\{i+1\}$ 坐标系的总的坐标系变化过程分成四个子过程，分别写出子变换对应的齐次变换矩阵，然后按照由前到后的顺序相乘就可得到总的相邻连杆之间的齐次变换矩阵。

$i = 2$ 时，写出 $\boldsymbol{T}_{3\to 2}$：

$$\boldsymbol{T}_{3\to 2} = \text{Rot}(x_2, \alpha_2)\text{Trans}(x_2, a_2)\text{Rot}(z_3, \theta_3)\text{Trans}(z_3, 0)$$

$$= \text{Trans}(x_2, a_2)\text{Rot}(z_3, \theta_3)$$

$$= \begin{bmatrix} 1 & 0 & 0 & a_2 \\ 0 & 1 & 0 & 0 \\ 0 & 0 & 1 & 0 \\ 0 & 0 & 0 & 1 \end{bmatrix} \begin{bmatrix} c\theta_3 & -s\theta_3 & 0 & 0 \\ s\theta_3 & c\theta_3 & 0 & 0 \\ 0 & 0 & 1 & 0 \\ 0 & 0 & 0 & 1 \end{bmatrix} = \begin{bmatrix} c\theta_3 & -s\theta_3 & 0 & a_2 \\ s\theta_3 & c\theta_3 & 0 & 0 \\ 0 & 0 & 1 & 0 \\ 0 & 0 & 0 & 1 \end{bmatrix}$$

$i=3$ 时，写出 $\boldsymbol{T}_{4\rightarrow3}$：

$$\boldsymbol{T}_{4\rightarrow3} = \mathrm{Rot}(x_3,a_3)\mathrm{Trans}(x_3,a_3)\mathrm{Rot}(z_4,\theta_4)\mathrm{Trans}(z_4,d_4)$$

$$= \mathrm{Rot}(x_3,-90°)\mathrm{Trans}(x_3,a_3)\mathrm{Rot}(z_4,\theta_4)\mathrm{Trans}(z_4,d_4)$$

$$= \begin{bmatrix} 1 & 0 & 0 & 0 \\ 0 & 0 & -1 & 0 \\ 0 & 1 & 0 & 0 \\ 0 & 0 & 0 & 1 \end{bmatrix} \begin{bmatrix} 1 & 0 & 0 & a_3 \\ 0 & 1 & 0 & 0 \\ 0 & 0 & 1 & 0 \\ 0 & 0 & 0 & 1 \end{bmatrix} \begin{bmatrix} c\theta_4 & -s\theta_4 & 0 & 0 \\ s\theta_4 & c\theta_4 & 0 & 0 \\ 0 & 0 & 1 & 0 \\ 0 & 0 & 0 & 1 \end{bmatrix} \begin{bmatrix} 1 & 0 & 0 & 0 \\ 0 & 1 & 0 & 0 \\ 0 & 0 & 1 & d_4 \\ 0 & 0 & 0 & 1 \end{bmatrix}$$

$$= \begin{bmatrix} 1 & 0 & 0 & a_3 \\ 0 & 0 & -1 & 0 \\ 0 & 1 & 0 & 0 \\ 0 & 0 & 0 & 1 \end{bmatrix} \begin{bmatrix} c\theta_4 & -s\theta_4 & 0 & 0 \\ s\theta_4 & c\theta_4 & 0 & 0 \\ 0 & 0 & 1 & d_4 \\ 0 & 0 & 0 & 1 \end{bmatrix}$$

$$= \begin{bmatrix} c\theta_4 & -s\theta_4 & 0 & a_3 \\ 0 & 0 & -1 & -d_4 \\ s\theta_4 & c\theta_4 & 0 & 0 \\ 0 & 0 & 0 & 1 \end{bmatrix}$$

$i=4$ 时，写出 $\boldsymbol{T}_{5\rightarrow4}$：从 (x_4,z_4) 到 (x_5,z_5) 中间有一个绕 x_4 轴旋转 $90°$ 角的纯旋转变换和绕 z_5 旋转 θ_5 的纯旋转变换，所以

$$\boldsymbol{T}_{5\rightarrow4} = \mathrm{Rot}(x_4,90°)\mathrm{Rot}(z_5,\theta_5)$$

$$= \begin{bmatrix} 1 & 0 & 0 & 0 \\ 0 & 0 & -1 & 0 \\ 0 & 1 & 0 & 0 \\ 0 & 0 & 0 & 1 \end{bmatrix} \begin{bmatrix} c\theta_5 & -s\theta_5 & 0 & 0 \\ s\theta_5 & c\theta_5 & 0 & 0 \\ 0 & 0 & 1 & 0 \\ 0 & 0 & 0 & 1 \end{bmatrix}$$

$$= \begin{bmatrix} c\theta_5 & -s\theta_5 & 0 & 0 \\ 0 & 0 & -1 & 0 \\ s\theta_5 & c\theta_5 & 0 & 0 \\ 0 & 0 & 0 & 1 \end{bmatrix}$$

$i=5$ 时，写出 $\boldsymbol{T}_{6\rightarrow5}$：从 (x_5,z_5) 到 (x_6,z_6) 中间有一个绕 x_5 轴旋转 $-90°$ 的纯旋转变换和一个绕 z_6 轴旋转 θ_6 的纯旋转变换，所以

$$\boldsymbol{T}_{6\rightarrow5} = \mathrm{Rot}(x_5,-90°)\mathrm{Rot}(z_6,\theta_6)$$

$$= \begin{bmatrix} 1 & 0 & 0 & 0 \\ 0 & 0 & 1 & 0 \\ 0 & -1 & 0 & 0 \\ 0 & 0 & 0 & 1 \end{bmatrix} \begin{bmatrix} c\theta_6 & -s\theta_6 & 0 & 0 \\ s\theta_6 & c\theta_6 & 0 & 0 \\ 0 & 0 & 1 & 0 \\ 0 & 0 & 0 & 1 \end{bmatrix}$$

$$= \begin{bmatrix} c\theta_6 & -s\theta_6 & 0 & 0 \\ 0 & 0 & 1 & 0 \\ -s\theta_6 & -c\theta_6 & 0 & 0 \\ 0 & 0 & 0 & 1 \end{bmatrix}$$

如果 $i=6$，$i+1=7$，第 7 个连杆就是末端操作手，其坐标系就是图 3-5 中的（n，o，a），$T_{7\to6}$ 就表示手部到腕部最末一个连杆的齐次变换矩阵，$T_{7\to0}$ 就是末端操作手坐标系到基础坐标系的齐次变换矩阵。

$i=6$ 时，写出 $T_{7\to6}$：

腕部的第 6 坐标系到手的坐标系 7（n，o，a）之间只有一个沿 z_6 方向的纯平移变换，平移距离如图 3-5 所示，假定该距离为 l。l 一般为手爪的夹持中心到腕部手爪的安装面中心的距离。所以：

$$T_{7\to6}=\mathrm{Trans}(z_6,l)$$

$$=\begin{bmatrix} 1 & 0 & 0 & 0 \\ 0 & 1 & 0 & 0 \\ 0 & 0 & 1 & l \\ 0 & 0 & 0 & 1 \end{bmatrix}$$

总的来说，从腕部的第 6 坐标系到基础的 0 参考系之间的齐次变换矩阵如下。

$$T_{6\to0}=T_{1\to0}T_{2\to1}T_{3\to2}T_{4\to3}T_{5\to4}T_{6\to5}$$

从手部的第 7 坐标系到基础的 0 参考系之间的齐次变换矩阵如下。

$$T_{7\to0}=T_{1\to0}T_{2\to1}T_{3\to2}T_{4\to3}T_{5\to4}T_{6\to5}T_{7\to6}$$

3.4.4　写出运动学方程

从腕部最后一个连杆（末端操作手直接安装在其上）的坐标系到基础上的参考坐标系的齐次变换矩阵如下。

$$T_{6\to0}=T_{1\to0}T_{2\to1}T_{3\to2}T_{4\to3}T_{5\to4}T_{6\to5}$$

$$T_{6\to0}=\begin{bmatrix} c\theta_1 & -s\theta_1 & 0 & 0 \\ s\theta_1 & c\theta_1 & 0 & 0 \\ 0 & 0 & 1 & 0 \\ 0 & 0 & 0 & 1 \end{bmatrix}\begin{bmatrix} c\theta_2 & -s\theta_2 & 0 & 0 \\ 0 & 0 & 1 & 0 \\ -s\theta_2 & -c\theta_2 & 0 & d_2 \\ 0 & 0 & 0 & 1 \end{bmatrix}\begin{bmatrix} c\theta_3 & -s\theta_3 & 0 & a_2 \\ s\theta_3 & c\theta_3 & 0 & 0 \\ 0 & 0 & 1 & 0 \\ 0 & 0 & 0 & 1 \end{bmatrix}$$

$$\begin{bmatrix} c\theta_4 & -s\theta_4 & 0 & a_3 \\ 0 & 0 & -1 & -d_4 \\ s\theta_4 & c\theta_4 & 0 & 0 \\ 0 & 0 & 0 & 1 \end{bmatrix}\begin{bmatrix} c\theta_5 & -s\theta_5 & 0 & 0 \\ 0 & 0 & -1 & 0 \\ s\theta_5 & c\theta_5 & 0 & 0 \\ 0 & 0 & 0 & 1 \end{bmatrix}\begin{bmatrix} c\theta_6 & -s\theta_6 & 0 & 0 \\ 0 & 0 & 1 & 0 \\ -s\theta_6 & -c\theta_6 & 0 & 0 \\ 0 & 0 & 0 & 1 \end{bmatrix}$$

$$=\begin{bmatrix} c_1c_2c_3c_4-c_1s_2s_3c_4-s_1s_4 & \begin{matrix}-c_1c_2c_3s_4+\\ c_1s_2s_3s_4-s_1c_4\end{matrix} & c_1c_2s_3+c_1s_2c_3 & \begin{matrix}c_1c_2(a_3c_3+d_4s_3+a_2)\\ -c_1s_2(a_3s_3-d_4c_3)\end{matrix} \\ s_1c_2c_3c_4-s_1s_2s_3s_4+c_1s_4 & \begin{matrix}-s_1c_2c_3s_4+\\ s_1s_2s_3s_4+c_1c_4\end{matrix} & s_1c_2s_3+s_1s_2c_3 & \begin{matrix}s_1c_2(a_3c_3+d_4s_3+a_2)\\ -s_1s_2(a_3s_3-d_4c_3)\end{matrix} \\ -s_2c_3c_4-c_2s_3c_4 & s_2c_3s_4+c_2s_3s_4 & -s_2s_3+c_2c_3 & \begin{matrix}-s_2(a_3c_3+d_4s_3+a_2)\\ -c_2(a_3s_3-d_4c_3)+d_2\end{matrix} \\ 0 & 0 & 0 & 1 \end{bmatrix}$$

$$\begin{bmatrix} c_5c_6 & -c_5s_6 & -s_5 & 0 \\ s_6 & c_6 & 0 & 0 \\ s_5c_6 & -s_5s_6 & c_5 & 0 \\ 0 & 0 & 0 & 1 \end{bmatrix} = \begin{bmatrix} n_x & o_x & a_x & P_x \\ n_y & o_y & a_y & P_y \\ n_z & o_z & a_z & P_z \\ 0 & 0 & 0 & 1 \end{bmatrix}$$

$n_x = c_5c_6(c_1c_2c_3c_4 - c_1s_2s_3c_4 - s_1s_4) + s_6(-c_1c_2c_3s_4 + c_1s_2s_3s_4 - s_1c_4) + s_5c_6(c_1c_2s_3 + c_1s_2c_3)$

$o_x = -c_5s_6(c_1c_2c_3c_4 - c_1s_2s_3c_4 - s_1s_4) + c_6(-c_1c_2c_3s_4 + c_1s_2s_3s_4 - s_1c_4) - s_5s_6(c_1c_2s_3 + c_1s_2c_3)$

$a_x = -s_5(c_1c_2c_3c_4 - c_1s_2s_3c_4 - s_1s_4) + c_5(c_1c_2s_3 + c_1s_2c_3)$

$n_y = c_5c_6(s_1c_2c_3c_4 - s_1s_2s_3c_4 + c_1s_4) + s_6(-s_1c_2c_3s_4 + s_1s_2s_3s_4 + c_1c_4) + s_5c_6(s_1c_2s_3 + s_1s_2c_3)$

$o_y = -c_5s_6(s_1c_2c_3c_4 - s_1s_2s_3c_4 + c_1s_4) + c_6(-s_1c_2c_3s_4 + s_1s_2s_3s_4 + c_1c_4) - s_5s_6(s_1c_2s_3 + s_1s_2c_3)$

$a_y = -s_5(s_1c_2c_3c_4 - s_1s_2s_3c_4 + c_1s_4) + c_5(s_1c_2s_3 + s_1s_2c_3)$

$n_z = c_5c_6(-s_2c_3c_4 - c_2s_3c_4) + s_6(s_2c_3s_4 + c_2s_3s_4) + s_5c_6(-s_2s_3 + c_2c_3)$

$o_z = -c_5s_6(-s_2c_3c_4 - c_2s_3c_4) + c_6(s_2c_3s_4 + c_2s_3s_4) - s_5s_6(-s_2s_3 + c_2c_3)$

$a_z = -s_5(-s_2c_3c_4 - c_2s_3c_4) + c_5(-s_2s_3 + c_2c_3)$

$P_x = c_1c_2(a_3c_3 + d_4s_3 + a_2) - c_1s_2(a_3s_3 - d_4c_3)$

$P_y = s_1c_2(a_3c_3 + d_4s_3 + a_2) - s_1s_2(a_3s_3 - d_4c_3)$

$P_z = -s_2(a_3c_3 + d_4s_3 + a_2) - c_2(a_3s_3 - d_4c_3) + d_2$

以上矩阵元素表达式中：

$c_1 = \cos\theta_1$，$c_2 = \cos\theta_2$，$c_3 = \cos\theta_3$，$c_4 = \cos\theta_4$，$c_5 = \cos\theta_5$，$c_6 = \cos\theta_6$。

$s_1 = \sin\theta_1$，$s_2 = \sin\theta_2$，$s_3 = \sin\theta_3$，$s_4 = \sin\theta_4$，$s_5 = \sin\theta_5$，$s_6 = \sin\theta_6$。

从末端操作手的连杆坐标系到基础上的参考坐标系之间的齐次变换矩阵为

$$T_{7 \to 0} = T_{1 \to 0} T_{2 \to 1} T_{3 \to 2} T_{4 \to 3} T_{5 \to 4} T_{6 \to 5} T_{7 \to 6}$$

$$= T_{6 \to 0} T_{7 \to 6}$$

3.5　机器人的运动学方程

若已知各关节的关节变量，求末端手爪的位姿，就是建立机器人的运动学方程。若一机器人有 6 个关节变量、分别是 θ_1、θ_2、θ_3、θ_4、θ_5、θ_6，已知这些关节变量（即知道机器人各个关节的位置转角），那么确定这个机器人末端操作手的空间位置和姿态，这就是正运动学问题。确定了机器人末端操作手的空间位置和姿态，末端操作手上任意一点在参考坐标系下的坐标就是确定的。机器人的运动学就是已知各个关节角（θ_1，θ_2，θ_3，θ_4，θ_5，θ_6），确定末端操作手在参考坐标系下的位姿矩阵 $T_{6 \to 0}$ 的推导过程。

$$T_{6 \to 0} = T_{1 \to 0} T_{2 \to 1} T_{3 \to 2} T_{4 \to 3} T_{5 \to 4} T_{6 \to 5}$$

若机器人有 n 个连杆、n 个关节角，则机器人的运动学方程具有如下形式。

$$T_{n \to 0}(q_1, q_2, \cdots, q_n) = T_{1 \to 0}(q_1) T_{2 \to 1}(q_2) \cdots T_{n \to n-1}(q_n)$$

3.6　机器人的逆运动学问题

3.6.1　逆运动学的概念

从末端连杆的位姿矩阵求此时的各关节变量，称为求运动学反解，也称逆运动学。对六自由度机器人来说，即已知末端操作手的位姿矩阵 $\boldsymbol{T}_{6\to0}$，求对应的各个关节角（θ_1，θ_2，θ_3，θ_4，θ_5，θ_6）的过程。

3.6.2 求逆解的过程

已知末端操作手位姿矩阵 $\boldsymbol{T}_{6\to0}$（以六自由度机器人为例），求对应关节变量（θ_1，θ_2，θ_3，θ_4，θ_5，θ_6）。

已知手部位姿矩阵

$$\boldsymbol{T}_{6\to0}=\begin{bmatrix} n_x & o_x & a_x & P_x \\ n_y & o_y & a_y & P_y \\ n_z & o_z & a_z & P_z \\ 0 & 0 & 0 & 1 \end{bmatrix} \tag{3-9}$$

式中，n_x、n_y、n_z、o_x、o_y、o_z、a_x、a_y、a_z、P_x、P_y、P_z 分别为已知量。

求此时各个关节变量（θ_1，θ_2，θ_3，θ_4，θ_5，θ_6）。

已经推导出的代表机器人运动学方程的、包含关节变量的位姿矩阵

$$\boldsymbol{T}_{6\to0}(\theta_1,\theta_2,\theta_3,\theta_4,\theta_5,\theta_6)=\begin{bmatrix} f_{11} & f_{12} & f_{13} & f_{14} \\ f_{21} & f_{22} & f_{23} & f_{24} \\ f_{31} & f_{32} & f_{33} & f_{34} \\ 0 & 0 & 0 & 1 \end{bmatrix} \tag{3-10}$$

式中，f_{ij} 为关节变量的函数。

令式（3-9）、式（3-10）相等，即

$$\boldsymbol{T}_{6\to0}(\theta_1,\theta_2,\theta_3,\theta_4,\theta_5,\theta_6)=\boldsymbol{T}_{6\to0}$$

所以

$$\begin{bmatrix} f_{11} & f_{12} & f_{13} & f_{14} \\ f_{21} & f_{22} & f_{23} & f_{24} \\ f_{31} & f_{32} & f_{33} & f_{34} \\ 0 & 0 & 0 & 1 \end{bmatrix}=\begin{bmatrix} n_x & o_x & a_x & P_x \\ n_y & o_y & a_y & P_y \\ n_z & o_z & a_z & P_z \\ 0 & 0 & 0 & 1 \end{bmatrix} \tag{3-11}$$

以上两矩阵元素对应相等，建立如下 12 个方程组成的方程组

$$\begin{cases} f_{11}=n_x \\ f_{12}=o_x \\ f_{13}=a_x \\ f_{14}=P_x \\ f_{21}=n_y \\ f_{22}=o_y \\ f_{23}=a_y \\ f_{24}=P_y \\ f_{31}=n_z \\ f_{32}=o_z \\ f_{33}=a_z \\ f_{34}=P_z \end{cases} \tag{3-12}$$

根据以上方程组求关节变量 θ_1、θ_2、θ_3、θ_4、θ_5、θ_6，这就是求机器人的运动学逆解问题。求解出的关节变量作为各个关节控制系统的控制目标，在转化成脉冲序列后，由机器人运动控制系统的控制器发给关节控制系统的驱动器，驱动器再驱动伺服电动机或步进电动机等执行元件产生关节运动。

3.6.3 运动学逆解的多解问题

逆运动学不一定有唯一解。对六自由度机器人来说，从 12 个方程中求出 6 个关节变量，一定有冗余解，存在多解问题。

一个两连杆机器人手部到达同一个位姿可以由两个构型来实现，如图 3-5 所示。也就是说，这个机器人的运动方程有两个逆解，每一个逆解对应一个构型。

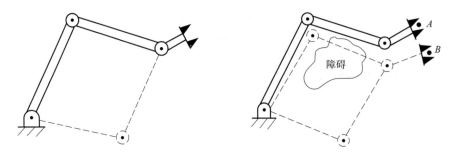

图 3-5　两连杆机器人手部到达同一个位姿对应连杆关节的两个构型

图 3-6 所示为 PUMA560 机器人手部的一个位姿对应连杆的四个构型，即这个位置有四套逆解。

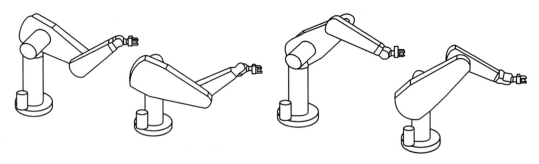

图 3-6　PUMA560 机器人的一个手部位姿对应关节连杆的四个构型

3.6.4 求工业机器人运动学逆解时需要关注的几个问题

① 从"末端点直角坐标求关节变量"这一总体思路的问题。当机器人的关节变量数超过 3 个时，按这一思路很难求出确定解，因为待求量的数目（关节变量数）超过已知的末端操作手上的直角坐标的数量（x、y、z 3 个）。平面两个连杆的情况下和三个连杆的情况下都可以这么做，因为两种情况下，待求的变量数等于末端位姿中的变量的个数。四连杆、五连杆、六连杆机器人就不能这么做了，不能仅用末端操作手一点的坐标去确定所有的关节变量，当然也确定不了！应该用末端位姿矩阵去求解运动学逆解，确定关节变量。

② 引入等效旋转矩阵，求出等效转轴和等效转角，用来解决运动学正逆问题，应该是一个不错的解决方案。

③ 求运动学逆解是复杂的也是困难的，就是一个两自由度的机器人的逆解问题也不简单，况且一般工业机器人都有五六个自由度。

3.7 机器人运动学方程建立实例

3.7.1 RV-M1机器人运动学方程的建立

RV-M1 机器人的运动简图如图 3-7 所示。

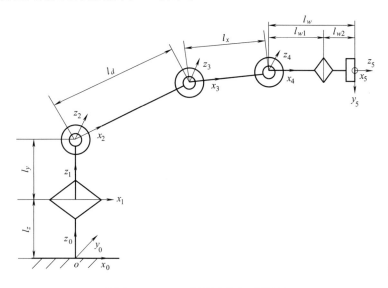

图 3-7 RV-M1 机器人的运动简图

l_z—基座的高度；l_y—腰部的高度；l_d—大臂的长度；l_x—小臂的长度；

l_w—手腕的长度；l_{w1}—手腕上俯仰连杆的长度；l_{w2}—手腕上旋转连杆的长度

$$l_w = l_{w1} + l_{w2}$$

3.7.1.1 正运动学

先求取相邻连杆之间的坐标变换。

（1）由腰部向基座

$x_1 y_1 z_1 \rightarrow x_0 y_0 z_0$，关节变量 θ_1。

变换分为两步：①绕 z_0 轴旋转 θ_1，使 x_1 平行 x_0；②沿 z_0 轴平移 l_z，使 x_1 与 x_0 重合。两步对应的变换矩阵如下。

旋转矩阵 $\boldsymbol{R}(z_0)$

$$\boldsymbol{R}(z_0) = \begin{bmatrix} c_1 & -s_1 & 0 & 0 \\ s_1 & c_1 & 0 & 0 \\ 0 & 0 & 1 & 0 \\ 0 & 0 & 0 & 1 \end{bmatrix}$$

平移矩阵 $\boldsymbol{T}(z_0)$

$$\boldsymbol{T}(z_0) = \begin{bmatrix} 1 & 0 & 0 & 0 \\ 0 & 1 & 0 & 0 \\ 0 & 0 & 1 & l_z \\ 0 & 0 & 0 & 1 \end{bmatrix}$$

从 $x_1 y_1 z_1$ 到 $x_0 y_0 z_0$ 的旋转变换矩阵为

$$T_{1\to0}=\begin{bmatrix} c_1 & -s_1 & 0 & 0 \\ s_1 & c_1 & 0 & 0 \\ 0 & 0 & 1 & l_z \\ 0 & 0 & 0 & 1 \end{bmatrix}$$

（2）由大臂向腰部

$x_2 y_2 z_2 \to x_1 y_1 z_1$，关节变量 θ_2。

分步实现或用变换矩阵的定义直接写出。

分步实现：①绕 x_1 轴旋转 $-90°$，使 z_1 平行 z_2；②沿 z_1 平移 l_y，使 z_1、z_2 重合；③绕 z_2 旋转 θ_2，使 x_1、x_2 重合。三步对应的变换矩阵如下。

$$\boldsymbol{R}(x_1)=\begin{bmatrix} 1 & 0 & 0 & 0 \\ 0 & 0 & 1 & 0 \\ 0 & -1 & 0 & 0 \\ 0 & 0 & 0 & 1 \end{bmatrix},\ \boldsymbol{T}(z_1)=\begin{bmatrix} 1 & 0 & 0 & 0 \\ 0 & 1 & 0 & 0 \\ 0 & 0 & 1 & l_y \\ 0 & 0 & 0 & 1 \end{bmatrix},\ \boldsymbol{R}(z_2)=\begin{bmatrix} c_2 & -s_2 & 0 & 0 \\ s_2 & c_2 & 0 & 0 \\ 0 & 0 & 1 & 0 \\ 0 & 0 & 0 & 1 \end{bmatrix}$$

所以，由大臂到腰部（$x_2 y_2 z_2 \to x_1 y_1 z_1$）的旋转变换矩阵为

$$\boldsymbol{T}_{2\to1}=\boldsymbol{R}(x_1)\boldsymbol{T}(z_1)\boldsymbol{R}(z_2)$$

$$=\begin{bmatrix} c_2 & -s_2 & 0 & 0 \\ 0 & 0 & 1 & 0 \\ -s_2 & -c_2 & 0 & l_y \\ 0 & 0 & 0 & 1 \end{bmatrix}$$

（3）由小臂向大臂

$x_3 y_3 z_3 \to x_2 y_2 z_2$，关节变量 θ_3。

变换分为两步：①沿 x_2 轴平移大臂长 l_d；②绕 z_3 轴旋转 θ_3。两步对应的变换矩阵如下。

$$\boldsymbol{T}(x_2)=\begin{bmatrix} 1 & 0 & 0 & l_d \\ 0 & 1 & 0 & 0 \\ 0 & 0 & 1 & 0 \\ 0 & 0 & 0 & 1 \end{bmatrix},\ \boldsymbol{R}(z_3)=\begin{bmatrix} c_3 & -s_3 & 0 & 0 \\ s_3 & c_3 & 0 & 0 \\ 0 & 0 & 1 & 0 \\ 0 & 0 & 0 & 1 \end{bmatrix}$$

所以，由小臂向大臂的坐标变换矩阵为

$$\boldsymbol{T}_{3\to2}=\begin{bmatrix} c_3 & -s_3 & 0 & l_d \\ s_3 & c_3 & 0 & 0 \\ 0 & 0 & 1 & 0 \\ 0 & 0 & 0 & 1 \end{bmatrix}$$

（4）由腕部连杆1向小臂

$x_4 y_4 z_4 \to x_3 y_3 z_3$，关节变量 θ_4。

变换分为两步：①沿 x_3 轴平移小臂长 l_x；②绕 z_4 轴旋转 θ_4。两步对应的变换矩阵如下。

$$\boldsymbol{T}(x_3)=\begin{bmatrix} 1 & 0 & 0 & l_x \\ 0 & 1 & 0 & 0 \\ 0 & 0 & 1 & 0 \\ 0 & 0 & 0 & 1 \end{bmatrix},\ \boldsymbol{R}(z_4)=\begin{bmatrix} c_4 & -s_4 & 0 & 0 \\ s_4 & c_4 & 0 & 0 \\ 0 & 0 & 1 & 0 \\ 0 & 0 & 0 & 1 \end{bmatrix}$$

所以，由腕部连杆 1 向小臂的坐标变换矩阵为

$$\boldsymbol{T}_{4\to3} = \begin{bmatrix} c_4 & -s_4 & 0 & l_x \\ s_4 & c_4 & 0 & 0 \\ 0 & 0 & 1 & 0 \\ 0 & 0 & 0 & 1 \end{bmatrix}$$

（5）由腕部连杆 2 向腕部连杆 1

$x_5 y_5 z_5 \to x_4 y_4 z_4$，关节变量 θ_5。

分步实现或用变换矩阵的定义直接写出。

分步实现：①绕 y_4 轴旋转 $-90°$；②沿 z_4 平移腕长 l_w；③绕 z_5 旋转 θ_5。三步对应的变换矩阵如下。

$$\boldsymbol{R}(y_4) = \begin{bmatrix} 0 & 0 & -1 & 0 \\ 0 & 1 & 0 & 0 \\ 1 & 0 & 0 & 0 \\ 0 & 0 & 0 & 1 \end{bmatrix}, \boldsymbol{T}(z_4) = \begin{bmatrix} 1 & 0 & 0 & 0 \\ 0 & 1 & 0 & 0 \\ 0 & 0 & 1 & l_w \\ 0 & 0 & 0 & 1 \end{bmatrix}, \boldsymbol{R}(z_5) = \begin{bmatrix} c_5 & -s_5 & 0 & 0 \\ s_5 & c_5 & 0 & 0 \\ 0 & 0 & 1 & 0 \\ 0 & 0 & 0 & 1 \end{bmatrix}$$

所以，由腕部连杆 2 向腕部连杆 1 的旋转变换矩阵为

$$\boldsymbol{T}_{5\to4} = \boldsymbol{R}(y_4)\boldsymbol{T}(z_4)\boldsymbol{R}(z_5)$$

$$= \begin{bmatrix} 0 & 0 & -1 & 0 \\ s_5 & c_5 & 0 & 0 \\ c_5 & -s_5 & 0 & l_w \\ 0 & 0 & 0 & 1 \end{bmatrix}$$

（6）RV-M1 机器人的运动学方程

这个 RV-M1 机器人的运动学方程（从腕部第二关节向基座坐标系 $x_5 y_5 z_5 \to x_0 y_0 z_0$）如下。

$$\boldsymbol{T}_{5\to0} = \boldsymbol{T}_{1\to0}\boldsymbol{T}_{2\to1}\boldsymbol{T}_{3\to2}\boldsymbol{T}_{4\to3}\boldsymbol{T}_{5\to4}$$

$$= \begin{bmatrix} c_1 & -s_1 & 0 & 0 \\ s_1 & c_1 & 0 & 0 \\ 0 & 0 & 1 & l_z \\ 0 & 0 & 0 & 1 \end{bmatrix} \begin{bmatrix} c_2 & -s_2 & 0 & 0 \\ 0 & 0 & 1 & 0 \\ -s_2 & -c_2 & 0 & l_y \\ 0 & 0 & 0 & 1 \end{bmatrix} \begin{bmatrix} c_3 & -s_3 & 0 & l_d \\ s_3 & c_3 & 0 & 0 \\ 0 & 0 & 1 & 0 \\ 0 & 0 & 0 & 1 \end{bmatrix}$$

$$\begin{bmatrix} c_4 & -s_4 & 0 & l_x \\ s_4 & c_4 & 0 & 0 \\ 0 & 0 & 1 & 0 \\ 0 & 0 & 0 & 1 \end{bmatrix} \begin{bmatrix} 0 & 0 & 1 & 0 \\ s_5 & c_5 & 0 & 0 \\ c_5 & -s_5 & 0 & l_w \\ 0 & 0 & 0 & 1 \end{bmatrix}$$

$$= \begin{bmatrix} -c_1 s_{234} s_5 - s_1 c_5 & -c_1 s_{234} c_5 + s_1 s_5 & c_1 c_{234} & -s_1 l_w + c_1 c_{23} l_x + c_1 c_2 l_d \\ -s_1 s_{234} s_5 + c_1 c_5 & -s_1 s_{234} c_5 - c_1 s_5 & s_1 c_{234} & c_1 l_w + s_1 c_{23} l_x + s_1 c_2 l_d \\ -c_{234} s_5 & -c_{234} c_5 & -s_{234} & -s_{23} l_x - s_2 l_d + l_y + l_z \\ 0 & 0 & 0 & 1 \end{bmatrix}$$

其中：

$c_i = \cos\theta_i, i = 1,2,3,4,5; s_i = \sin\theta_i, i = 1,2,3,4,5$。

$c_{23} = \cos(\theta_2 + \theta_3); s_{23} = \sin(\theta_2 + \theta_3)$。

$c_{234} = \cos(\theta_2 + \theta_3 + \theta_4); s_{234} = \sin(\theta_2 + \theta_3 + \theta_4)$。

注意：

① 变换矩阵与坐标系的建立有很大的关系，不能脱离坐标系谈坐标变换。

② D-H 方法进行坐标变换有一些优点，但是也有一些缺点。一些相邻坐标系之间的位置关系比较特殊时，难以判定连杆的参数，很难确定连杆参数表。遇到这种情况，不要硬套 D-H 方法，不要花时间寻找连杆参数，可以将相邻连杆坐标变换分解成 2~4 次绕坐标轴旋转或沿坐标轴平移的分布变换，待求出各个分布坐标变换后，再按一定顺序相乘，得到总的相邻坐标系的坐标变换。

③ 注意串联机器人的各驱动元件、传动元件在关节连杆的位置。一般来说，一个连杆的驱动元件总是安装在前一个元件之上的。例如，腕的驱动元件是装在小臂上，小臂的驱动元件是装在大臂上的，大臂的驱动元件是装在腰部的，腰部的驱动元件是装在基座上的。

3.7.1.2　逆运动学

假如已知该机器人的末端操作手的位姿矩阵如下。

$$
\boldsymbol{T}_{5 \to 0} = \begin{bmatrix} n_x & o_x & a_x & P_x \\ n_y & o_y & a_y & P_y \\ n_z & o_z & a_z & P_z \\ 0 & 0 & 0 & 1 \end{bmatrix}
$$

其中，元素都是已知的，因而末端操作手在参考坐标系的位姿是确定的。现在来确定此时对应的 5 个关节变量（θ_1、θ_2、θ_3、θ_4、θ_5）。

结合该机器人的运动学方程就可以得到：

$$
\begin{bmatrix} -c_1s_{234}s_5-s_1c_5 & -c_1s_{234}c_5+s_1s_5 & c_1c_{234} & -s_1l_w+c_1c_{23}l_x+c_1c_2l_d \\ -s_1s_{234}s_5+c_1c_5 & -s_1s_{234}c_5-c_1s_5 & s_1c_{234} & c_1l_w+s_1c_{23}l_x+s_1c_2l_d \\ -c_{234}s_5 & -c_{234}c_5 & -s_{234} & -s_{23}l_x-s_2l_d+l_y+l_z \\ 0 & 0 & 0 & 1 \end{bmatrix} = \begin{bmatrix} n_x & o_x & a_x & P_x \\ n_y & o_y & a_y & P_y \\ n_z & o_z & a_z & P_z \\ 0 & 0 & 0 & 1 \end{bmatrix}
$$

由等式两边矩阵对应元素相等可以得到如下方程组，从中解出关节变量 θ_1、θ_2、θ_3、θ_4、θ_5。

$$-s_{234}=a_z$$

$$s_1c_{234}=a_y$$

$$c_1c_{234}=a_x$$

$$-c_{234}c_5=o_z$$

$$-c_{234}s_5=n_z$$

$$-c_1s_{234}s_5-s_1c_5=n_x$$

$$-s_1s_{234}s_5+c_1c_5=n_y$$

$$-c_1s_{234}c_5+s_1s_5=o_x$$

$$-s_1s_{234}c_5-c_1s_5=o_y$$

$$-s_1l_w+c_1c_{23}l_x+c_1c_2l_d=P_x$$

$$c_1l_w+s_1c_{23}l_x+s_1c_2l_d=P_y$$

$$-s_{23}l_x-s_2l_d+l_y+l_z=P_z$$

3.7.2　博实四自由度 SCARA 机器人运动学方程的建立

3.7.2.1　运动简图、连杆尺寸、坐标系

博实四自由度 SCARA 机器人的运动简图、连杆尺寸、坐标系如图 3-8 所示。

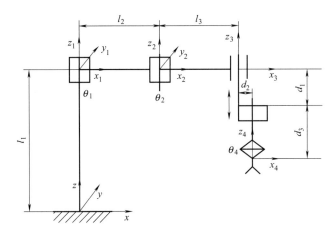

图 3-8　博实四自由度 SCARA 机器人的运动简图、连杆尺寸、坐标系

l_1—基座的高度；l_2—第一连杆的长度；l_3—第二连杆的长度；d_1—第三连杆的
移动变量；d_2—第三连杆和第四连杆的偏移量；d_3—第四连杆的长度

3.7.2.2　运动学正解

（1）从第一连杆坐标系到基座 $x_1y_1z_1 \rightarrow xyz$

① 沿 z 方向平移。

② 绕 z_1 轴旋转。

$$\boldsymbol{T}_{1 \rightarrow 0} = \begin{bmatrix} c_1 & -s_1 & 0 & 0 \\ s_1 & c_1 & 0 & 0 \\ 0 & 0 & 1 & l_1 \\ 0 & 0 & 0 & 1 \end{bmatrix}$$

（2）从第二连杆坐标系到第一连杆坐标系 $x_2y_2z_2 \rightarrow x_1y_1z_1$

① 沿 x_1 方向平移。

② 绕 z_2 轴旋转。

$$\boldsymbol{T}_{2 \rightarrow 1} = \begin{bmatrix} 1 & 0 & 0 & l_2 \\ 0 & c_2 & -s_2 & 0 \\ 0 & s_2 & c_2 & 0 \\ 0 & 0 & 0 & 1 \end{bmatrix}$$

（3）从第三连杆坐标系到第二连杆坐标系 $x_3y_3z_3 \rightarrow x_2y_2z_2$

① 沿 x_2 方向平移。

② 沿 z_3 轴平移。

$$\boldsymbol{T}_{3 \rightarrow 2} = \begin{bmatrix} 1 & 0 & 0 & l_3 \\ 0 & 1 & 0 & 0 \\ 0 & 0 & 1 & d_1 \\ 0 & 0 & 0 & 1 \end{bmatrix}$$

（4）从第四连杆坐标系到第三连杆坐标系 $x_4y_4z_4 \rightarrow x_3y_3z_3$

① 沿 x_3 轴方向移动一个 d_2。

② 沿 z_4 轴方向移动一个 d_1+d_3。

③ 绕 z_4 轴旋转一个角度 θ_4。

$$\boldsymbol{T}_{4 \to 3} = \begin{bmatrix} c_4 & -s_4 & 0 & d_2 \\ s_4 & c_4 & 0 & 0 \\ 0 & 0 & 1 & d_1+d_3 \\ 0 & 0 & 0 & 1 \end{bmatrix}$$

（5）总变换 4（$x_4 y_4 z_4$）→0（xyz）

$$\boldsymbol{T}_{4 \to 0} = \boldsymbol{T}_{1 \to 0} \boldsymbol{T}_{2 \to 1} \boldsymbol{T}_{3 \to 2} \boldsymbol{T}_{4 \to 0}$$

$$= \begin{bmatrix} c_1 & -s_1 & 0 & 0 \\ s_1 & c_1 & 0 & 0 \\ 0 & 0 & 1 & l_1 \\ 0 & 0 & 0 & 1 \end{bmatrix} \begin{bmatrix} 1 & 0 & 0 & l_2 \\ 0 & c_2 & -s_2 & 0 \\ 0 & s_2 & c_2 & 0 \\ 0 & 0 & 0 & 1 \end{bmatrix} \begin{bmatrix} 1 & 0 & 0 & l_3 \\ 0 & 1 & 0 & 0 \\ 0 & 0 & 1 & d_1 \\ 0 & 0 & 0 & 1 \end{bmatrix} \begin{bmatrix} c_4 & -s_4 & 0 & d_2 \\ s_4 & c_4 & 0 & 0 \\ 0 & 0 & 1 & d_1+d_3 \\ 0 & 0 & 0 & 1 \end{bmatrix}$$

$$= \begin{bmatrix} c_1 c_4 - s_1 c_2 s_4 & -c_1 s_4 - s_1 c_2 c_4 & s_1 s_2 & c_1(d_2+l_3+l_2)+s_1 s_2(2d_1+d_3) \\ s_1 c_4 + c_1 c_2 s_4 & -s_1 s_4 + c_1 c_2 c_4 & -c_1 s_2 & s_1(d_2+l_3+l_2)-c_1 s_2(2d_1+d_3) \\ s_2 s_4 & s_2 c_4 & c_2 & c_2(2d_1+d_3)+l_2 \\ 0 & 0 & 0 & 1 \end{bmatrix}$$

3.7.2.3　运动学逆解

若已知该 SCARA 机械手末端操作手在参考坐标系下的位姿矩阵

$$\boldsymbol{T}_{4 \to 0} = \begin{bmatrix} n_x & o_x & a_x & P_x \\ n_y & o_y & a_y & P_y \\ n_z & o_z & a_z & P_z \\ 0 & 0 & 0 & 1 \end{bmatrix}$$

其中，元素都是已知的，因而末端操作手在参考坐标系的位姿是确定的。下面来确定此时对应的 4 个关节变量（θ_1、θ_2、d_3、θ_4），其中，d_3 是一个移动变量。

结合该机器人的运动学方程就可以得到：

$$\begin{bmatrix} c_1 c_4 - s_1 c_2 s_4 & -c_1 s_4 - s_1 c_2 c_4 & s_1 s_2 & c_1(d_2+l_3+l_2)+s_1 s_2(2d_1+d_3) \\ s_1 c_4 + c_1 c_2 s_4 & -s_1 s_4 + c_1 c_2 c_4 & -c_1 s_2 & s_1(d_2+l_3+l_2)-c_1 s_2(2d_1+d_3) \\ s_2 s_4 & s_2 c_4 & c_2 & c_2(2d_1+d_3)+l_2 \\ 0 & 0 & 0 & 1 \end{bmatrix} = \begin{bmatrix} n_x & o_x & a_x & P_x \\ n_y & o_y & a_y & P_y \\ n_z & o_z & a_z & P_z \\ 0 & 0 & 0 & 1 \end{bmatrix}$$

当等式两边矩阵对应元素相等，可以得到如下方程组，从中解出关节变量 θ_1、θ_2、d_3、θ_4。

$$c_2 = a_z$$
$$-c_1 s_2 = a_y$$
$$s_1 s_2 = a_x$$
$$s_2 c_4 = o_z$$
$$s_2 s_4 = n_z$$
$$c_1 c_4 - s_1 c_2 s_4 = n_x$$
$$-c_1 s_4 - s_1 c_2 c_4 = o_x$$
$$s_1 c_4 + c_1 c_2 s_4 = n_y$$
$$-s_1 s_4 + c_1 c_2 c_4 = o_y$$
$$c_1(d_2+l_3+l_2)+s_1 s_2(2d_1+d_3) = P_x$$
$$s_1(d_2+l_3+l_2)-c_1 s_2(2d_1+d_3) = P_y$$

$$c_2(2d_1+d_3)+l_2=P_z$$

本 章 小 结

① 建立了机器人连杆、关节、连杆坐标系、连杆参数的概念。

② 叙述了用 D-H 方法建立机器人运动学方程的概念、思路、方法步骤和特点。

③ 叙述了机器人运动学方程的形式与建立步骤，并列举 PUMA560 加以说明。

④ 说明了机器人正逆运动学方程的概念和求机器人运动学逆解的过程。

⑤ 列举了三菱 RV-M1 机器人和博实四自由度 SCARA 机器人正逆运动学方程建立的过程。

思考与练习题

一、思考题

1. 叙述 D-H 方法建立机器人运动方程的步骤。

2. 详述建立 XHK5140 机械手运动学方程的步骤。

3. 详述建立 PUMA560 机械手运动学方程的步骤。

4. 如本题图所示，建立相邻连杆坐标系之间的齐次变换矩阵的过程可以分成 4 个子过程，写出 4 个子过程的齐次变换矩阵和相邻连杆之间的总齐次变换矩阵。

① 从 $\{i\}$ 坐标系到 1 坐标系；

② 从 1 坐标系到 2 坐标系；

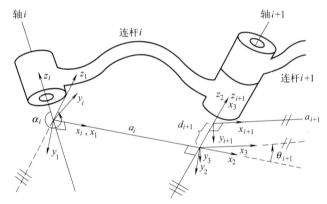

思考题 4 图　相邻连杆坐标系

③ 从 2 坐标系到 3 坐标系；

④ 从 3 坐标系到 $\{i+1\}$ 坐标系；

⑤ 从 i 坐标系到 $\{i+1\}$ 坐标系。

5. 若求得机器人操作手的末端位姿矩阵，即运动学方程，我们可以做什么？

6. 什么是工业机器人的正运动学？

7. 什么是工业机器人的逆运动学？

二、练习题

1. 已知本题图中显示的三自由度的臂，推导连杆参数和运动学方程（注意：不需要定义 L_3）。

2. 编写一个子程序，用来计算 PUMA560 的运动学。

3. 本题图显示了手腕的示意图，它有三个相交但不是正交的轴，给这个腕部建立连杆坐标系，并给出连杆参数。

4. 建立本题图中显示的五自由度机械手的连杆坐标系。

5. 建立本题图中三自由度机械手的连杆坐标系。

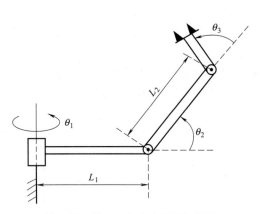

练习题 1 图　三自由度平面机械臂

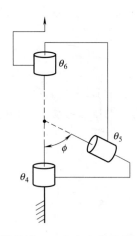

练习题 3 图　三自由度非正交机器人

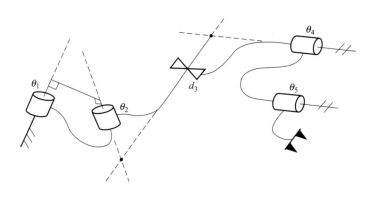

练习题 4 图　2RP2R 机器人示意图

6. 建立本题图所示的 RPR 平面机器人的连杆坐标系，并给出连杆机构参数。

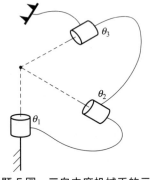

练习题 5 图　三自由度机械手的示意图

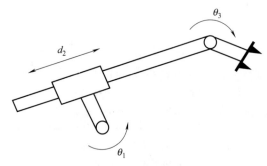

练习题 6 图　平面机器人

7. 建立本题图所示的三连杆机器人的连杆坐标系。

8. 建立本题图所示的三连杆机器人的连杆坐标系。

9. 建立本题图所示的三连杆机器人的连杆坐标系。

10. 建立本题图所示的三连杆机器人的连杆坐标系。

11. 建立本题图所示的三连杆机器人的连杆坐标系。

12. 建立本题图所示的三自由度机器人的连杆坐标系。

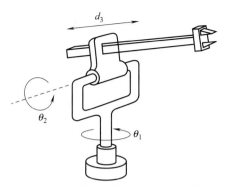

练习题 7 图　三连杆 RPR 机器人

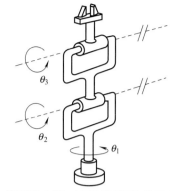

练习题 8 图　三连杆 RRR 机器人

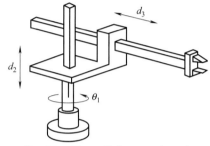

练习题 9 图　三连杆 RPP 机器人

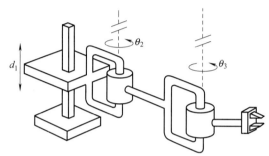

练习题 10 图　三自由度 PRR 机器人

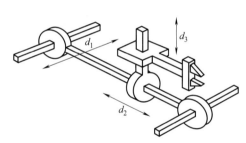

练习题 11 图　三连杆 PPP 机器人

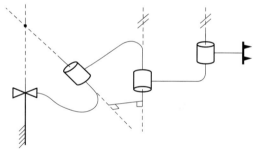

练习题 12 图　P3R 机器人示意图

13. 三自由度机械手如本题图所示，臂长为 l_1 和 l_2，手部中心离手腕中心的距离为 H，转角为 θ_1、θ_2、θ_3，试建立杆件坐标系，并推导出该机械手的运动学方程。

14. 有一台如本题图所示的三自由度机械手的结构，各关节转角正向均由箭头所示方向指定，请标出各连杆的 D-H 坐标系，然后求相邻连杆的变换矩阵。

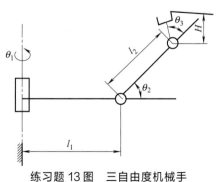

练习题 13 图　三自由度机械手

练习题 14 图　三自由度机械手的结构

15. 试按 D-H 方法建立本题图所示机器人各杆的坐标系。
16. 试求本题图所示 V80 机器人的运动学方程。

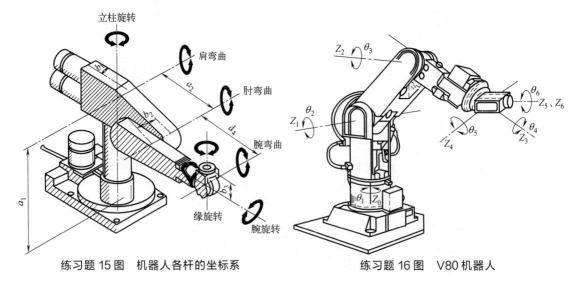

练习题 15 图　机器人各杆的坐标系　　　　　　　　练习题 16 图　V80 机器人

参 考 文 献

[1]　约翰 J. 克来格. 机器人学导论 [M]. 英文版. 3 版：贠超等译. 北京：机械工业出版社，2005.

[2]　孟庆鑫，王晓东. 机器人技术基础 [M]. 哈尔滨：哈尔滨工业大学出版社，2006.

[3]　刘极峰，杨小兰. 机器人技术基础 [M]. 3 版. 北京：高等教育出版社，2019.

[4]　Saeed B. Biku. 机器人学导论——分析、系统及应用 [M]. 2 版. 孙富春，朱纪洪，刘国栋等译. 北京：电子工业出版社，2018.

[5]　杨洋，苏鹏，郑昱. 机器人控制理论基础 [M]. 北京：机械工业出版社，2021.

[6]　李团结. 机器人技术 [M]. 北京：电子工业出版社，2009.

[7]　张铁，谢存禧. 机器人学. 广州：华南理工大学出版社，2005.

[8]　理查德. 莫雷，李泽湘，夏恩卡. 萨思特里. 机器人操作的数学导论 [M]. 徐卫良，钱瑞明译. 北京：机械工业出版社，1998.

[9]　Jorge Angeles. 机器人机械系统原理理论、方法和算法 [M]. 宋伟刚译. 北京：机械工业出版社，2004.

[10]　殷际英，何广平. 关节型机器人. 北京：化学工业出版社，2003.

第 **4** 章

机器人动力学

4.1 为什么要学习机器人的动力学

① 根据关节驱动力或力矩，计算操作臂末端执行器的位移、速度、加速度（动力学正问题），与仿真有关。

② 计算每个关节所需要的驱动力矩：根据末端执行器的位移、速度、加速度，求出关节力矩或力（动力学逆问题），与驱动装置和传动装置的选择及设计有关，与控制系统设计有关。

③ 考察不同惯量负载对机器人的影响（与实际工作中的动态过程性能有关）。

低速轻载机器人工作时，动力学现象并不突出，甚至有时候按静力学处理与实际并无差别，但是随着机器人速度越来越高，负载越来越大，就不能仅按静力学处理，必须考虑动力学问题。

建立机器人动力学方程的方法有很多，包括拉格朗日方法（Lagrange）、牛顿-欧拉方法、凯恩方法等。

4.2 几个与动力学关联较大的概念

（1）广义坐标

这里的广义坐标不是通常所说的与坐标系对应的坐标的概念，机器人有几个自由度就有几个广义坐标，可以是移动位移，也可以是转动转角。广义坐标的数量就是系统中最大线性无关组中变量的个数，也是系统微分方程解空间的基底。有几个广义坐标就可以列出几个方程。

（2）广义速度

广义速度是指广义坐标对时间的导数。机器人广义速度的个数等于广义坐标的个数，即等于机器人的自由度。

（3）广义力

广义力与广义坐标相对应，有几个广义坐标就有几个相应的广义力；广义力可以是力，也可以是力矩。对机器人来说，广义力就是关节驱动力或力矩。

（4）质心

质心是物体质量中心的简称。质点系的质心就是质点系的质量中心，刚体的质心就是刚体的质量中心。在重力系统中，质心就是重心。

① 质点系的质心。

假设质点系的总质量为 m，质点 i 的质量为 m_i，它在某坐标系下的坐标为 $(x_i, y_i,$

z_i），系统质心在该坐标系下的坐标为（x_C，y_C，z_C），则系统质心的坐标可按下式计算。

$$\begin{cases} x_C = \dfrac{\displaystyle\sum_{i=1}^{n} m_i x_i}{m} \\[4mm] y_C = \dfrac{\displaystyle\sum_{i=1}^{n} m_i y_i}{m} \\[4mm] z_C = \dfrac{\displaystyle\sum_{i=1}^{n} m_i z_i}{m} \end{cases}$$

② 质量连续分布的系统或物体（如刚体）的质心。

$$\begin{cases} x_C = \dfrac{\displaystyle\int x\,\mathrm{d}m}{m} \\[4mm] y_C = \dfrac{\displaystyle\int y\,\mathrm{d}m}{m} \\[4mm] z_C = \dfrac{\displaystyle\int z\,\mathrm{d}m}{m} \end{cases}$$

③ 有若干个质量连续分布的物体构成的系统的质心。

假设这个系统中 i 物体在某坐标系下的质心为（x_{Ci}，y_{Ci}，z_{Ci}），则这个系统的总质心（x_C，y_C，z_C）可按下式计算：

$$\begin{cases} x_C = \dfrac{\displaystyle\sum_{i=1}^{n} m_i x_{Ci}}{m} \\[4mm] y_C = \dfrac{\displaystyle\sum_{i=1}^{n} m_i y_{Ci}}{m} \\[4mm] z_C = \dfrac{\displaystyle\sum_{i=1}^{n} m_i z_{Ci}}{m} \end{cases} \tag{4-1}$$

$$m = \sum_{i=1}^{n} m_i$$

式中，m_i 为物体 i 的质量，kg；m 为物体系的总质量，kg。

（5）转动惯量

转动惯量是刚体转动时惯性的度量，单位为 $\mathrm{kg \cdot m^2}$。

① 惯量矩。

刚体对任意原点上 3 个直角坐标轴的转动惯量，称为刚体对这 3 个坐标轴的惯量矩。惯量矩按下式计算

$$\begin{cases} I_x = \int (y^2 + z^2) \, \mathrm{d}m \\ I_y = \int (x^2 + z^2) \, \mathrm{d}m \\ I_z = \int (x^2 + y^2) \, \mathrm{d}m \end{cases}$$

其中

$$\mathrm{d}m = \rho \, \mathrm{d}v \tag{4-2}$$

式中，ρ 为密度，$\mathrm{kg/m}^3$；$\mathrm{d}v$ 为微元体积。

② 惯量积。

惯量积按下式计算

$$\begin{cases} I_{xy} = \int xy \, \mathrm{d}m \\ I_{yz} = \int yz \, \mathrm{d}m \\ I_{zx} = \int zx \, \mathrm{d}m \end{cases}$$

$$I_{xy} = I_{yx}, I_{yz} = I_{zy}, I_{zx} = I_{xz}$$

其中

$$\mathrm{d}m = \rho \, \mathrm{d}v$$

③ 刚体对任意轴的转动惯量。

若刚体对通过某点的 3 个直角坐标轴的转动惯量分别为 I_x、I_y、I_z，那么刚体对通过该点的任意轴 n 的转动惯量 I_n 如下。

$$I_n = \int (\text{微元到 } n \text{ 轴的距离})^2 \, \mathrm{d}m$$

由此可以推导出 I_n 的计算公式

$$I_n = I_x \cos^2 \alpha + I_y \cos^2 \beta + I_z \cos^2 \gamma$$
$$- 2I_{xy} \cos\alpha \cos\beta - 2I_{yz} \cos\beta \cos\gamma - 2I_{zx} \cos\gamma \cos\alpha \tag{4-3}$$

式中，α、β、γ 分别为 n 轴与 x、y、z 坐标轴的夹角。

（6）刚体转动惯量的平行轴定理

刚体对通过其质心的轴的转动惯量 I_C 与对平行于该轴的任意轴的转动惯量 I_C 之间有如下的关系，该关系称为刚体转动惯量的平行轴定理。

$$I_n = I_C + ml^2 \tag{4-4}$$

式中，m 为刚体的质量，kg；l 为两平行轴间的距离，m。

4.3 用拉格朗日方法建立机器人的动力学方程

4.3.1 拉格朗日动力学方程

首先，定义拉格朗日函数 L

$$L = K - P \tag{4-5}$$

式中，L 为动力系统拉格朗日函数；K 为系统的总动能，J；P 为系统的总势能，J。

列写出系统的拉格朗日方程

$$\begin{cases} T_i = \dfrac{\partial}{\partial t}\left(\dfrac{\partial L}{\partial \theta_i}\right) - \dfrac{\partial L}{\partial \theta_i} \\[3mm] F_i = \dfrac{\partial}{\partial t}\left(\dfrac{\partial L}{\partial x_i}\right) - \dfrac{\partial L}{\partial x_i} \end{cases} \tag{4-6}$$

式中，T_i 为对应广义变量、关节转角 θ_i 的驱动力矩，N·m；F_i 为对应广义变量、关节位移 x_i 的驱动力，N；i 取值为从 1 到 n，为系统的自由度数，对机器人来说，有几个关节就有几个自由度；x_i、θ_i 分别为对应每一个自由度的广义变量；F_i、T_i 分别为对应每一个自由度的广义力（或力矩）。

4.3.2 用拉格朗日方程解决问题的一般步骤

① 做运动学分析，求质点或刚体质心处的位置矢量或位置矢量的各个分量。机器人有几个连杆就求几个质心位置。
② 求质点或刚体质心处的速度，求刚体绕质心转动的角速度。
③ 求各部件（连杆）的动能，求总动能 K。
④ 求各部件（连杆）的势能，求总势能 P。
⑤ 求拉格朗日函数 $L=K-P$。
⑥ 求与各变量（关节角或位移）对应的广义力或力矩（关节驱动力矩或力）。
⑦ 列写拉格朗日方程。
⑧ 将拉格朗日方程写成矩阵形式。

4.3.3 用拉格朗日方程解决问题的优点

① 从系统总体解决问题，不需取隔离体。
② 不需关注各部分之间的内力。
③ 它是一种能量方法。
④ 易程序化。
⑤ 易与现代控制理论相结合，把动力学模型转变成控制模型。

4.3.4 单自由度——小车弹簧系统

在图 4-1 所示的小车弹簧系统中，小车在水平面上运动，只有一个方向的运动，因此只有一个自由度。在这个方向上，小车受到拉力 F、弹簧力 kx 的作用，不考虑摩擦力。垂直于 x 的方向上没有自由度，小车重力、底面对小车支撑力与 x 方向的运动无关。

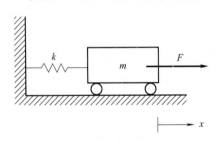

图 4-1 小车弹簧系统简图

用牛顿运动定理建立动力学方程非常简单：

$$F - kx = m\ddot{x}$$
$$F = m\ddot{x} + kx$$

用拉格朗日方法建立动力学方程，要经历以下过程。

弹簧小车系统的总动能

$$K = \frac{1}{2}mv^2 = \frac{1}{2}m\dot{x}^2$$

弹簧小车系统的总势能

$$P = \frac{1}{2}kx^2$$

弹簧小车系统的拉格朗日函数

$$L = K - P = \frac{1}{2} m \dot{x}^2 - \frac{1}{2} k x^2$$

列写拉格朗日方程

$$\frac{\partial L}{\partial \dot{x}} = m \dot{x} , \frac{\partial}{\partial t} \times \frac{\partial L}{\partial \dot{x}} = m \ddot{x} , \frac{\partial L}{\partial x} = -kx$$

拉格朗日方程为

$$F = \frac{\partial}{\partial t} \times \frac{\partial L}{\partial \dot{x}} - \frac{\partial L}{\partial x} = m \ddot{x} + kx$$

4.3.5 二自由度系统——小车弹簧摆系统

图 4-2 所示系统在图 4-1 所示弹簧质量小车的基础上，叠加了一个集中质量的摆，因而整个系统有两个自由度，有两个广义坐标，对应两个广义变量：一个是小车的平动位移 x，另一个是集中质量的单摆相对小车的摆动转角 θ。对应 x 的广义力是作用在小车上的驱动力 F，对应 θ 的广义力是作用在摆上的驱动摆转动的驱动力矩 T。下面建立该两自由度小车弹簧摆动力系统的动力学方程。

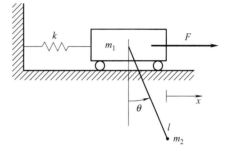

图 4-2　小车弹簧摆系统

（1）求系统总动能

系统总动能是小车动能 K_1 和摆的动能 K_2 的和。

小车的动能 K_1

$$K_1 = \frac{1}{2} m_1 \dot{x}^2$$

摆的动能 K_2

$$K_2 = \frac{1}{2} m_2 v_2^2$$

求 v_2^2

$$v_2^2 = v_{2x}^2 + v_{2y}^2 \tag{4-7}$$

式中，v_{2x}、v_{2y} 分别为 v_2 的两个分速度。

$$v_{2x} = \dot{x} + l \dot{\theta} \cos\theta$$

$$v_{2y} = l \dot{\theta} \sin\theta$$

$$v_2^2 = v_{2x}^2 + v_{2y}^2 = (\dot{x} + l \dot{\theta} \cos\theta)^2 + (l \dot{\theta} \sin\theta)^2$$

所以，摆的动能为

$$K_2 = \frac{1}{2} m_2 v_2^2 = \frac{1}{2} m_2 (\dot{x} + l \dot{\theta} \cos\theta)^2 + \frac{1}{2} m_2 (l \dot{\theta} \sin\theta)^2$$

所以，动力系统的总动能为

$$K = K_1 + K_2$$
$$= \frac{1}{2} m_1 \dot{x}^2 + \frac{1}{2} m_2 (\dot{x} + l \dot{\theta} \cos\theta)^2 + \frac{1}{2} m_2 (l \dot{\theta} \sin\theta)^2$$

（2）求系统的总势能

系统的总势能是弹簧的势能和摆的势能的和。

弹簧的势能

$$P_e = \frac{1}{2}kx^2$$

摆的势能为

$$P_p = m_2gl(1-\cos\theta)$$

于是，系统的总势能为

$$P = \frac{1}{2}kx^2 + m_2gl(1-\cos\theta)$$

（3）求系统的拉格朗日函数

该动力系统的拉格朗日函数为

$$L = K - P$$
$$= \frac{1}{2}m_1\dot{x}^2 + \frac{1}{2}m_2(\dot{x}+l\dot{\theta}\cos\theta)^2 + \frac{1}{2}m_2(l\dot{\theta}\sin\theta)^2 - \frac{1}{2}kx^2 - m_2gl(1-\cos\theta)$$

（4）求系统的拉格朗日方程

对广义坐标 x，它对应的驱动力为 F，相应的拉格朗日方程为

$$\frac{\partial}{\partial t} \times \frac{\partial L}{\partial \dot{x}} = \frac{\partial}{\partial t}[m_1\dot{x} + m_2(\dot{x}+l\dot{\theta}\cos\theta)] = (m_1+m_2)\ddot{x} + m_2l(\ddot{\theta}\cos\theta - \dot{\theta}^2\sin\theta)$$

$$\frac{\partial L}{\partial x} = -kx$$

$$F = \frac{\partial}{\partial t} \times \frac{\partial L}{\partial \dot{x}} - \frac{\partial L}{\partial x} = (m_1+m_2)\ddot{x} + m_2l(\ddot{\theta}\cos\theta - \dot{\theta}^2\sin\theta) + kx$$

对广义坐标 θ，它对应的是摆的驱动力矩 T，相应的拉格朗日方程为

$$\frac{\partial}{\partial t} \times \frac{\partial L}{\partial \dot{\theta}} = \frac{\partial}{\partial t}[m_2(\dot{x}+l\dot{\theta}\cos\theta)l\cos\theta + m_2l\dot{\theta}\sin\theta \times l\sin\theta]$$

$$= m_2l\ddot{x}\cos\theta - m_2l\dot{x}\dot{\theta}\sin\theta + m_2l^2\ddot{\theta}$$

$$\frac{\partial L}{\partial \theta} = -m_2l\dot{x}\dot{\theta}\sin\theta - m_2gl\sin\theta$$

$$T = \frac{\partial}{\partial t} \times \frac{\partial L}{\partial \dot{\theta}} - \frac{\partial L}{\partial \theta} = m_2l\ddot{x}\cos\theta + m_2l^2\ddot{\theta} + m_2gl\sin\theta$$

所以，小车集中摆动力系统的拉格朗日方程为

$$T = \frac{\partial}{\partial t} \times \frac{\partial L}{\partial \dot{\theta}} - \frac{\partial L}{\partial \theta} = m_2l\ddot{x}\cos\theta + m_2l^2\ddot{\theta} + m_2gl\sin\theta$$

$$F = \frac{\partial}{\partial t} \times \frac{\partial L}{\partial \dot{x}} - \frac{\partial L}{\partial x} = (m_1+m_2)\ddot{x} + m_2l(\ddot{\theta}\cos\theta - \dot{\theta}^2\sin\theta) + kx$$

写成矩阵形式

$$\begin{bmatrix} T \\ F \end{bmatrix} = \begin{bmatrix} m_2l^2 & m_2l\cos\theta \\ m_2l\cos\theta & m_1+m_2 \end{bmatrix} \begin{bmatrix} \ddot{\theta} \\ \ddot{x} \end{bmatrix} + \begin{bmatrix} 0 & 0 \\ 0 & -m_2l\sin\theta \end{bmatrix} \begin{bmatrix} \dot{x}^2 \\ \dot{\theta}^2 \end{bmatrix} + \begin{bmatrix} m_2gl\sin\theta \\ kx \end{bmatrix}$$

动力学方程所表达的意义：

关节驱动力矩＝各个关节的惯性力＋离心力和摩擦力＋哥氏力＋重力或弹簧力

观察以上例子中 F 和 T 的表达式可知：F 比 T 里包含的项数多，这表示驱动小车运动的电动机功率比单纯驱动摆的电动机的功率大。

4.3.6 集中质量双连杆系统

双连杆的机器人机构，每个连杆的质量都集中在一端。连杆 1 绕 o 点转动，长度为 l_1，质量为 m_1。连杆 2 绕 A 点转动，长度为 l_2，质量为 m_2。建立如图 4-3 所示的坐标系，求这个集中质量双连杆系统的动力学方程。

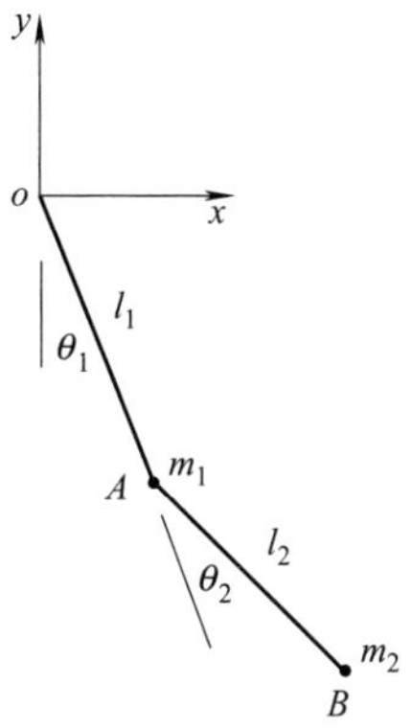

（1）系统的总动能等于两个连杆的动能之和

$$K = K_1 + K_2$$

连杆 1 的动能

$$K_1 = \frac{1}{2} m_1 l_1^2 \dot{\theta}_1^2$$

连杆 2 的动能

$$K_2 = \frac{1}{2} m_2 v_2^2$$

由于 m_2 的坐标为

$$\begin{cases} x_2 = l_1 \sin\theta_1 + l_2 \sin(\theta_1 + \theta_2) \\ y_2 = -l_1 \cos\theta_1 - l_2 \cos(\theta_1 + \theta_2) \end{cases}$$

图 4-3　集中质量双杆系统

所以，m_2 的分速度和速度为

$$\begin{cases} \dot{x}_2 = l_1 \dot{\theta}_1 \cos\theta_1 + l_2 (\dot{\theta}_1 + \dot{\theta}_2) \cos(\theta_1 + \theta_2) \\ \dot{y}_2 = l_1 \dot{\theta}_1 \sin\theta_1 + l_2 (\dot{\theta}_1 + \dot{\theta}_2) \sin(\theta_1 + \theta_2) \end{cases}$$

$$\begin{aligned} v_2^2 = \dot{x}_2^2 + \dot{y}_2^2 \\ = l_1^2 \dot{\theta}_1^2 + l_2^2 (\dot{\theta}_1 + \dot{\theta}_2)^2 + 2 l_1 l_2 \dot{\theta}_1 (\dot{\theta}_1 + \dot{\theta}_2) [\cos\theta_1 \cos(\theta_1 + \theta_2) + \sin\theta_1 \sin(\theta_1 + \theta_2)] \\ = l_1^2 \dot{\theta}_1^2 + l_2^2 (\dot{\theta}_1 + \dot{\theta}_2)^2 + 2 l_1 l_2 (\dot{\theta}_1^2 + \dot{\theta}_1 \dot{\theta}_2) \cos\theta_2 \end{aligned}$$

由此可以得到连杆 2 的动能

$$K_2 = \frac{1}{2} m_2 v_2^2 = \frac{1}{2} m_2 [l_1^2 \dot{\theta}_1^2 + l_2^2 (\dot{\theta}_1 + \dot{\theta}_2)^2 + 2 l_1 l_2 (\dot{\theta}_1^2 + \dot{\theta}_1 \dot{\theta}_2) \cos\theta_2]$$

所以，系统的总动能为

$$K = \frac{1}{2} m_1 l_1^2 \dot{\theta}_1^2 + \frac{1}{2} m_2 [l_1^2 \dot{\theta}_1^2 + l_2^2 (\dot{\theta}_1 + \dot{\theta}_2)^2 + 2 l_1 l_2 (\dot{\theta}_1^2 + \dot{\theta}_1 \dot{\theta}_2) \cos\theta_2]$$

（2）系统的总势能等于两个连杆的势能之和

$$P = P_1 + P_2$$

$$P_1 = -m_1 g l_1 \cos\theta_1$$

$$P_2 = -m_2 g l_1 \cos\theta_1 - m_2 g l_2 \cos(\theta_1 + \theta_2)$$

$$P = -(m_1 + m_2) g l_1 \cos\theta_1 - m_2 g l_2 \cos(\theta_1 + \theta_2)$$

（3）求拉格朗日函数

$$\begin{aligned} L = K - P \\ = \frac{1}{2} m_1 l_1^2 \dot{\theta}_1^2 + \frac{1}{2} m_2 [l_1^2 \dot{\theta}_1^2 + l_2^2 (\dot{\theta}_1 + \dot{\theta}_2)^2 + 2 l_1 l_2 (\dot{\theta}_1^2 + \dot{\theta}_1 \dot{\theta}_2) \cos\theta_2] \\ + (m_1 + m_2) g l_1 \cos\theta_1 + m_2 g l_2 \cos(\theta_1 + \theta_2) \end{aligned}$$

（4）列出该系统的拉格朗日方程

对关节转角 θ_1，对应的驱动力矩为 T_1。

$$\frac{\partial}{\partial t} \times \frac{\partial L}{\partial \dot{\theta}_1} = \frac{\partial}{\partial t} \big[(m_1 + m_2) l_1^2 \dot{\theta}_1 + m_2 l_2^2 (\dot{\theta}_1 + \dot{\theta}_2) + m_2 l_1 l_2 \cos\theta_2 (2\dot{\theta}_1 + \dot{\theta}_2) \big]$$

$$= (m_1 + m_2) l_1^2 \ddot{\theta}_1 + m_2 l_2^2 (\ddot{\theta}_1 + \ddot{\theta}_2) + m_2 l_1 l_2 \big[\cos\theta_2 (2\ddot{\theta}_1 + \ddot{\theta}_2) - \dot{\theta}_2 \sin\theta_2 (2\dot{\theta}_1 + \dot{\theta}_2) \big]$$

$$\frac{\partial L}{\partial \theta_1} = -(m_1 + m_2) g l_1 \sin\theta_1 - m_2 g l_2 \sin(\theta_1 + \theta_2)$$

$$T_1 = \frac{\partial}{\partial t} \times \frac{\partial L}{\partial \dot{\theta}_1} - \frac{\partial L}{\partial \theta_1}$$

$$= (m_1 + m_2) l_1^2 \ddot{\theta}_1 + m_2 l_2^2 (\ddot{\theta}_1 + \ddot{\theta}_2) + m_2 l_1 l_2 \big[(2\ddot{\theta}_1 + \ddot{\theta}_2) \cos\theta_2 - \dot{\theta}_2 (2\dot{\theta}_1 + \dot{\theta}_2) \sin\theta_2 \big]$$
$$+ (m_1 + m_2) g l_1 \sin\theta_1 + m_2 g l_2 \sin(\theta_1 + \theta_2)$$

对关节转角 θ_2，对应的驱动力矩为 T_2。

$$\frac{\partial}{\partial t} \times \frac{\partial L}{\partial \dot{\theta}_2} = \frac{\partial}{\partial t} \big[m_2 l_2^2 (\dot{\theta}_1 + \dot{\theta}_2) + m_2 l_1 l_2 \dot{\theta}_1 \cos\theta_2 \big]$$

$$= m_2 l_2^2 (\ddot{\theta}_1 + \ddot{\theta}_2) + m_2 l_1 l_2 (-\dot{\theta}_2 \dot{\theta}_1 \sin\theta_2 + \ddot{\theta}_1 \cos\theta_2)$$

$$\frac{\partial L}{\partial \theta_2} = -m_2 l_1 l_2 (\dot{\theta}_1^2 + \dot{\theta}_1 \dot{\theta}_2) \sin\theta_2 - m_2 g l_2 \sin(\theta_1 + \theta_2)$$

$$T_2 = \frac{\partial}{\partial t} \times \frac{\partial L}{\partial \dot{\theta}_2} - \frac{\partial L}{\partial \theta_2}$$

$$= m_2 l_2^2 (\ddot{\theta}_1 + \ddot{\theta}_2) + m_2 l_1 l_2 (-\dot{\theta}_2 \dot{\theta}_1 \sin\theta_2 + \ddot{\theta}_1 \cos\theta_2)$$
$$+ m_2 l_1 l_2 (\dot{\theta}_1^2 + \dot{\theta}_1 \dot{\theta}_2) \sin\theta_2 + m_2 g l_2 \sin(\theta_1 + \theta_2)$$

所以，系统的拉格朗日方程为

$$T_1 = (m_1 + m_2) l_1^2 \ddot{\theta}_1 + m_2 l_2^2 (\ddot{\theta}_1 + \ddot{\theta}_2) + m_2 l_1 l_2 \big[(2\ddot{\theta}_1 + \ddot{\theta}_2) \cos\theta_2 - \dot{\theta}_2 (2\dot{\theta}_1 + \dot{\theta}_2) \sin\theta_2 \big]$$
$$+ (m_1 + m_2) g l_1 \sin\theta_1 + m_2 g l_2 \sin(\theta_1 + \theta_2)$$

$$T_2 = m_2 l_2^2 (\ddot{\theta}_1 + \ddot{\theta}_2) + m_2 l_1 l_2 (-\dot{\theta}_2 \dot{\theta}_1 \sin\theta_2 + \ddot{\theta}_1 \cos\theta_2)$$
$$+ m_2 l_1 l_2 (\dot{\theta}_1^2 + \dot{\theta}_1 \dot{\theta}_2) \sin\theta_2 + m_2 g l_2 \sin(\theta_1 + \theta_2)$$

写成矩阵形式

$$\begin{bmatrix} T_1 \\ T_2 \end{bmatrix} = \begin{bmatrix} (m_1 + m_2) l_1^2 + m_2 l_2^2 + 2m_2 l_1 l_2 \cos\theta_2 & m_2 l_2^2 + m_2 l_1 l_2 \cos\theta_2 \\ m_2 l_2^2 + m_2 l_1 l_2 \cos\theta_2 & m_2 l_2^2 \end{bmatrix} \begin{bmatrix} \ddot{\theta}_1 \\ \ddot{\theta}_2 \end{bmatrix}$$
$$+ \begin{bmatrix} 0 & -m_2 l_1 l_2 \sin\theta_2 \\ m_2 l_1 l_2 \sin\theta_2 & 0 \end{bmatrix} \begin{bmatrix} \dot{\theta}_1^2 \\ \dot{\theta}_2^2 \end{bmatrix} + \begin{bmatrix} -2m_2 l_1 l_2 \sin\theta_2 & 0 \\ m_2 l_1 l_2 \sin\theta_2 & -m_2 l_1 l_2 \sin\theta_2 \end{bmatrix} \begin{bmatrix} \dot{\theta}_1 \dot{\theta}_2 \\ \dot{\theta}_2 \dot{\theta}_1 \end{bmatrix}$$
$$+ \begin{bmatrix} (m_1 + m_2) g l_1 \sin\theta_1 + m_2 g l_2 \sin(\theta_1 + \theta_2) \\ m_2 g l_2 \sin(\theta_1 + \theta_2) \end{bmatrix}$$

4.3.7 二自由度机器人手臂（分布质量）

图 4-4 所示为一二自由度机器人手臂，两个连杆均为均质杆，它们的质心均在几何中心。连杆 1 绕过 A 点的轴定轴转动，连杆 2 在连杆 1 末端，绕过 B 点的轴转动，同时随连杆 1 运动。连杆 1 的长度为 l_1，绕过 A 点的转动惯量为 I_A；连杆 2 的长度为 l_2，绕过 D 点的转动惯量为 I_D。试用拉格朗日方法建立该两连杆动力系统的动力学方程。

（1）求该系统的总动能

总动能为两个杆的动能之和。

$$K = K_1 + K_2$$

连杆 1 的动能

$$K_1 = \frac{1}{2} I_A \dot{\theta}_1^2$$

连杆 2 的动能

$$K_2 = \frac{1}{2} I_D (\dot{\theta}_1 + \dot{\theta}_2)^2 + \frac{1}{2} m_2 v_D^2$$

由于连杆 2 的质心处的坐标为

$$\begin{cases} x_D = l_1 \cos\theta_1 + \dfrac{1}{2} l_2 \cos(\theta_1 + \theta_2) \\ y_D = l_1 \sin\theta_1 + \dfrac{1}{2} l_2 \sin(\theta_1 + \theta_2) \end{cases}$$

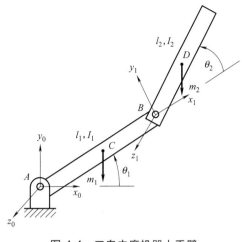

图 4-4 二自由度机器人手臂

所以，连杆 2 的质心 D 处的分速度和速度为

$$\begin{cases} \dot{x}_D = -l_1 \dot{\theta}_1 \sin\theta_1 - \dfrac{1}{2} l_2 (\dot{\theta}_1 + \dot{\theta}_2) \sin(\theta_1 + \theta_2) \\ \dot{y}_D = l_1 \dot{\theta}_1 \cos\theta_1 + \dfrac{1}{2} l_2 (\dot{\theta}_1 + \dot{\theta}_2) \cos(\theta_1 + \theta_2) \end{cases}$$

$$\begin{aligned} v_D^2 &= x_D^2 + y_D^2 \\ &= l_1^2 \dot{\theta}_1^2 + \frac{1}{4} l_2^2 (\dot{\theta}_1 + \dot{\theta}_2)^2 + l_1 l_2 (\dot{\theta}_1^2 + \dot{\theta}_1 \dot{\theta}_2) \cos\theta_2 \end{aligned}$$

由此可以得到连杆 2 的动能

$$\begin{aligned} K_2 &= \frac{1}{2} I_D (\dot{\theta}_1 + \dot{\theta}_2)^2 + \frac{1}{2} m_2 v_D^2 \\ &= \frac{1}{2} I_D (\dot{\theta}_1 + \dot{\theta}_2)^2 + \frac{1}{2} m_2 \left[l_1^2 \dot{\theta}_1^2 + \frac{1}{4} l_2^2 (\dot{\theta}_1 + \dot{\theta}_2)^2 + l_1 l_2 (\dot{\theta}_1^2 + \dot{\theta}_1 \dot{\theta}_2) \cos\theta_2 \right] \end{aligned}$$

所以，系统的总动能为

$$\begin{aligned} K = K_1 + K_2 = \frac{1}{2} I_A \dot{\theta}_1^2 &+ \frac{1}{2} I_D (\dot{\theta}_1 + \dot{\theta}_2)^2 + \frac{1}{2} m_2 \Big[l_1^2 \dot{\theta}_1^2 + \frac{1}{4} l_2^2 (\dot{\theta}_1 + \dot{\theta}_2)^2 \\ &+ l_1 l_2 (\dot{\theta}_1^2 + \dot{\theta}_1 \dot{\theta}_2) \cos\theta_2 \Big] \end{aligned}$$

（2）求两连杆的总势能

该系统的总势能为两个连杆的势能之和。

$$P = P_1 + P_2$$

$$P_1 = \frac{1}{2} m_1 g l_1 \sin\theta_1$$

$$P_2 = m_2 g \left[l_1 \sin\theta_1 + \frac{1}{2} l_2 \sin(\theta_1 + \theta_2) \right]$$

$$P = \frac{1}{2} m_1 g l_1 \sin\theta_1 + m_2 g \left[l_1 \sin\theta_1 + \frac{1}{2} l_2 \sin(\theta_1 + \theta_2) \right]$$

（3）求系统的拉格朗日函数

$$L = K - P$$

$$= \frac{1}{2}I_A\dot{\theta}_1^2 + \frac{1}{2}I_D(\dot{\theta}_1+\dot{\theta}_2)^2 + \frac{1}{2}m_2\left[l_1^2\dot{\theta}_1^2 + \frac{1}{4}l_2^2(\dot{\theta}_1+\dot{\theta}_2)^2 + l_1l_2(\dot{\theta}_1^2+\dot{\theta}_1\dot{\theta}_2)\cos\theta_2\right]$$

$$-\frac{1}{2}m_1gl_1\sin\theta_1 - m_2g\left[l_1\sin\theta_1 + \frac{1}{2}l_2\sin(\theta_1+\theta_2)\right]$$

（4）列出拉格朗日方程

对广义变量 θ_1，对应的驱动力矩为 T_1，列出一个方程

$$\frac{\partial}{\partial t}\times\frac{\partial L}{\partial \dot{\theta}_1} = \frac{\partial}{\partial t}\left[(I_A+m_2l_1^2)\dot{\theta}_1 + \left(I_D+\frac{1}{4}m_2l_2^2\right)(\dot{\theta}_1+\dot{\theta}_2) + \frac{1}{2}m_2l_1l_2\cos\theta_2(2\dot{\theta}_1+\dot{\theta}_2)\right]$$

$$= (I_A+m_2l_1^2)\ddot{\theta}_1 + \left(I_D+\frac{1}{4}m_2l_2^2\right)(\ddot{\theta}_1+\ddot{\theta}_2) + \frac{1}{2}m_2l_1l_2(2\ddot{\theta}_1+\ddot{\theta}_2)\cos\theta_2$$

$$-\frac{1}{2}m_2l_1l_2(2\dot{\theta}_1\dot{\theta}_2+\dot{\theta}_2\dot{\theta}_2)\sin\theta_2$$

$$\frac{\partial L}{\partial \theta_1} = -\frac{1}{2}m_1gl_1\cos\theta_1 - m_2gl_1\cos\theta_1 + \frac{1}{2}m_2gl_2\cos(\theta_1+\theta_2)$$

$$T_1 = \frac{\partial}{\partial t}\frac{\partial L}{\partial \dot{\theta}_1} - \frac{\partial L}{\partial \theta_1} = (I_A+m_2l_1^2)\ddot{\theta}_1 + \left(I_D+\frac{1}{4}m_2l_2^2\right)(\ddot{\theta}_1+\ddot{\theta}_2) + \frac{1}{2}m_2l_1l_2(2\ddot{\theta}_1+$$

$$\ddot{\theta}_2)\cos\theta_2 - \frac{1}{2}m_2l_1l_2(2\dot{\theta}_1\dot{\theta}_2+\dot{\theta}_2\dot{\theta}_2)\sin\theta_2 + \frac{1}{2}m_1gl_1\cos\theta_1 + m_2gl_1\cos\theta_1 -$$

$$\frac{1}{2}m_2gl_2\cos(\theta_1+\theta_2)$$

对广义变量 θ_2，对应的驱动力矩为 T_2，列出一个方程

$$\frac{\partial}{\partial t}\frac{\partial L}{\partial \dot{\theta}_2} = \frac{\partial}{\partial t}\left[I_D(\dot{\theta}_1+\dot{\theta}_2) + \frac{1}{4}m_2l_2^2(\dot{\theta}_1+\dot{\theta}_2) + \frac{1}{2}m_2l_1l_2\dot{\theta}_1\cos\theta_2\right]$$

$$= \left(I_D+\frac{1}{4}m_2l_2^2\right)(\ddot{\theta}_1+\ddot{\theta}_2) - \frac{1}{2}m_2l_1l_2\dot{\theta}_2\dot{\theta}_1\sin\theta_2 + \frac{1}{2}m_2l_1l_2\ddot{\theta}_1\cos\theta_2$$

$$\frac{\partial L}{\partial \theta_2} = -\frac{1}{2}m_2l_1l_2(\dot{\theta}_1^2+\dot{\theta}_1\dot{\theta}_2)\sin\theta_2 + \frac{1}{2}m_2l_2g\cos(\theta_1+\theta_2)$$

$$T_2 = \frac{\partial}{\partial t}\times\frac{\partial L}{\partial \dot{\theta}_2} - \frac{\partial L}{\partial \theta_2} = \left(I_D+\frac{1}{4}m_2l_2^2\right)(\ddot{\theta}_1+\ddot{\theta}_2) - \frac{1}{2}m_2l_1l_2\dot{\theta}_2\dot{\theta}_1\sin\theta_2$$

$$+\frac{1}{2}m_2l_1l_2\ddot{\theta}_1\cos\theta_2 + \frac{1}{2}m_2l_1l_2(\dot{\theta}_1^2+\dot{\theta}_1\dot{\theta}_2)\sin\theta_2 - \frac{1}{2}m_2l_2g\cos(\theta_1+\theta_2)$$

（5）写成矩阵形式

$$T_1 = (I_A+m_2l_1^2)\ddot{\theta}_1 + \left(I_D+\frac{1}{4}m_2l_2^2\right)(\ddot{\theta}_1+\ddot{\theta}_2) + \frac{1}{2}m_2l_1l_2(2\ddot{\theta}_1+\ddot{\theta}_2)\cos\theta_2$$

$$-\frac{1}{2}m_2l_1l_2(2\dot{\theta}_1\dot{\theta}_2+\dot{\theta}_2\dot{\theta}_2)\sin\theta_2 + \frac{1}{2}m_1gl_1\cos\theta_1 + m_2gl_1\cos\theta_1 - \frac{1}{2}m_2gl_2\cos(\theta_1+\theta_2)$$

$$T_2 = \left(I_D+\frac{1}{4}m_2l_2^2\right)(\ddot{\theta}_1+\ddot{\theta}_2) - \frac{1}{2}m_2l_1l_2\dot{\theta}_2\dot{\theta}_1\sin\theta_2 + \frac{1}{2}m_2l_1l_2\ddot{\theta}_1\cos\theta_2$$

$$+\frac{1}{2}m_2l_1l_2(\dot{\theta}_1^2+\dot{\theta}_1\dot{\theta}_2)\sin\theta_2 - \frac{1}{2}m_2l_2g\cos(\theta_1+\theta_2)$$

$$\begin{bmatrix} T_1 \\ T_2 \end{bmatrix} = \begin{bmatrix} I_A + I_D + m_2 l_1^2 + \dfrac{1}{4} m_2 l_2^2 + m_2 l_1 l_2 \cos\theta_2 & I_D + \dfrac{1}{4} m_2 l_2^2 + \dfrac{1}{2} m_2 l_1 l_2 \cos\theta_2 \\ I_D + \dfrac{1}{4} m_2 l_2^2 + \dfrac{1}{2} m_2 l_1 l_2 \cos\theta_2 & I_D + \dfrac{1}{4} m_2 l_2^2 \end{bmatrix} \begin{bmatrix} \ddot\theta_1 \\ \ddot\theta_2 \end{bmatrix}$$

$$+ \begin{bmatrix} 0 & -\dfrac{1}{2} m_2 l_1 l_2 \sin\theta_2 \\ \dfrac{1}{2} m_2 l_1 l_2 \sin\theta_2 & 0 \end{bmatrix} \begin{bmatrix} \dot\theta_1^2 \\ \dot\theta_2^2 \end{bmatrix}$$

$$+ \begin{bmatrix} -m_2 l_1 l_2 \sin\theta_2 & 0 \\ \dfrac{1}{2} m_2 l_1 l_2 \sin\theta_2 & 0 \end{bmatrix} \begin{bmatrix} \dot\theta_1 \dot\theta_2 \\ \dot\theta_2 \dot\theta_1 \end{bmatrix} + \begin{bmatrix} \left(\dfrac{1}{2} m_1 + m_2 \right) g l_1 \cos\theta_1 - \dfrac{1}{2} m_2 g l_2 \cos(\theta_1 + \theta_2) \\ -\dfrac{1}{2} m_2 g l_2 \cos(\theta_1 + \theta_2) \end{bmatrix}$$

4.4 多自由度机器人的动力学方程的建立

4.4.1 多自由度机器人的动力学方程的建立思路

① 首先仍然是求总动能、总势能，求拉格朗日函数；然后对每一个关节变量和关节驱动力矩建立一个拉格朗日方程，有几个连杆就有几个拉格朗日方程。

② 总动能就是构成机器人的各个连杆的动能的和，总势能是各个连杆的重力势能的和。

③ 注意各连杆的动能由两部分构成：随质心的平动动能和绕质心的转动动能。

④ 关键是求构成机器人的各连杆的质心处的位置和速度。

⑤ 求各连杆的质心位置的方法是用前面介绍的齐次坐标变换及运动学方程的建立方法。

4.4.2 PUMA560机器人的动力学方程

如图 3-1 所示，第 i 个连杆的质心位置矢量 $\boldsymbol{r}_i$，在该连杆的连杆坐标系下是一个常量。

齐次变换矩阵 $\boldsymbol{T}_i$ 对时间求导用全导数公式，并注意矩阵导数的概念。

$$\boldsymbol{p}_i = \boldsymbol{T}_{i \to R} \boldsymbol{r}_i = \boldsymbol{T}_{i \to 0} \boldsymbol{r}_i$$

$$\boldsymbol{v}_i = \frac{\mathrm{d}\boldsymbol{p}_i}{\mathrm{d}t} = \frac{\mathrm{d}}{\mathrm{d}t}(\boldsymbol{T}_{i \to 0} \boldsymbol{r}_i) = \frac{\mathrm{d}}{\mathrm{d}t}(\boldsymbol{T}_{i \to 0}) \boldsymbol{r}_i$$

$$= \left(\sum_{j=1}^{i} \frac{\partial \boldsymbol{T}_{i \to 0}}{\partial \theta_j} \times \frac{\mathrm{d}\theta_j}{\mathrm{d}t} \right) \boldsymbol{r}_i = \left(\sum_{j=1}^{i} \boldsymbol{U}_{ij} \frac{\mathrm{d}\theta_j}{\mathrm{d}t} \right) \boldsymbol{r}_i$$

$$K_{ip} = \frac{1}{2} m_i \boldsymbol{v}_i^2, \; K_{iz} = \frac{1}{2} I_i \dot{\boldsymbol{\theta}}_i^2$$

$$K_i = K_{ip} + K_{iz}$$

$$K = \sum_{i=1}^{n} K_i$$

$$P_i = m_i g h_i$$

$$P = \sum_{i=1}^{n} P_i$$

$$L = K - P$$

$$T_i = \frac{\mathrm{d}}{\mathrm{d}t}\left(\frac{\partial L}{\partial \dot\theta_i} \right) - \frac{\partial L}{\partial \theta_i}$$

$$T_i = \sum_{j=1}^{n} D_{ij} \ddot{q}_i + I_{i(\mathrm{act})} \ddot{q}_i + \sum_{j=1}^{n} \sum_{k=1}^{n} D_{ijk} \dot{q}_j \dot{q}_k + D_i$$

对一个六自由度的关节机器人而言，第 i 个关节的驱动力矩拥有复杂的形式。

$$
\begin{aligned}
T_i = & D_{i1}\ddot{\theta}_1 + D_{i2}\ddot{\theta}_2 + D_{i3}\ddot{\theta}_3 + D_{i4}\ddot{\theta}_4 + D_{i5}\ddot{\theta}_5 + D_{i6}\ddot{\theta}_6 + I_{i(\text{act})}\ddot{\theta}_i \\
& + D_{i11}\dot{\theta}_1^2 + D_{i22}\dot{\theta}_2^2 + D_{i33}\dot{\theta}_3^2 + D_{i44}\dot{\theta}_4^2 + D_{i55}\dot{\theta}_5^2 + D_{i66}\dot{\theta}_6^2 \\
& + D_{i12}\dot{\theta}_1\dot{\theta}_2 + D_{i13}\dot{\theta}_1\dot{\theta}_3 + D_{i14}\dot{\theta}_1\dot{\theta}_4 + D_{i15}\dot{\theta}_1\dot{\theta}_5 + D_{i16}\dot{\theta}_1\dot{\theta}_6 \\
& + D_{i21}\dot{\theta}_2\dot{\theta}_1 + D_{i23}\dot{\theta}_2\dot{\theta}_3 + D_{i24}\dot{\theta}_2\dot{\theta}_4 + D_{i25}\dot{\theta}_2\dot{\theta}_5 + D_{i26}\dot{\theta}_2\dot{\theta}_6 \\
& + D_{i31}\dot{\theta}_3\dot{\theta}_1 + D_{i32}\dot{\theta}_3\dot{\theta}_2 + D_{i34}\dot{\theta}_3\dot{\theta}_4 + D_{i35}\dot{\theta}_3\dot{\theta}_5 + D_{i36}\dot{\theta}_3\dot{\theta}_6 \\
& + D_{i41}\dot{\theta}_4\dot{\theta}_1 + D_{i42}\dot{\theta}_4\dot{\theta}_2 + D_{i43}\dot{\theta}_4\dot{\theta}_3 + D_{i45}\dot{\theta}_4\dot{\theta}_5 + D_{i46}\dot{\theta}_4\dot{\theta}_6 \\
& + D_{i51}\dot{\theta}_5\dot{\theta}_1 + D_{i52}\dot{\theta}_5\dot{\theta}_2 + D_{i53}\dot{\theta}_5\dot{\theta}_3 + D_{i54}\dot{\theta}_5\dot{\theta}_4 + D_{i56}\dot{\theta}_5\dot{\theta}_6 \\
& + D_{i61}\dot{\theta}_6\dot{\theta}_1 + D_{i62}\dot{\theta}_6\dot{\theta}_2 + D_{i63}\dot{\theta}_6\dot{\theta}_3 + D_{i64}\dot{\theta}_6\dot{\theta}_4 + D_{i65}\dot{\theta}_6\dot{\theta}_5 + D_i
\end{aligned}
\tag{4-8}
$$

4.5 关节空间和操作空间的动力学方程

4.5.1 关节空间动力学方程

$$
\boldsymbol{\tau} = \boldsymbol{D}(q)\ddot{q} + \boldsymbol{h}(q,\dot{q}) + \boldsymbol{G}(q)
\tag{4-9}
$$

式中，$\boldsymbol{D}(q)$ 为操作臂的惯性矩阵；$\boldsymbol{h}(q,\dot{q})$ 为离心力和哥氏力矢量（其中，关节速度的平方项是离心力，两关节速度的乘积项是哥氏力）；$\boldsymbol{G}(q)$ 为重力矢量。

4.5.2 操作空间动力学方程

$$
\boldsymbol{F} = \boldsymbol{V}(q)\ddot{x} + \boldsymbol{u}(q,\dot{q}) + \boldsymbol{p}(q)
\tag{4-10}
$$

式中，$\boldsymbol{V}(q)$ 为操作空间的惯性矩阵；$\boldsymbol{u}(q,\dot{q})$ 为离心力和哥氏力矢量（其中，关节速度的平方项是离心力，两关节速度的乘积项是哥氏力）；$\boldsymbol{p}(q)$ 为重力矢量。

4.5.3 操作力矩方程

$$
\boldsymbol{\tau} = \boldsymbol{J}^{\mathrm{T}}(q)\boldsymbol{F} = \boldsymbol{J}^{\mathrm{T}}(q)\left[\boldsymbol{V}(q)\ddot{x} + \boldsymbol{u}(q,\dot{q}) + \boldsymbol{p}(q)\right]
\tag{4-11}
$$

式中，$\boldsymbol{J}^{\mathrm{T}}(q)$ 为力雅可比矩阵；$\boldsymbol{V}(q)$ 为操作空间的惯性矩阵；$\boldsymbol{u}(q,\dot{q})$ 为离心力和哥氏力矢量（其中，关节速度的平方项是离心力，两关节速度的乘积项是哥氏力）；$\boldsymbol{p}(q)$ 为重力矢量。

4.5.4 雅可比矩阵

力雅可比矩阵 $\boldsymbol{J}^{\mathrm{T}}(q)$ 是怎么来的？

$$
\boldsymbol{\tau} = \boldsymbol{J}^{\mathrm{T}}(q)\boldsymbol{F}
\tag{4-12}
$$

关节力矩和操作力矩之间的这个关系又是怎么来？

一个六自由度的机器人的运动学方程，以齐次坐标变换形式表示如下。

$$
\boldsymbol{T}_{6\to0} = \boldsymbol{T}_{1\to0}(\theta_1)\boldsymbol{T}_{2\to1}(\theta_2)\boldsymbol{T}_{3\to2}(\theta_3)\boldsymbol{T}_{4\to3}(\theta_4)\boldsymbol{T}_{5\to4}(\theta_5)\boldsymbol{T}_{6\to5}(\theta_6)
$$

由运动学方程可知，一个六自由度的工业机器人，其末端的位姿可以由 6 个关节变量确定下来。同时，末端的位姿表现为 6 个方向的运动：沿直角坐标系 3 个坐标轴的平动和绕这 3 个坐标轴的转动。这 3 个平动和 3 个转动都是关节变量的函数。这可以写成下列函数形式：

$$X_H = f_1(\theta_1, \theta_2, \theta_3, \theta_4, \theta_5, \theta_6)$$
$$Y_H = f_2(\theta_1, \theta_2, \theta_3, \theta_4, \theta_5, \theta_6)$$
$$Z_H = f_3(\theta_1, \theta_2, \theta_3, \theta_4, \theta_5, \theta_6)$$
$$\phi_X = f_4(\theta_1, \theta_2, \theta_3, \theta_4, \theta_5, \theta_6)$$
$$\phi_Y = f_5(\theta_1, \theta_2, \theta_3, \theta_4, \theta_5, \theta_6)$$
$$\phi_Z = f_6(\theta_1, \theta_2, \theta_3, \theta_4, \theta_5, \theta_6)$$

末端操作手的微分运动为

$$\mathrm{d}X_H = \frac{\partial f_1}{\partial \theta_1}\mathrm{d}\theta_1 + \frac{\partial f_1}{\partial \theta_2}\mathrm{d}\theta_2 + \frac{\partial f_1}{\partial \theta_3}\mathrm{d}\theta_3 + \frac{\partial f_1}{\partial \theta_4}\mathrm{d}\theta_4 + \frac{\partial f_1}{\partial \theta_5}\mathrm{d}\theta_5 + \frac{\partial f_1}{\partial \theta_6}\mathrm{d}\theta_6$$

$$\mathrm{d}Y_H = \frac{\partial f_2}{\partial \theta_1}\mathrm{d}\theta_1 + \frac{\partial f_2}{\partial \theta_2}\mathrm{d}\theta_2 + \frac{\partial f_2}{\partial \theta_3}\mathrm{d}\theta_3 + \frac{\partial f_2}{\partial \theta_4}\mathrm{d}\theta_4 + \frac{\partial f_2}{\partial \theta_5}\mathrm{d}\theta_5 + \frac{\partial f_2}{\partial \theta_6}\mathrm{d}\theta_6$$

$$\mathrm{d}Z_H = \frac{\partial f_3}{\partial \theta_1}\mathrm{d}\theta_1 + \frac{\partial f_3}{\partial \theta_2}\mathrm{d}\theta_2 + \frac{\partial f_3}{\partial \theta_3}\mathrm{d}\theta_3 + \frac{\partial f_3}{\partial \theta_4}\mathrm{d}\theta_4 + \frac{\partial f_3}{\partial \theta_5}\mathrm{d}\theta_5 + \frac{\partial f_3}{\partial \theta_6}\mathrm{d}\theta_6$$

$$\mathrm{d}\phi_X = \frac{\partial f_4}{\partial \theta_1}\mathrm{d}\theta_1 + \frac{\partial f_4}{\partial \theta_2}\mathrm{d}\theta_2 + \frac{\partial f_4}{\partial \theta_3}\mathrm{d}\theta_3 + \frac{\partial f_4}{\partial \theta_4}\mathrm{d}\theta_4 + \frac{\partial f_4}{\partial \theta_5}\mathrm{d}\theta_5 + \frac{\partial f_4}{\partial \theta_6}\mathrm{d}\theta_6$$

$$\mathrm{d}\phi_Y = \frac{\partial f_5}{\partial \theta_1}\mathrm{d}\theta_1 + \frac{\partial f_5}{\partial \theta_2}\mathrm{d}\theta_2 + \frac{\partial f_5}{\partial \theta_3}\mathrm{d}\theta_3 + \frac{\partial f_5}{\partial \theta_4}\mathrm{d}\theta_4 + \frac{\partial f_5}{\partial \theta_5}\mathrm{d}\theta_5 + \frac{\partial f_5}{\partial \theta_6}\mathrm{d}\theta_6$$

$$\mathrm{d}\phi_Z = \frac{\partial f_6}{\partial \theta_1}\mathrm{d}\theta_1 + \frac{\partial f_6}{\partial \theta_2}\mathrm{d}\theta_2 + \frac{\partial f_6}{\partial \theta_3}\mathrm{d}\theta_3 + \frac{\partial f_6}{\partial \theta_4}\mathrm{d}\theta_4 + \frac{\partial f_6}{\partial \theta_5}\mathrm{d}\theta_5 + \frac{\partial f_6}{\partial \theta_6}\mathrm{d}\theta_6$$

以上表达了手部微分运动与关节微分运动的关系。写成向量矩阵形式如下。

$$
\begin{bmatrix} \mathrm{d}X_H \\ \mathrm{d}Y_H \\ \mathrm{d}Z_H \\ \mathrm{d}\phi_X \\ \mathrm{d}\phi_Y \\ \mathrm{d}\phi_Z \end{bmatrix}
=
\begin{bmatrix}
\frac{\partial f_1}{\partial \theta_1} & \frac{\partial f_1}{\partial \theta_2} & \frac{\partial f_1}{\partial \theta_3} & \frac{\partial f_1}{\partial \theta_4} & \frac{\partial f_1}{\partial \theta_5} & \frac{\partial f_1}{\partial \theta_6} \\
\frac{\partial f_2}{\partial \theta_1} & \frac{\partial f_2}{\partial \theta_2} & \frac{\partial f_2}{\partial \theta_3} & \frac{\partial f_2}{\partial \theta_4} & \frac{\partial f_2}{\partial \theta_5} & \frac{\partial f_2}{\partial \theta_6} \\
\frac{\partial f_3}{\partial \theta_1} & \frac{\partial f_3}{\partial \theta_2} & \frac{\partial f_3}{\partial \theta_3} & \frac{\partial f_3}{\partial \theta_4} & \frac{\partial f_3}{\partial \theta_5} & \frac{\partial f_3}{\partial \theta_6} \\
\frac{\partial f_4}{\partial \theta_1} & \frac{\partial f_4}{\partial \theta_2} & \frac{\partial f_4}{\partial \theta_3} & \frac{\partial f_4}{\partial \theta_4} & \frac{\partial f_4}{\partial \theta_5} & \frac{\partial f_4}{\partial \theta_6} \\
\frac{\partial f_5}{\partial \theta_1} & \frac{\partial f_5}{\partial \theta_2} & \frac{\partial f_5}{\partial \theta_3} & \frac{\partial f_5}{\partial \theta_4} & \frac{\partial f_5}{\partial \theta_5} & \frac{\partial f_5}{\partial \theta_6} \\
\frac{\partial f_6}{\partial \theta_1} & \frac{\partial f_6}{\partial \theta_2} & \frac{\partial f_6}{\partial \theta_3} & \frac{\partial f_6}{\partial \theta_4} & \frac{\partial f_6}{\partial \theta_5} & \frac{\partial f_6}{\partial \theta_6}
\end{bmatrix}
\begin{bmatrix} \mathrm{d}\theta_1 \\ \mathrm{d}\theta_2 \\ \mathrm{d}\theta_3 \\ \mathrm{d}\theta_4 \\ \mathrm{d}\theta_5 \\ \mathrm{d}\theta_6 \end{bmatrix}
$$

$$\boldsymbol{M}_H = \boldsymbol{JG} \tag{4-13}$$

式中，$\boldsymbol{M}_H$ 为手部微动向量；$\boldsymbol{J}$ 为雅可比矩阵；$\boldsymbol{G}$ 为关节微动向量。

$$\boldsymbol{M}_H=\begin{bmatrix}\mathrm{d}X_H\\\mathrm{d}Y_H\\\mathrm{d}Z_H\\\mathrm{d}\phi_X\\\mathrm{d}\phi_Y\\\mathrm{d}\phi_Z\end{bmatrix},\boldsymbol{J}=\begin{bmatrix}\dfrac{\partial f_1}{\partial\theta_1}&\dfrac{\partial f_1}{\partial\theta_2}&\dfrac{\partial f_1}{\partial\theta_3}&\dfrac{\partial f_1}{\partial\theta_4}&\dfrac{\partial f_1}{\partial\theta_5}&\dfrac{\partial f_1}{\partial\theta_6}\\[1em]\dfrac{\partial f_2}{\partial\theta_1}&\dfrac{\partial f_2}{\partial\theta_2}&\dfrac{\partial f_2}{\partial\theta_3}&\dfrac{\partial f_2}{\partial\theta_4}&\dfrac{\partial f_2}{\partial\theta_5}&\dfrac{\partial f_2}{\partial\theta_6}\\[1em]\dfrac{\partial f_3}{\partial\theta_1}&\dfrac{\partial f_3}{\partial\theta_2}&\dfrac{\partial f_3}{\partial\theta_3}&\dfrac{\partial f_3}{\partial\theta_4}&\dfrac{\partial f_3}{\partial\theta_5}&\dfrac{\partial f_3}{\partial\theta_6}\\[1em]\dfrac{\partial f_4}{\partial\theta_1}&\dfrac{\partial f_4}{\partial\theta_2}&\dfrac{\partial f_4}{\partial\theta_3}&\dfrac{\partial f_4}{\partial\theta_4}&\dfrac{\partial f_4}{\partial\theta_5}&\dfrac{\partial f_4}{\partial\theta_6}\\[1em]\dfrac{\partial f_5}{\partial\theta_1}&\dfrac{\partial f_5}{\partial\theta_2}&\dfrac{\partial f_5}{\partial\theta_3}&\dfrac{\partial f_5}{\partial\theta_4}&\dfrac{\partial f_5}{\partial\theta_5}&\dfrac{\partial f_5}{\partial\theta_6}\\[1em]\dfrac{\partial f_6}{\partial\theta_1}&\dfrac{\partial f_6}{\partial\theta_2}&\dfrac{\partial f_6}{\partial\theta_3}&\dfrac{\partial f_6}{\partial\theta_4}&\dfrac{\partial f_6}{\partial\theta_5}&\dfrac{\partial f_6}{\partial\theta_6}\end{bmatrix},\boldsymbol{G}=\begin{bmatrix}\mathrm{d}\theta_1\\\mathrm{d}\theta_2\\\mathrm{d}\theta_3\\\mathrm{d}\theta_4\\\mathrm{d}\theta_5\\\mathrm{d}\theta_6\end{bmatrix}$$

末端操作手的速度与关节速度之间的关系如下：

$$\begin{bmatrix}\mathrm{d}X_H/\mathrm{d}t\\\mathrm{d}Y_H/\mathrm{d}t\\\mathrm{d}Z_H/\mathrm{d}t\\\mathrm{d}\phi_X/\mathrm{d}t\\\mathrm{d}\phi_Y/\mathrm{d}t\\\mathrm{d}\phi_Z/\mathrm{d}t\end{bmatrix}=\begin{bmatrix}\dfrac{\partial f_1}{\partial\theta_1}&\dfrac{\partial f_1}{\partial\theta_2}&\dfrac{\partial f_1}{\partial\theta_3}&\dfrac{\partial f_1}{\partial\theta_4}&\dfrac{\partial f_1}{\partial\theta_5}&\dfrac{\partial f_1}{\partial\theta_6}\\[1em]\dfrac{\partial f_2}{\partial\theta_1}&\dfrac{\partial f_2}{\partial\theta_2}&\dfrac{\partial f_2}{\partial\theta_3}&\dfrac{\partial f_2}{\partial\theta_4}&\dfrac{\partial f_2}{\partial\theta_5}&\dfrac{\partial f_2}{\partial\theta_6}\\[1em]\dfrac{\partial f_3}{\partial\theta_1}&\dfrac{\partial f_3}{\partial\theta_2}&\dfrac{\partial f_3}{\partial\theta_3}&\dfrac{\partial f_3}{\partial\theta_4}&\dfrac{\partial f_3}{\partial\theta_5}&\dfrac{\partial f_3}{\partial\theta_6}\\[1em]\dfrac{\partial f_4}{\partial\theta_1}&\dfrac{\partial f_4}{\partial\theta_2}&\dfrac{\partial f_4}{\partial\theta_3}&\dfrac{\partial f_4}{\partial\theta_4}&\dfrac{\partial f_4}{\partial\theta_5}&\dfrac{\partial f_4}{\partial\theta_6}\\[1em]\dfrac{\partial f_5}{\partial\theta_1}&\dfrac{\partial f_5}{\partial\theta_2}&\dfrac{\partial f_5}{\partial\theta_3}&\dfrac{\partial f_5}{\partial\theta_4}&\dfrac{\partial f_5}{\partial\theta_5}&\dfrac{\partial f_5}{\partial\theta_6}\\[1em]\dfrac{\partial f_6}{\partial\theta_1}&\dfrac{\partial f_6}{\partial\theta_2}&\dfrac{\partial f_6}{\partial\theta_3}&\dfrac{\partial f_6}{\partial\theta_4}&\dfrac{\partial f_6}{\partial\theta_5}&\dfrac{\partial f_6}{\partial\theta_6}\end{bmatrix}\begin{bmatrix}\mathrm{d}\theta_1/\mathrm{d}t\\\mathrm{d}\theta_2/\mathrm{d}t\\\mathrm{d}\theta_3/\mathrm{d}t\\\mathrm{d}\theta_4/\mathrm{d}t\\\mathrm{d}\theta_5/\mathrm{d}t\\\mathrm{d}\theta_6/\mathrm{d}t\end{bmatrix}\tag{4-14}$$

$$\boldsymbol{M}_{Hv\&\omega}=\boldsymbol{J}\boldsymbol{G}_\omega\tag{4-15}$$

$$\boldsymbol{M}_{Hv\&\omega}=\begin{bmatrix}\mathrm{d}X_H/\mathrm{d}t\\\mathrm{d}Y_H/\mathrm{d}t\\\mathrm{d}Z_H/\mathrm{d}t\\\mathrm{d}\phi_X/\mathrm{d}t\\\mathrm{d}\phi_Y/\mathrm{d}t\\\mathrm{d}\phi_Z/\mathrm{d}t\end{bmatrix};\ \boldsymbol{G}_\omega=\begin{bmatrix}\mathrm{d}\theta_1/\mathrm{d}t\\\mathrm{d}\theta_2/\mathrm{d}t\\\mathrm{d}\theta_3/\mathrm{d}t\\\mathrm{d}\theta_4/\mathrm{d}t\\\mathrm{d}\theta_5/\mathrm{d}t\\\mathrm{d}\theta_6/\mathrm{d}t\end{bmatrix}$$

式中，$\boldsymbol{M}_{Hv\&\omega}$ 为末端操作手速度向量；$\boldsymbol{J}$ 为雅可比矩阵；$\boldsymbol{G}_\omega$ 为关节转速向量。

利用雅可比矩阵可以由关节转速求出末端操作手的速度。

4.5.5　末端操作力与关节驱动力矩之间的关系

末端操作力 $\boldsymbol{F}$ 用一个向量来表示，它由沿末端坐标系 3 个坐标方向的分力 F_x、F_y、F_z 和绕 3 个坐标轴的分力矩 τ_x、τ_y、τ_z 共 6 个分量组成。

$$\boldsymbol{F}=\begin{bmatrix}F_x&F_y&F_z&\tau_x&\tau_y&\tau_z\end{bmatrix}^{\mathrm{T}}$$

关节驱动力矩向量 $\boldsymbol{\tau}$ 由 6 个关节各自的驱动力矩 τ_1、τ_2、τ_3、τ_4、τ_5、τ_6 组成。

$$\boldsymbol{\tau} = \begin{bmatrix} \tau_1 & \tau_2 & \tau_3 & \tau_4 & \tau_5 & \tau_6 \end{bmatrix}^{\mathrm{T}}$$

由于工业机器人的开式链结构，手部装在腕上，腕装在小臂上，小臂装在大臂上，大臂装在腰上，手部在整个机械臂的驱动下工作，它作用于环境的力和力矩来自腕部以前的各个连杆的驱动，它自身是不带动力的。所以，手部的功率等于各个关节驱动功率的和。

手部的功率

$$P_H = F_x \frac{\mathrm{d}x_H}{\mathrm{d}t} + F_y \frac{\mathrm{d}y_H}{\mathrm{d}t} + F_z \frac{\mathrm{d}z_H}{\mathrm{d}t} + \tau_x \frac{\mathrm{d}\phi_x}{\mathrm{d}t} + \tau_y \frac{\mathrm{d}\phi_y}{\mathrm{d}t} + \tau_z \frac{\mathrm{d}\phi_z}{\mathrm{d}t}$$

$$= \begin{bmatrix} F_x & F_y & F_z & \tau_x & \tau_y & \tau_z \end{bmatrix} \begin{bmatrix} \dfrac{\mathrm{d}x_H}{\mathrm{d}t} \\[2mm] \dfrac{\mathrm{d}y_H}{\mathrm{d}t} \\[2mm] \dfrac{\mathrm{d}z_H}{\mathrm{d}t} \\[2mm] \dfrac{\mathrm{d}\phi_x}{\mathrm{d}t} \\[2mm] \dfrac{\mathrm{d}\phi_y}{\mathrm{d}t} \\[2mm] \dfrac{\mathrm{d}\phi_z}{\mathrm{d}t} \end{bmatrix} = \boldsymbol{F}^{\mathrm{T}} \boldsymbol{M}_{Hv\&\omega}$$

各个关节的驱动功率的和

$$P_{G\Sigma} = \tau_1 \frac{\mathrm{d}\theta_1}{\mathrm{d}t} + \tau_2 \frac{\mathrm{d}\theta_2}{\mathrm{d}t} + \tau_3 \frac{\mathrm{d}\theta_3}{\mathrm{d}t} + \tau_4 \frac{\mathrm{d}\theta_4}{\mathrm{d}t} + \tau_5 \frac{\mathrm{d}\theta_5}{\mathrm{d}t} + \tau_6 \frac{\mathrm{d}\theta_6}{\mathrm{d}t}$$

$$= \begin{bmatrix} \tau_1 & \tau_2 & \tau_3 & \tau_4 & \tau_5 & \tau_6 \end{bmatrix} \begin{bmatrix} \dfrac{\mathrm{d}\theta_1}{\mathrm{d}t} \\[2mm] \dfrac{\mathrm{d}\theta_2}{\mathrm{d}t} \\[2mm] \dfrac{\mathrm{d}\theta_3}{\mathrm{d}t} \\[2mm] \dfrac{\mathrm{d}\theta_4}{\mathrm{d}t} \\[2mm] \dfrac{\mathrm{d}\theta_5}{\mathrm{d}t} \\[2mm] \dfrac{\mathrm{d}\theta_6}{\mathrm{d}t} \end{bmatrix} = \boldsymbol{\tau}^{\mathrm{T}} \boldsymbol{G}_{\omega}$$

两者相等，即手部的功率等于各个关节驱动功率的和，于是

$$P_H = P_{G\Sigma}$$

$$\boldsymbol{F}^{\mathrm{T}} \boldsymbol{M}_{Hv\&\omega} = \boldsymbol{\tau}^{\mathrm{T}} \boldsymbol{G}_{\omega}$$

由于

$$\boldsymbol{M}_{Hv\&\omega} = \boldsymbol{J} \boldsymbol{G}_{\omega}$$

于是

$$\boldsymbol{F}^{\mathrm{T}}\boldsymbol{J}\boldsymbol{G}_\omega = \boldsymbol{\tau}^{\mathrm{T}}\boldsymbol{G}_\omega$$

$$\boldsymbol{F}^{\mathrm{T}}\boldsymbol{J} = \boldsymbol{\tau}^{\mathrm{T}}$$

所以

$$\boldsymbol{\tau}^{\mathrm{T}} = \boldsymbol{F}^{\mathrm{T}}\boldsymbol{J}$$

$$\boldsymbol{\tau} = \boldsymbol{J}^{\mathrm{T}}\boldsymbol{F}$$

这就是手部的操作力与关节驱动力矩的关系。

需要说明的几个问题：

① 这些动力学方程可以用来估计以一定速度和加速度驱动机器人时各关节所需的驱动力或力矩，并以此为依据选择机器人的驱动器。

② 多自由度机器人的动力学方程非常复杂，使用起来非常困难，因此常对其进行简化，例如，通过对比各项对总力矩或力的贡献大小，而略去贡献比较小的项。

本 章 小 结

① 叙述了机器人动力学方程的概念和建立机器人动力学方程的思路。

② 叙述了用拉格朗日方法建立机器人动力学方程的方法步骤。

③ 举例说明了用拉格朗日方法建立机器人动力学方程的过程。

④ 分析了多自由度机器人的动力学方程的建立方法和过程。

⑤ 推导了关节空间和操作空间的动力学方程之间的关系。

思考与练习题

一、思考题

1. 简述建立动力学系统拉格朗日方程的步骤。

2. 简述建立工业机器人动力学方程的意义。

3. 简述建立机器人动力学方程的常用方法。

4. 简述机器人速度雅可比矩阵、力雅可比矩阵的概念及两者之间的关系。

二、练习题

1. 已知二自由度机械手的雅可比矩阵为

$$\boldsymbol{J} = \begin{bmatrix} -l_1 s_1 - l_2 s_{12} & -l_2 s_{12} \\ l_1 c_1 + l_2 c_{12} & l_2 c_{12} \end{bmatrix}$$

若忽略重力，当手部端点力 $\boldsymbol{F} = \begin{bmatrix} 1 & 0 \end{bmatrix}^{\mathrm{T}}$ 时，求相应的关节力矩 $\boldsymbol{\tau}$。

2. 已知 3R 机器人的运动学方程为

$${}_3^0\boldsymbol{T} = \begin{bmatrix} c_1 c_{23} & -c_1 s_{23} & s_1 & l_1 c_1 + l_2 c_1 c_2 \\ s_1 c_{23} & -s_1 s_{23} & -c_1 & l_1 c_1 + l_2 s_1 c_2 \\ s_{23} & c_{23} & 0 & l_2 s_2 \\ 0 & 0 & 0 & 1 \end{bmatrix}$$

求出雅可比矩阵 $\boldsymbol{J}$。

3. 参考本题图构建两连杆非平面机械手的动力学方程。假设所有连杆的质量都集中在连杆末端点，质量值为 m_1 和 m_2，链路长度为 l_1 和 l_2。进一步假设黏性摩擦作用于每个关节，系数为 f_1 和 f_2。

4. 如本题图所示，一个三自由度机械手，其末端夹持一质量 $m = 10\mathrm{kg}$ 的重物，$l_1 = l_2 = 0.8\mathrm{m}$，$\theta_1 = 60°$，$\theta_2 = -60°$，$\theta_3 = -90°$。若不计机械手的质量，求机械手处于平衡状态时的各关节力矩。

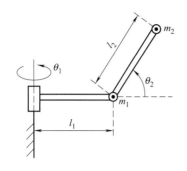

练习题 3 图 两连杆非平面机械手

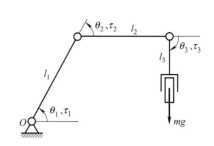

练习题 4 图 三自由度机械手

5. 如本题图所示二自由度机械手，杆长 $l_1 = l_2 = 0.5$m，求下面三种情况时的关节瞬时速度 $\dot{\theta}_1$、$\dot{\theta}_2$。

$v_X/(\text{m/s})$	−1.0	0	1.0
$v_Y/(\text{m/s})$	0	1.0	1.0
θ_1	30°	30°	30°
θ_2	−60°	120°	−30°

6. 如本题图所示三自由度平面关节机械手，其手部握有焊接工具，若已知各个关节的瞬时角度及瞬时角速度，求焊接工具末端 A 的线速度 v_X、v_Y。

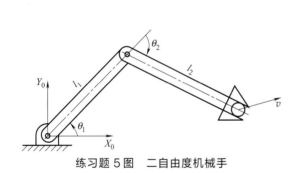

练习题 5 图 二自由度机械手

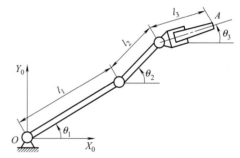

练习题 6 图 三自由度平面关节机械手

参 考 文 献

［1］ Saeed B. Niku. 机器人学导论——分析、系统及应用 ［M］. 2 版. 孙富春，朱纪洪，刘国栋等译. 北京：电子工业出版社，2018.
［2］ 熊有伦. 机器人技术基础 ［M］. 武汉：华中科技大学出版社，1996.
［3］ 日本机器人学会. 机器人技术手册 ［M］. 宗光华，程君实等译. 北京：科学出版社，2007.
［4］ 毕学涛. 高等动力学 ［M］. 天津：天津大学出版社，1994.

第5章

轨迹规划

5.1 轨迹规划概述

（1）什么叫轨迹规划

① 确定工业机器人的手部或关节在起点和终点之间所走过的路径、在各路径点的速度和加速度，这项工作称为轨迹规划，如图 5-1 所示。

② 运动机器人在空间走过的路径的规划问题叫路径规划，它与工业机器人的轨迹规划有所区别，如图 5-2 所示。

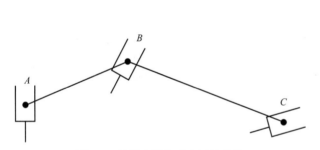

图 5-1　机器人操作手走过的位姿

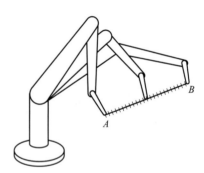

图 5-2　机器人末端点走一条空间直线

（2）为什么要进行轨迹规划

为了使机器人末端执行器从起始位姿到达终点位姿，需要规划运动路径、中间点的速度及加速度。

（3）轨迹规划分为哪几类

轨迹规划分为关节空间轨迹规划和直角坐标空间轨迹规划两种。关节空间轨迹规划是对各关节的运动进行规划；直角坐标空间轨迹规划是对末端手的位姿轨迹进行规划。

（4）轨迹规划与运动学的关系

直角坐标空间轨迹规划要依靠逆运动学不断将直角坐标转换为关节角度，此关节角度就是该关节控制系统的期望值。

轨迹规划过程中不断应用逆运动学，把手部的直角坐标转化为关节坐标。

（5）轨迹规划与控制系统的关系

轨迹规划的结果，即关节角的大小要作为关节控制系统的命令。轨迹规划与控制系统的关系如图 5-3 所示，关节控制系统的指令来自轨迹规划，如图 5-4 所示。

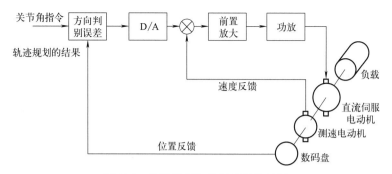

图 5-3　轨迹规划与控制系统的关系

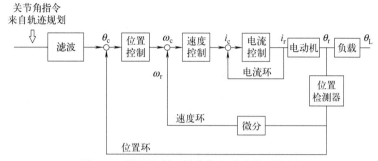

图 5-4　关节控制系统的指令来自轨迹规划

ω_c—速度指令；i_c—电流指令；θ_c—位置指令；θ_L—负载位置；ω_r—速度反馈；i_r—电流反馈；θ_r—位置反馈

（6）轨迹规划与动力学的关系

轨迹规划可以改善动力学性能，减小或消除冲击与振动。

5.2　轨迹规划的基本原理

5.2.1　关节空间轨迹规划原理

机器人关节空间轨迹规划就是规划机器人各个关节的关节角随时间变化的过程，确定某时刻某关节角的位置、速度与角速度，以满足实际应用需要。图 5-5 是两自由度机器人手臂关节空间的非归一化运动，图 5-6 是两自由度机器人手臂关节空间的归一化运动。非归一化运动是指两个连杆同时起步，并不同时到达终点，存在着非联动状况。而归一化运动是指两个连杆同时起步，且同时到达终点，自始至终一直是联动状态。

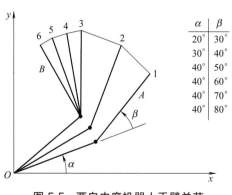

图 5-5　两自由度机器人手臂关节
空间的非归一化运动

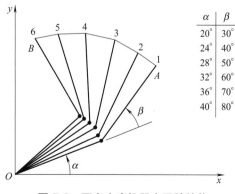

图 5-6　两自由度机器人手臂关节
空间的归一化运动

关节空间的轨迹规划只管关节角的变化状况，不管末端位置的轨迹。

从图 5-5 可以看出，两个连杆同时开始运动，第一个连杆从 $\alpha=20°$ 开始运动，第二个连杆从 $\beta=30°$ 开始运动，每秒转动 10°。结果是第一个连杆 2s 到达终点，停止运动，而第二个连杆 5s 到达终点，在第一个连杆停止运动 3s 后才达到终点。两个连杆同时开始运动，却并未同时到达终点。

从图 5-6 可以看出，两个连杆同时开始运动，第一个连杆从 $\alpha=20°$ 开始运动，第二个连杆从 $\beta=30°$ 开始运动。两个连杆的转动速度不同，其中第一个连杆每秒转动 4°，第二个连杆每秒转动 10°。结果是两个连杆 5s 同时到达终点。自始至终两个连杆一直是联动状态。

5.2.2 直角坐标空间轨迹规划原理

直角坐标空间的轨迹规划就是要规划末端位姿在空间走过的轨迹，而不管各个关节的运动与变化。下面说明匀速运动和等加速、等减速运动两种情况。

（1）匀速运动

图 5-7 所示为机器人末端位置在直角坐标空间做匀速直线运动，在起点、中间点和终点各处的运动速度均相同。要达到这种匀速直线运动，规划起来比较简单，可以采用等分起点和终点之间的直线的方法，在这些等长的中间点上所花的时间是一样的。图 5-7 是等分 5 段的情形。注意在这种情况下，末端点从起点到终点做匀速直线运动，可是相应的两个关节做的不是匀速转动。末端点在中间点处对应的关节角的大小需要用逆运动学方程解出。

（2）等加速、等减速运动

图 5-8 所示为机器人末端位置在直角坐标空间的起点与终点之间做等加速、等减速运动。末端点沿直线从 A 点运行到 B 点，从 1 点位置到 3 点位置做等加速运动，从 3 点到 5 点做匀速运动，从 5 点到终点做等减速运动。在这种要求下，知道起点位置和终点位置，知道加速时长、等速时长和减速时长，知道加减加速度大小，就可以列方程求解出若干中间点，完成粗插补运算，然后再用逆运动学求出对应中间点的关节角度，最后由关节控制系统实现轨迹规划，使末端位置完成等加速、等减速运动。

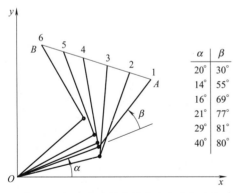

图 5-7 机器人末端位置在直角坐标空间做匀速直线运动

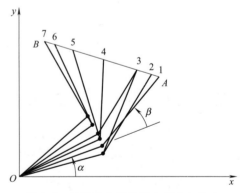

图 5-8 机器人末端位置在起点与终点之间做等加速、等减速运动

5.3 关节空间轨迹规划

5.3.1 三次多项式轨迹规划

要求：机器人上某关节在运动开始时刻 t_i 的角度为 θ_i，在时刻 t_f 运动到 θ_f。用三次多

项式规划该关节的运动。

关节角的三次多项式

$$\theta(t) = c_0 + c_1 t + c_2 t^2 + c_3 t^3 \tag{5-1}$$

式中，c_i 为待定系数；t 为时间变量。

这一问题的初始条件与末端条件如下。

初始条件 $\begin{cases} \theta(t_i) = \theta_i \\ \dot{\theta}(t_i) = 0 \end{cases}$ ；末端条件 $\begin{cases} \theta(t_f) = \theta_f \\ \dot{\theta}(t_f) = 0 \end{cases}$

根据初始条件和末端条件可以得到六个方程，对应六个待定系数，从而求解出六个待定系数。六个方程如下。

$$\theta(t_i) = c_0 + c_1 t_i + c_2 t_i^2 + c_3 t_i^3$$

$$\dot{\theta}(t_i) = c_1 + 2c_2 t_i + 3c_3 t_i^2$$

$$\ddot{\theta}(t_i) = 2c_2 + 6c_3 t_i$$

$$\theta(t_f) = c_0 + c_1 t_f + c_2 t_f^2 + c_3 t_f^3$$

$$\dot{\theta}(t_f) = c_1 + 2c_2 t_f + 3c_3 t_f^2$$

$$\ddot{\theta}(t_f) = 2c_2 + 6c_3 t_f$$

若初始时刻从 0 时刻开始，即 $t_i = 0$，这个求待定系数 c_i 的方程组简化成以下方程组。

$$\theta(0) = c_0$$

$$\dot{\theta}(0) = c_1$$

$$\ddot{\theta}(0) = 2c_2$$

$$\theta(t_f) = c_0 + c_1 t_f + c_2 t_f^2 + c_3 t_f^3$$

$$\dot{\theta}(t_f) = c_1 + 2c_2 t_f + 3c_3 t_f^2$$

$$\ddot{\theta}(t_f) = 2c_2 + 6c_3 t_f$$

例 5-1：已知一个 5 轴机器人的第一关节在 5s 之内从初始角 $30°$ 运动到终端角 $75°$，求用三次多项式计算在第 1s、2s、3s、4s 时的关节角。

解：初始条件和终端条件如下。

$$\theta(0) = c_0 = 30$$

$$\dot{\theta}(0) = c_1 = 0$$

$$\theta(t_f) = c_0 + c_1 \times 5 + c_2 \times 5^2 + c_3 \times 5^3 = 75$$

$$\dot{\theta}(t_f) = c_1 + 2c_2 \times 5 + 3c_3 \times 5^2 = 0$$

求出待定系数

$$\begin{cases} c_0 = 30 \\ c_1 = 0 \\ c_2 = 5.4 \\ c_3 = -0.72 \end{cases}$$

$\theta(t)$、$\dot{\theta}(t)$、$\ddot{\theta}(t)$ 的表达式如下。

$$\theta(t) = 30 + 5.4t^2 - 0.72t^3$$

$$\dot{\theta}(t) = 10.8t - 2.16t^2$$

$$\ddot{\theta}(t) = 10.8 - 4.32t$$

画出关节位置、关节速度、关节加速度随时间变化的曲线，这是轨迹规划的结果，如图 5-9 所示。

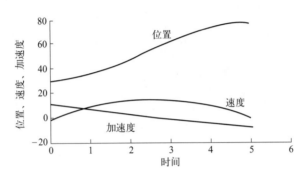

图 5-9　关节位置、速度、加速度随时间变化的曲线

5.3.2　五次多项式轨迹规划

要求：机器人上某关节在运动开始时刻 t_i 的角度为 θ_i、角速度为 $\dot{\theta}_i$、角加速度为 $\ddot{\theta}_i$，在 t_f 时刻，角度为 θ_f、角速度为 $\dot{\theta}_f$、角加速度为 $\ddot{\theta}_f$。用五次多项式规划该关节的运动。

关节角的五次多项式

$$\theta(t) = c_0 + c_1 t + c_2 t^2 + c_3 t^3 + c_4 t^4 + c_5 t^5 \tag{5-2}$$

式中，c_i 为待定系数；t 为时间变量。

这一问题的初始条件与末端条件如下：

初始条件 $\begin{cases} \theta(t_i) = \theta_i \\ \dot{\theta}(t_i) = \dot{\theta}_i \\ \ddot{\theta}(t_i) = \ddot{\theta}_i \end{cases}$；末端条件 $\begin{cases} \theta(t_f) = \theta_f \\ \dot{\theta}(t_f) = \dot{\theta}_f \\ \ddot{\theta}(t_f) = \ddot{\theta}_f \end{cases}$

确定待定系数 c_i，以确定 $\theta(t)$、$\dot{\theta}(t)$、$\ddot{\theta}(t)$。

例 5-2：已知一个 5 轴机器人的第一关节在 5s 之内从初始角 30°运动到终端角 75°，初始加速度和末端减速度均为 $5°/s^2$，求用五次多项式计算在第 1s、2s、3s、4s 时的关节角（计算待定系数解方程组时，考虑运用 MATLAB）。

解：初始条件：

$\theta_i = 30°$，$\dot{\theta}_i = 0°/s$，$\ddot{\theta}_i = 5°/s^2$

末端条件：

$\theta_f = 75°$，$\dot{\theta}_f = 0°/s$，$\ddot{\theta}_f = -5°/s^2$

$$\begin{cases} \theta_i = c_0 = 30 \\ \dot{\theta}_i = c_1 = 0 \\ \ddot{\theta}_i = 2c_2 = 5 \\ \theta_f = c_0 + c_1 \times 5 + c_2 \times 5^2 + c_3 \times 5^3 + c_4 \times 5^4 + c_5 \times 5^5 = 75 \\ \dot{\theta}_f = c_1 + 2c_2 \times 5 + 3c_3 \times 5^2 + 4c_4 \times 5^3 + 5c_5 \times 5^4 = 0 \\ \ddot{\theta}_f = 2c_2 + 6c_3 \times 5 + 12c_4 \times 5^2 + 20c_5 \times 5^3 = -5 \end{cases}$$

得到待定系数：

$$\begin{cases} c_0 = 30 \\ c_1 = 0 \\ c_2 = 2.5 \\ c_3 = 1.6 \\ c_4 = -0.58 \\ c_5 = 0.0464 \end{cases}$$

$\theta(t)$、$\dot{\theta}(t)$、$\ddot{\theta}(t)$ 的表达式

$$\theta(t) = 30 + 2.5t^2 + 1.6t^3 - 0.58t^4 + 0.0464t^5$$

$$\dot{\theta}(t) = 5t + 4.8t^2 - 2.32t^3 + 0.232t^4$$

$$\ddot{\theta}(t) = 5 + 9.6t - 6.96t^2 + 0.928t^3$$

图 5-10 所示为轨迹规划的结果。

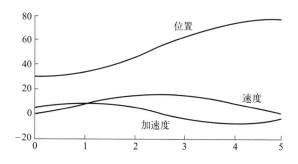

图 5-10 关节位置、速度、加速度随时间变化的曲线

5.4 直角坐标空间的轨迹规划

所有用于关节空间的轨迹规划方法都可以用于直角坐标空间轨迹规划。

直角坐标轨迹规划必须不断进行逆运动学运算，以便及时得到关节角。这个过程可以归纳为以下计算循环。

① 将时间增加一个增量。

② 利用所选择的轨迹函数计算出手的位姿。

③ 利用逆运动学方程计算相应的关节变量。

④ 将关节变量信息送给控制器。

⑤ 返回循环的开始。

例 5-3：一个二自由度平面机器人要求从起点（3，10）沿直线运动到终点（8，14）。假设路径分为 10 段，求出机器人的关节变量。每一个连杆的长度为 9cm。

解：首先建立直线的方程。

$$\frac{y-14}{x-8}=\frac{10-14}{3-8}$$

10 等分起点与终点之间的 x、y 坐标之差，得到中间点，然后做逆运动学，得到对应关节角。x 从 3 到 8，总增量 $\Delta x = 5$，均分 10 段，每一段增量为 0.5；y 从 10 到 14，$\Delta y = 4$，均分 10 段，每一段增量为 0.4。x、y 的起点和中间点为

$x=3$、3.5、4、4.5、5、5.5、6、6.5、7、7.5、8
$y=10$、10.4、10.8、11.2、11.6、12、12.4、12.8、13.2、13.6、14

由下面两杆平面机器人的运动学方程

$$x=l\cos\theta_1+l\cos(\theta_1+\theta_2)$$
$$y=l\sin\theta_1+l\sin(\theta_1+\theta_2)$$

得到本例两杆机器人的运动学方程

$$x=9\cos\theta_1+9\cos(\theta_1+\theta_2)$$
$$y=9\sin\theta_1+9\sin(\theta_1+\theta_2)$$

由下面两杆平面机器人的逆运动学方程

$$\theta_1=\arcsin\left(\frac{x^2+y^2+l_1^2-l_2^2}{2l_1\sqrt{x^2+y^2}}\right)-\arctan\frac{x}{y}$$

$$\theta_2=\arcsin\left(\frac{x^2+y^2+l_2^2-l_1^2}{2l_2\sqrt{x^2+y^2}}\right)-\arctan\frac{x}{y}-\alpha$$

得到本例两杆机器人的逆运动学方程

$$\theta_1=\arcsin\left(\frac{x^2+y^2}{18\sqrt{x^2+y^2}}\right)-\arctan\frac{x}{y}$$

$$\theta_2=\arcsin\left(\frac{x^2+y^2}{18\sqrt{x^2+y^2}}\right)-\arctan\frac{x}{y}-\theta_1$$

根据逆运动方程，由 x、y 的起点和中间点计算出相应的 θ_1、θ_2。
$\theta_1=18.8$、19、19.5、20.2、21.3、22.5、24.1、26、28.2、30.8、33.9

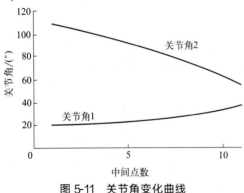

图 5-11 关节角变化曲线

$\theta_2=109$、104、100.4、95.8、90.9、85.7、80.1、74.2、67.8、60.7、52.8

可以看出关节角 1 从起点到终点不断增加，关节角 2 不断减小，如图 5-11 所示。

例 5-4：图 5-12 所示为一个三自由度机器人，两个连杆的长度为 9in，腰部的高度为 8in。要求机器人沿直线从（9，6，10）运动到（3，5，8）。求三个关节在每个中间点的角度值（分 10 段）。

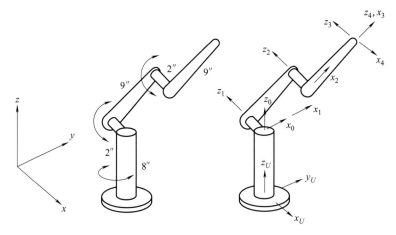

图 5-12　三自由度关节机器人

已知该机器人的逆运动学方程为

$$\begin{cases} \theta_1 = \arctan\left(-\dfrac{P_x}{P_y}\right) \\[3mm] \theta_3 = \arccos\left[\left(\dfrac{P_y}{\cos\theta_1} + P_z^2 - 162\right)/162\right] \\[3mm] \theta_2 = \arccos\dfrac{P_z\cos\theta_1(1+\cos\theta_3) + P_y\sin\theta_3}{18(1+\cos\theta_3)\cos\theta_1} \end{cases}$$

解：轨迹为从起点到中间点的空间直线。进行轨迹规划就是在轨迹上插补出若干中间点，求出中间点的坐标，然后由中间点的坐标求出对应的关节角。

如何求这些中间点？这个问题与数控机床上的插补算法是一样的，不仅有直线插补与圆弧插补等算法，还取决于运动速度和加速度等运动参数。

本例的运动轨迹是空间直线，而且从起点运动到终点均是匀速直线运动，不含加减速阶段，所以中间点的求取就简单多了。无须建立直线方程，长度 10 等分，各坐标轴下的增量同样 10 等分，即可找到中间点。找到了中间点，然后用逆运动学方程求出各点对应的关节角即可。这样得到的中间点均在直线上，而且是直线的 10 等分点，满足直线方程。

$$\Delta x = \frac{1}{10}\Delta X = -0.6$$

$$\Delta y = \frac{1}{10}\Delta Y = -0.1$$

$$\Delta z = \frac{1}{10}\Delta Z = -0.2$$

因此，x、y、z 的起点、中间点、终点序列如下。

$x = 9$、8.4、7.8、7.2、6.6、6.0、5.4、4.8、4.2、3.6、3

$y = 6$、5.9、5.8、5.7、5.6、5.5、5.4、5.3、5.2、5.1、5

$z = 10$、9.8、9.6、9.4、9.2、9.0、8.8、8.6、8.4、8.2、8

由该机器人的逆运动方程可计算出 3 个关节角的起点、中间点、终点序列如下。

$\theta_1 = 56.3$、54.9、53.4、51.6、49.7、47.5、45、42.2、38.9、35.2、31

$\theta_2 = 104.7$、109.2、113.6、117.9、121.9、125.8、129.5、133、136.3、139.4、142.2

$\theta_3 = 27.2$、25.4、23.8、22.4、21.2、20.1、19.3、18.7、18.4、18.5、18.9

5.5 连续轨迹记录

当机器人完成的任务太过复杂或其运动轨迹很难用直线或其他高次多项式来产生（如机器人完成喷涂或去毛刺等操作）时，用人工示教的方法生成运动机器人的轨迹。

若通过人工示教的方式进行轨迹规划，则需要精确的采样、记录和回放装置。

本 章 小 结

① 概述了轨迹规划的概念、分类、与运动学和控制的关系。

② 分析了关节空间和直角坐标空间轨迹规划的基本原理。

③ 举例详细说明了关节空间和直角坐标空间的轨迹规划的基本方法。

思考与练习题

一、思考题

1. 轨迹规划分哪几类？

2. 简述直角空间轨迹规划的步骤。

3. 轨迹规划与控制系统之间有什么关系？

二、练习题

1. 当一个 6 关节机器人沿着三次曲线通过两个路径点到达目标点，需要计算多少不同的三次曲线？需要多少个系数来描述这些曲线？

2. 一个有静止关节的单连杆机器人静止在 $\theta = -5°$。预期在 4s 内将此关节平滑转动到 $\theta = 80°$，求出此运动中操作臂停留在目标点的三次曲线的系数，画出关节的位置、速度、加速度关于时间的函数。

3. 在 $t = 0$ 到 $t = 1$ 的时间区间，使用一条三次样条曲线，求起始点和终止点的位置、速度、加速度。

4. 编写一个关节空间三次样条曲线轨迹规划系统，系统包括一个子程序。

参 考 文 献

[1] 蔡自兴，谢斌. 机器人学 [M]. 4 版. 北京：清华大学出版社，2022.

[2] Saeed B. Niku. 机器人学导论——分析、系统及应用 [M]. 2 版. 孙富春，朱纪洪，刘国栋等译. 北京：电子工业出版社，2018.

第2篇

工业机器人系统篇

第6章

工业机器人的机械系统

6.1 工业机器人的组成

6.1.1 工业机器人的概念与总体组成

（1）工业机器人概念

工业机器人也称为工业机械手、机械臂，是一类在工业环境中使用的，完成焊接、喷涂、搬运、打磨等作业的机器人，一般是固定式机器人，在各行各业的自动化生产中有广泛应用。

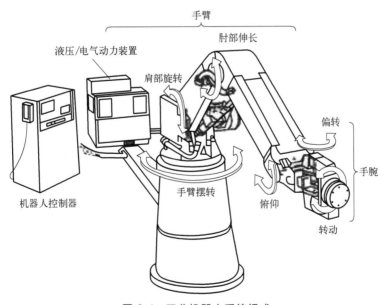

图6-1 工业机器人系统组成

（2）工业机器人组成

工业机器人由控制器、驱动装置和本体组成，如图 6-1 所示。

机器人控制器：内置电气控制系统，产生各关节控制命令。

驱动装置：包括电气、液压、气压驱动。

机器人本体：由基座、腰部、大臂、小臂、腕部、末端执行器组成。

六自由度工业机器人由控制器、驱动器、示教盒和机器人本体组成，如图 6-2 所示。

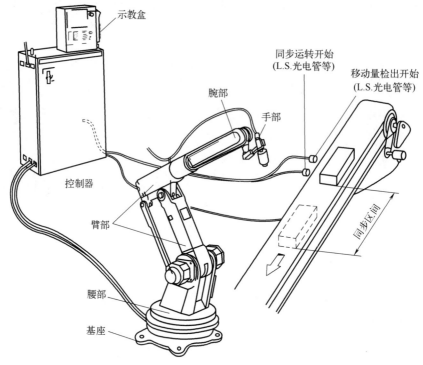

图 6-2　工业机器人与传送带

机器人控制器：产生各关节运动指令。

机器人驱动器：驱动各关节运动，有电气、液压、气动几种驱动方式，安置在机器人本体内。

示教盒：用于机器人的示教编程。

机器人本体：由基座、腰部、臂部、腕部和手部组成。

机器人工作环境：视工作任务不同而不同，常见的有传送带、变位机、工作台等。

（3）工业机器人应用

工业机器人的常见应用领域包括检查、测定、弧焊、点焊、热喷镀、喷涂、涂胶、研磨去毛刺、激光加工、搬运装配、上下料等（图 6-3）。还可与三维打印机相结合；或与切割设备相结合，为其提供运动平台，操作厨房设备，如做饭机器人等。

（4）智能工业机器人的总体组成

智能工业机器人由以下几部分组成（图 1-20）。

机械系统：由执行机构和驱动系统组成。执行机构相当于人的腰和臂部，由基座、腰部、臂部、腕部和手部组成。

控制系统：控制系统由单关节控制系统和关节协调控制系统组成。控制系统相当于人的小脑。

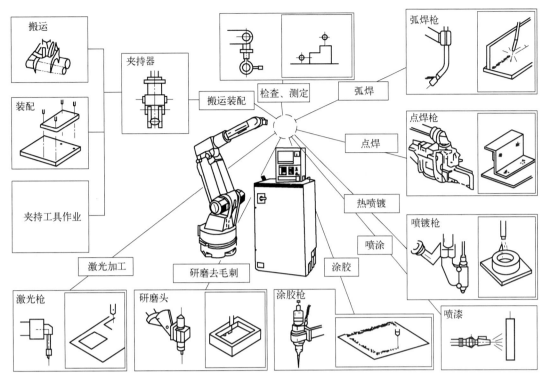

图 6-3　工业机器人的常见应用领域

智能系统：由视觉、听觉、力觉、接近觉等智能传感器，嵌入式系统和物联网组成的信息物理系统，以及支持互联网的通信系统组成。相当于人的大脑、五官和神经网络。

6.1.2　机械结构

工业机器人的机械结构模拟人的手臂，由基座、腰部、大臂、小臂、腕部、手部、末端执行器组成（图 6-4），由各种连杆、关节和传动装置实现运动。腰部、大臂、小臂、腕部、手部均可以称为连杆；关节有转动关节和移动关节，一般一个关节对应一个自由度，由一个驱动装置驱动；工业机器人中的常用机械传动方式有齿轮、连杆、链条、皮带、滚珠丝杠等。

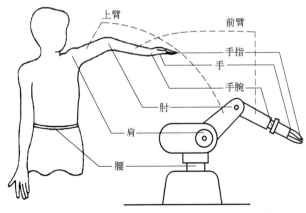

图 6-4　工业机器人与人的手臂的对应关系（腰、肩、上臂、前臂、手腕、手指）

如图 6-5 所示，连杆的两端通过关节与另一个连杆相连接。整个工业机器人可以看成由连杆组成的链式机构。连杆的作用是传递运动和动力。一般本连杆上装有下一个连杆的驱动装置。

关节：两个连杆之间由关节连接，起连接、驱动与传动的作用，如图 6-5 所示。关节有转动关节与移动关节两种，轴、轴承、驱动轮一般安装在此。在工业机器人中，一个关节对应一个自由度，对应一个驱动装置。

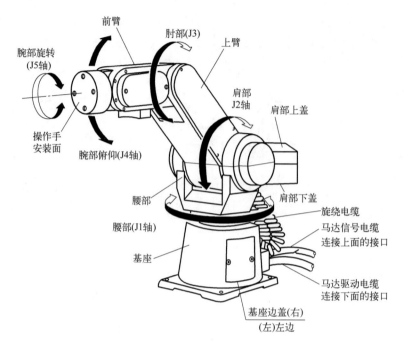

图 6-5　工业机器人机械本体的连杆和关节

传动装置：在电动机等驱动装置之后一般装有传动装置（图 6-6），电动机直接驱动关

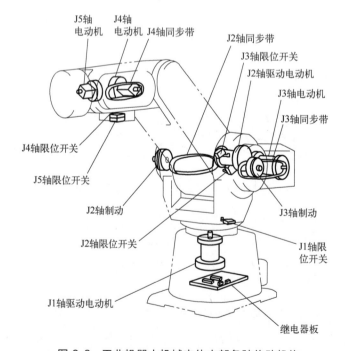

图 6-6　工业机器人机械本体内部各种传动机构

节与负载是少数情况，而且一般在轻量环境中使用。关节电动机之后的传动一般是机械传动，常用的有谐波减速器、RV 摆线针轮减速器、行星齿轮减速器、锥齿轮、蜗轮蜗杆、齿轮齿条、同步带、丝杠螺母、绳传动等。

6.1.3　各种驱动装置

　　工业机器人上的驱动装置有电动、液压驱动、气压驱动，还有特种执行器等几大类。电动驱动中又有直流电动机、交流电动机、步进电动机、伺服电动机、电磁阀等几种。液压驱动就是液压传动，由泵、阀、缸（马达）、附件组成，其工作介质为液压油，如图 6-7 所示。气压驱动就是气压传动，由气源（空压机）、气动三大件、控制阀、气缸或气马达、附件（管路、接头）组成，其工作介质为压缩空气，如图 6-8 所示。特种执行器有压电执行器、形状记忆合金、磁致伸缩等几种。常见的驱动方式是电动驱动，如图 6-9 所示。伺服电动机及驱动器如图 6-10 所示。伺服驱动器与 PLC 控制器、伺服电动机及电源的连接如图 6-11 所示。

图 6-7　机器人中使用液压传动

图 6-8　机器人中使用气压传动

图 6-9　机器人中使用电动驱动
（伺服电动机或步进电动机）

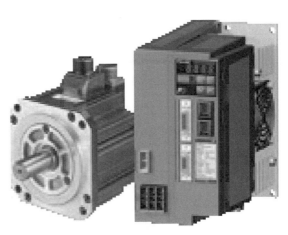

图 6-10　伺服电动机及驱动器

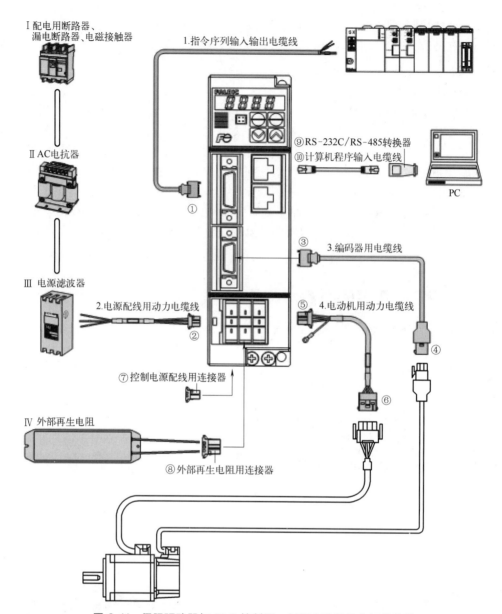

1.指令序列输入输出电缆线

Ⅰ配电用断路器、
漏电断路器、电磁接触器

Ⅱ AC电抗器

Ⅲ 电源滤波器

2.电源配线用动力电缆线
②

⑨RS-232C/RS-485转换器
⑩计算机程序输入电缆线

PC

③
3.编码器用电缆线

⑤
4.电动机用动力电缆线

④

⑦控制电源配线用连接器

Ⅳ 外部再生电阻

⑥

⑧外部再生电阻用连接器

图 6-11 伺服驱动器与 PLC 控制器、伺服电动机及电源的连接

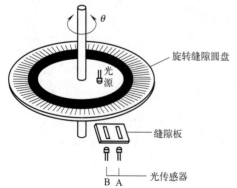

θ

旋转缝隙圆盘

光源

缝隙板

光传感器
B A

图 6-12 与伺服电动机同轴的位置、速度
检测元件——光电编码器

6.1.4 各种传感器

工业机器人上用得最多的传感器包括与伺服电动机同轴的光电编码器（图 6-12）、左右限位开关、中点检测接近开关等。摄像机、照相机作为视觉与图像采集传感器近年来在工业机器人上的应用越来越普遍，如图 6-13、图 6-14 所示。此外，触觉、接近觉、滑觉、位置、速度、加速度、力矩、方向、颜色等类型的传感器越来越多地出现在机器人上，使机器人的智能水平越来越高。

图 6-13　摄像头（摄像头通常作为
机器人的外部传感器）

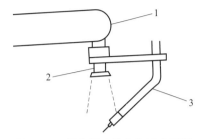

图 6-14　摄像机安装在机器人手部
1—工业机器人上臂；2—摄像机镜头；3—焊枪

6.1.5　各种控制器

机器人上常用的控制器有微控制器（单片机与嵌入式控制系统）、可编程控制器（pro-grammable logic controllers，PLC）、以专用运动控制芯片为核心构成的运动控制卡等。

（1）单片机与嵌入式控制系统

单片机就是单片微型计算机，也称微控制器，它由 CPU、存储器、I/O 口组成。常用的单片机有 MCS-51 系列、96 系列、AVR 系列、ARM 系列、飞思卡尔系列、摩托罗拉系列等。单片机硬件系统加上操作系统及应用程序作为嵌入式控制器嵌入机器内部控制机器，实现机器的各种功能。单片机与嵌入式控制系统如图 6-15 所示，ARM9 微控制器作为核心构成的嵌入式控制器，可以运行 WinCE 嵌入式操作系统，支持常用键盘和显示器接口，可以在此环境下开发工业机器人的运动控制功能。

（2）可编程控制器

可编程控制器简称 PLC（图 6-16），是一种专门在工业环境中运行的计算机系统，实现多种控制功能，可以作为机器人、数控机床、柔性制造系统的控制器，是信息化自动化时代的主要控制器，加上网络化智能化之后，将提升为智能制造时代的核心基础控制器。常用的可编程控制器有西门子 S7 系列、欧姆龙 C 系列、三菱 F 系列、基恩士的 KV 系列等。

图 6-15　单片机与嵌入式控制系统

图 6-16　可编程控制器（PLC）

（3）运动控制卡

用专用脉冲电动机（步进电动机、伺服电动机等）运动控制芯片作为核心设计制作的计算机控制系统，具有控制脉冲的生成、方向控制、左右限位、原点搜索、位置控制、速度控制、力矩控制等脉冲电动机控制、轴控制等功能，具有直线圆弧螺旋插补功能，能实现轨迹控制，可以作为机器人、数控机床的控制器，可以插入通用计算机的 PCI 总线插槽内，接受个人计算机操作系统的管理，利用计算机的各种软硬件资源为运动控制服务。常见的运动控制芯片有 PCL6045B、MAX314 等。图 6-17 所示为一个以 PCL6045B 为核心的具有 PCI 总线的运动控制卡，插入 PCI 插槽，可以实现 4 个轴的运动控制。

（4）机器人独立控制器

机器人独立控制器是专门为某种机器人开发的、用于对该机器人运动控制的计算机控制系统。图 6-18 所示为小型工业机器人三菱 Movemaster 系列 RV-M1 机器人的控制器。

图 6-17 插入 PC 的 PCI 插槽内的以运动
控制芯片为核心的运动控制器

图 6-18 独立控制器

6.2 工业机器人的工作原理

根据机器人所要完成的任务，提炼出机器人末端操作手的运动轨迹，这一步由示教编程人员完成。示教编程人员通过示教、离线编程、在线编程等编程方法把机器人的运动轨迹输入机器人控制系统中，在控制器中存储起来。启动机器人后，机器人按程序规定的顺序和步骤完成以下任务：首先根据轨迹数据文件做插补运算，得到足够的轨迹上的关键点和中间点；然后把轨迹上的关键点和中间点的直角坐标转化为关节角，这要用到机器人的逆运动学方程；接下来将关节角数值生成对应轴的关节脉冲序列和轴的转向指令开关量，把相应的关节脉冲序列和方向信号通过控制器的相应 I/O 通道传送到相应的关节驱动器（例如步进电动机或伺服电动机的驱动器）；最后在各个关节驱动控制系统中完成相应关节的转角、转速、转矩调节；同时运动的手臂、手腕支持末端操作手运动，实现要求的轨迹，完成要求的任务。工业机器人的工作原理如图 6-19 所示。

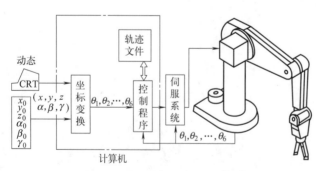

图 6-19 工业机器人的工作原理

6.2.1 任务分析

工业机器人的工作目标（或者说操作者交给工业机器人的任务）是什么？

控制末端手爪达到一定的位姿，并使之在工作空间内走出一定的轨迹，按照设定姿态从始端位置走到终端位置，这是工业机器人的工作目标。

6.2.2　轨迹规划

工业机器人如何实现这个目标？

用示教盒、触摸屏、控制面板或计算机等输入设备把工业机器人的轨迹（机器人要完成的任务）输入机器人控制器中，如图 6-20 所示。

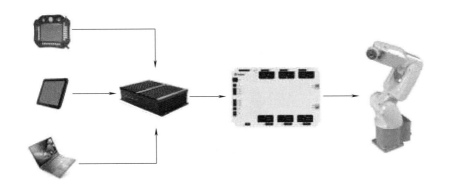

图 6-20　轨迹规划与示教

6.2.3　编程与调试

接下来对任务进行分析和分解，并进行轨迹规划，这一步在上位计算机和运动控制器中进行（图 6-21）。对于伺服电动机和步进电动机驱动的机器人而言，这一步是要产生伺服电动机或步进电动机运转所需要的位置控制指令脉冲序列，并发送到各个关节的电动机驱动器，作为该关节的位置控制指令。现代机器人均采用独立关节控制，每一个关节都由一个伺服电动机或步进电动机控制，伺服电动机或步进电动机以及它们的位置检测元件（如旋转编码器）、驱动器、机械传动装置和相应的关节结合在一起构成独立关节控制系统，机器人有几个关节就有几个这样的位置控制系统。若驱动电动机是伺服电动机，则该独立关节控制系统是三环伺服系统（从外向内依次是位置环、速度环、电流环）；若驱动电动机是步进电动机，则该独立关节控制系统是开环控制系统。

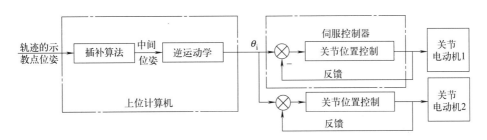

图 6-21　多关节机器人控制原理

6.2.4　机器人运行

轨迹规划用来产生各个独立关节控制系统的位置指令序列，并实时传送到各关节位置控制系统，由各关节位置控制系统完成各自的位置控制任务。各关节联动（同时动作），使机器人的末端手爪走出任务规定的轨迹，如图 6-22 所示。

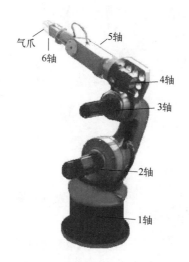

图 6-22　工业机器人的连杆、关节、手爪结构

6.3　工业机器人的机械结构

6.3.1　机器人配置形式

机器人的配置形式有标准、加高、倒挂、侧挂四种，如图 6-23 所示。

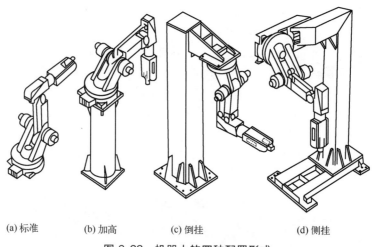

(a) 标准　　　　(b) 加高　　　　(c) 倒挂　　　　　　(d) 侧挂

图 6-23　机器人的四种配置形式

标准配置：基座安装在操作平台之上，腰部在基座的安装平面之上，腰部绕垂直轴线做旋转运动。

加高配置：通过基座把腰部加高，为了满足工作空间的需要，腰部的旋转平面与基座的安装平面之间的高度加高了。

倒挂配置：整个机器人本体都安装在腰部旋转平面之下，为了满足操作之需，腰部旋转平面在基座的安装平面之下。

侧挂配置：侧挂配置不仅拔高了安装平面和腰部旋转平面，而且腰部旋转平面是一个垂直平面，腰部旋转轴是水平的，机器人本体看起来像挂在安装立柱的侧面一样。

机器人的配置方式的应用如图 6-24 所示。

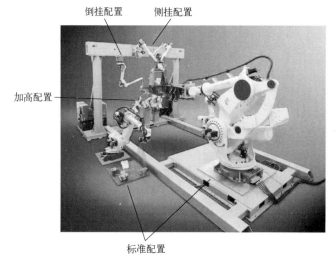

图 6-24　机器人的配置方式的应用

6.3.2　总体结构与运动

工业机器人总体结构有串联与并联两种，如图 6-25 所示。

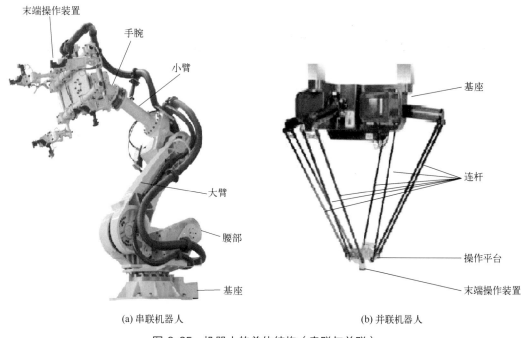

(a) 串联机器人

(b) 并联机器人

图 6-25　机器人的总体结构（串联与并联）

串联结构：构成机器人本体的各连杆是串联在一起的，即用于完成工作的末端操作装置（末端操作手、手爪等）装在手腕上，手腕装在小臂上，小臂装在大臂上，大臂装在腰部上，腰部装在基座上。从基座到末端操作装置，各连杆构成一个开式链结构，这种结构类似于人的手臂，如图 6-25 所示。工业机器人发明之初就是这种结构。

并联结构：构成机器人的各连杆是并联在基座和操作平台之间的，各连杆同时共同推动操作平台的运动，操作平台上安装的手爪、刀具等末端操作装置用于完成工作任务。这种结

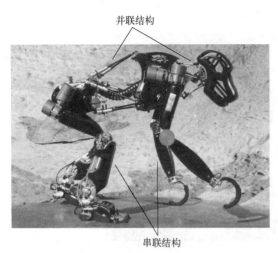

并联结构

串联结构

图 6-26　并联结构类似人的臀腰部和肩颈部

构起源于一种叫作 Steward 平台的结构，后来发展成并联机器人。这种结构可以类比人的臀腰部和肩颈部之间的连接关系，如图 6-26 所示。

6.3.3　坐标结构形式

工业机器人有四种坐标结构形式：直角坐标式、圆柱坐标式、极坐标式、关节式。

（1）直角坐标式

直角坐标式工业机器人的 3 个主连杆的中心线是相互垂直的，分别指向笛卡儿坐标系的 3 个坐标轴方向。一种直角坐标式机器人结构如图 6-27 所示，X 向运动的连杆串联了 Y 向运动的连杆，Y 向运动的连杆串联了 Z 向运动的连杆，Z 向运动的连杆上安装手腕和手爪，手腕和手爪的运动是 X、Y、Z 运动的叠加。

（2）圆柱坐标式

圆柱坐标式机器人末端手爪的运动是径向运动 r、垂直上下运动 Z、绕着垂直轴的运动 θ 这三个运动的叠加。图 6-28 是圆柱坐标式机器人。

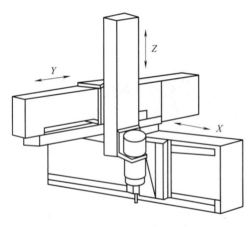

图 6-27　直角坐标式

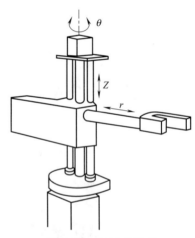

图 6-28　圆柱坐标式

（3）极坐标式

极坐标式机器人末端操作手的运动是伸缩运动 r、绕着水平轴的俯仰运动 ϕ 及绕着垂直轴的运动 θ 三个运动叠加而成，如图 6-29 所示。

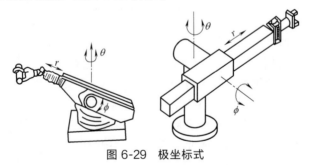

图 6-29　极坐标式

（4）关节式

关节式机器人各连杆之间以转动关节互连。关节式结构有四种基本类型（图 6-30）：①无偏型，各连杆中心线在一个平面内；②平行曲轴型，构成机器人大臂的是四连杆平行四边形机构；③偏置型，各连杆中心线不在一个平面内，相互之间有偏置；④平面型，各关节的轴线是互相平行的。

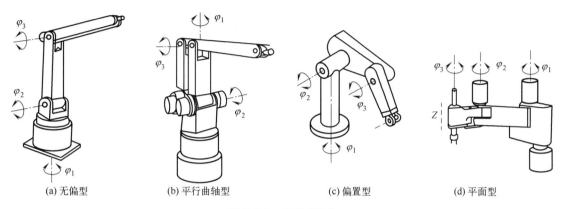

(a) 无偏型   (b) 平行曲轴型   (c) 偏置型   (d) 平面型

图 6-30　关节式结构

6.3.4　基座和腰部

图 6-31 是一种模块化串联机器人的本体结构。

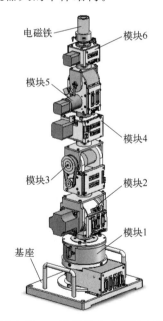

图 6-31　一种模块化串联机器人

图 6-32 是模块化串联机器人的基座和腰部。其采用步进电动机驱动，行星减速器传动，直连垂直放置结构。末端旋转运动，角度可达到±90°。考虑到拆卸方便，采用两体结构，铝合金材料。

图 6-33 所示是三菱 RV-M1 小型工业化机器人的本体结构。

图 6-34 是三菱 RV-M1 小型工业化机器人的基座和腰部。

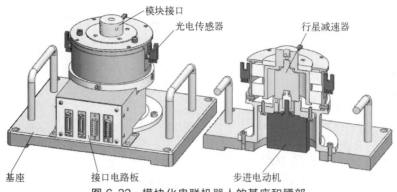

图 6-32　模块化串联机器人的基座和腰部

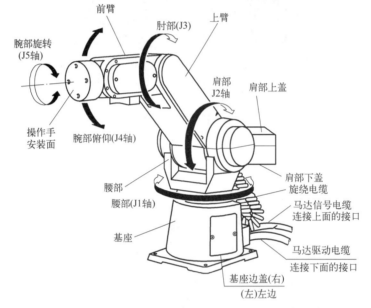

图 6-33　三菱 RV-M1 小型工业化机器人的本体结构

图 6-34　三菱 RV-M1 小型工业化机器人的基座和腰部

6.3.5　上下臂与连杆装配

图 6-35 是一种具有平行曲轴的机器人的上下臂装配与连杆装配。

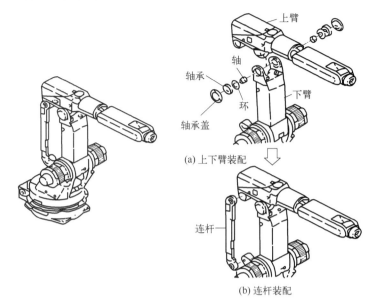

图 6-35　具有平行曲轴的机器人的上下臂与连杆装配

6.3.6　机器人的手腕

（1）腕部的自由度

腕部的自由度如图 6-36 所示。

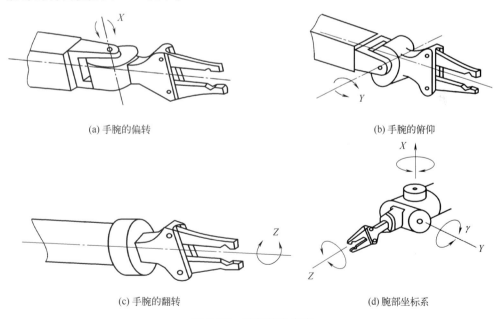

图 6-36　腕部的自由度

（2）三自由度手腕的组合方式

三自由度手腕的一些组合方式如图 6-37 所示。

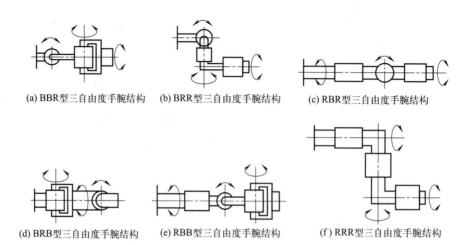

(a) BBR型三自由度手腕结构　(b) BRR型三自由度手腕结构　(c) RBR型三自由度手腕结构

(d) BRB型三自由度手腕结构　(e) RBB型三自由度手腕结构　(f) RRR型三自由度手腕结构

图 6-37　三自由度手腕的一些组合方式

B—摆动；R—转动；BBR—两摆一转；BRR——摆两转；RBR—转摆转；
BRB—摆转摆；RBB—转摆摆；RRR—三转

（3）腕部的结构

一种两自由度手腕的结构如图 6-38 所示，一种三自由度手腕的结构如图 6-39 所示。

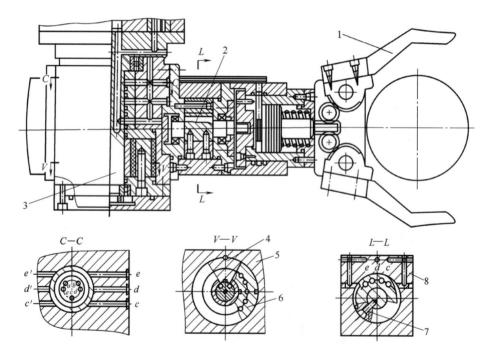

图 6-38　一种两自由度手腕的结构

1—手腕；2—手腕回转轴中心；3—手腕摆动轴；4—摆动液压缸定子；5—手腕回转驱动摆动液压缸；
6—摆动液压缸转子；7—回转轴；8—摆动液压缸

6.3.7　手爪结构

机器人手爪就是末端执行器，它的常见类型如图 6-40 所示。

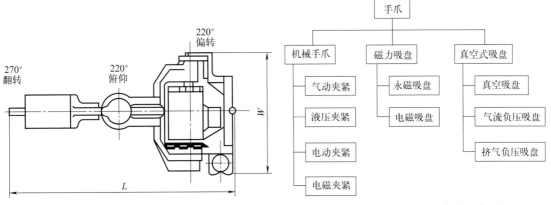

图 6-39 一种三自由度手腕的结构

图 6-40 机器人手爪的常见类型

（1）机械手爪

机械手爪如图 6-41 所示。

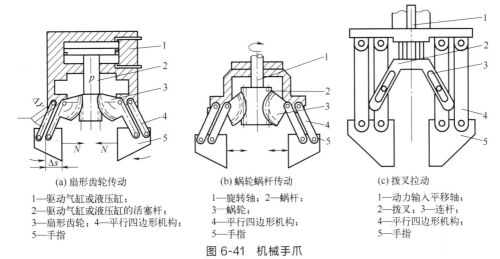

(a) 扇形齿轮传动

1—驱动气缸或液压缸；
2—驱动气缸或液压缸的活塞杆；
3—扇形齿轮；4—平行四边形机构；
5—手指

(b) 蜗轮蜗杆传动

1—旋转轴；2—蜗杆；
3—蜗轮；
4—平行四边形机构；
5—手指

(c) 拨叉拉动

1—动力输入平移轴；
2—拨叉；3—连杆；
4—平行四边形机构；
5—手指

图 6-41 机械手爪

（2）真空式吸盘

真空式吸盘如图 6-42 所示。

（3）磁力吸盘

磁力吸盘如图 6-43 所示。

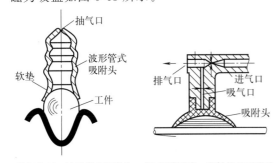

(a) 抽气负压、波纹管式吸附头　(b) 射流吸附、弹性橡胶吸附头

图 6-42 真空式吸盘

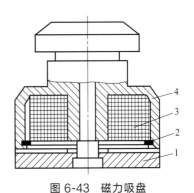

图 6-43 磁力吸盘

1—吸盘；2—绝缘环；3—线圈；4—硅钢片

（4）手指形状

手指的各种形状如图 6-44 所示。

(a) V形手指(适宜加持方形物体) (b) 圆盘手指(适宜夹持圆柱状物体) (c) 圆弧形手指(适宜夹持棒料)

(d) 手指上开槽(适宜夹持六角螺母) (e) 手指上开粗糙的花纹(适宜夹持针状物体) (f) 开叉型手指(适宜夹持圆灌口型物体)

图 6-44　手指的各种形状

6.3.8　关节的结构形式

关节的结构有转动关节和移动关节两种，图 6-45 为两种转动关节结构，图 6-46 为四自由度 SCARA 机器人的第三个关节——移动关节。

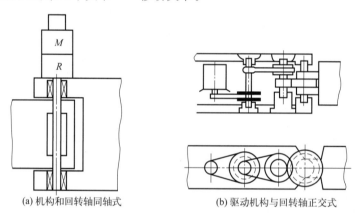

(a) 机构和回转轴同轴式　　　　　(b) 驱动机构与回转轴正交式

图 6-45　转动关节

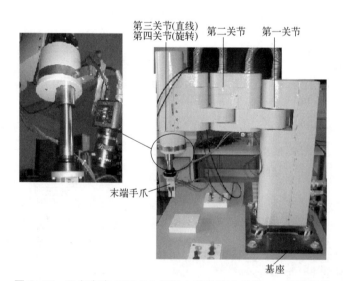

图 6-46　四自由度 SCARA 机器人的第三个关节——移动关节

6.3.9 机器人中常用的机械传动装置

（1）齿轮传动

① 谐波减速器。谐波减速器的组成与工作原理如图 6-47 所示。

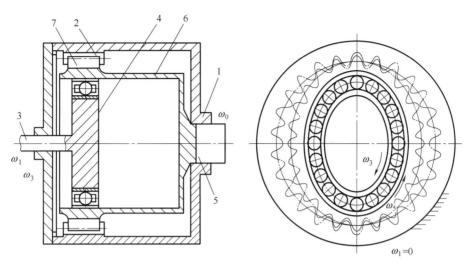

图 6-47　谐波减速器的组成与工作原理

1—减速器外壳；2—刚轮；3—输入轴；4—波轮；5—输出轴；6—柔轮；7—转子

谐波减速器从波轮输入动力，从柔轮输出动力，刚轮不动。波轮促使柔轮变形并与刚轮啮合，刚轮不动，刚轮比柔轮多一个齿，波轮转一圈，柔轮转过一个齿，所以，谐波减速器有很高的传动比，如图 6-48 所示。

② RV 减速器。RV 减速器实物与工作原理如图 6-49、图 6-50 所示。

刚轮　　柔轮　　波轮

图 6-48　谐波减速器的关键零部件

图 6-49　RV 减速器

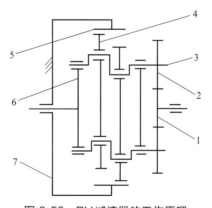

图 6-50　RV 减速器的工作原理

1—中心轮；2—行星轮；3—曲柄轴；4—摆线轮；
5—针齿；6—输出轴；7—针齿壳

③ 行星齿轮传动机构。行星齿轮传动机构如图 6-51 所示。

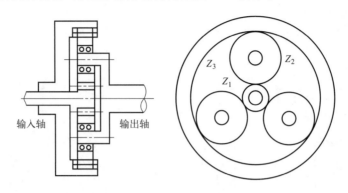

图 6-51　行星齿轮传动机构

（2）滚珠丝杠
滚珠丝杠螺母副的结构原理如图 6-52 所示。

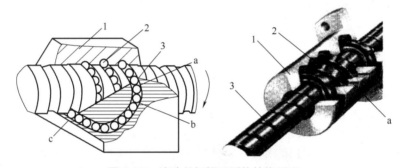

图 6-52　滚珠丝杠螺母副的结构原理
1—螺母；2—滚珠；3—丝杠；a～c—滚珠回路管道

（3）带传动
同步带传动如图 6-53 所示，采用钢带驱动的 adept 机器人如图 6-54 所示。

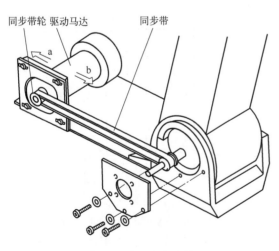

图 6-53　同步带传动

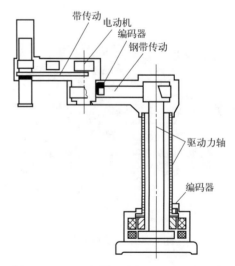

图 6-54　采用钢带驱动的 ADEPT 机器人

（4）凸轮传动

凸轮传动机构如图 6-55 所示。

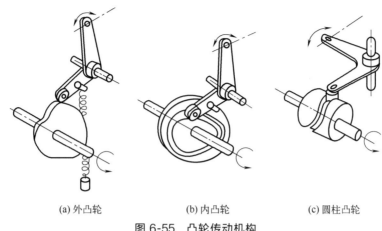

(a) 外凸轮　　　　　(b) 内凸轮　　　　　(c) 圆柱凸轮

图 6-55　凸轮传动机构

（5）连杆传动

连杆传动如图 6-56 所示。

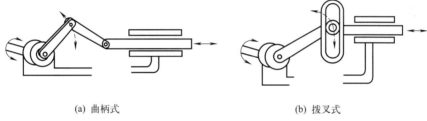

(a) 曲柄式　　　　　　　　　(b) 拨叉式

图 6-56　连杆传动

6.4　机器人结构的图形符号表示

6.4.1　常用符号表示

机器人结构的常用符号表示见表 6-1。

表 6-1　机器人结构的常用符号表示

编号	名称	图形符号	参考运动方向	备　注
1	移动(1)			
2	移动(2)			
3	回转机构			
4	旋转(1)	① ②		①一般常用的图形符号 ②表示①的侧向的图形符号
5	旋转(2)	① ②		①一般常用的图形符号 ②表示①的侧向的图形符号

编号	名称	图形符号	参考运动方向	备　注
6	差动齿轮			
7	球关节			
8	握持			
9	保持			
10	机座			

6.4.2　机器人图形符号表示举例

PUMA560 机器人的结构简图如图 6-57 所示；某机器人的机构运动简图如图 6-58 所示。

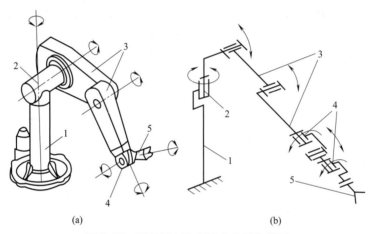

(a)　　　　　　　　　　　　(b)

图 6-57　PUMA560 机器人的结构简图

1—基座；2—绕垂直轴回转的腰；3—大臂与小臂；4—腕的三个自由度；5—手爪

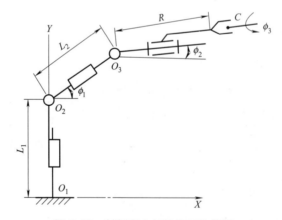

图 6-58　某机器人的机构运动简图

6.5　工业机器人的主要技术参数

（1）自由度

六自由度机器人的 6 个轴如图 6-59 所示。

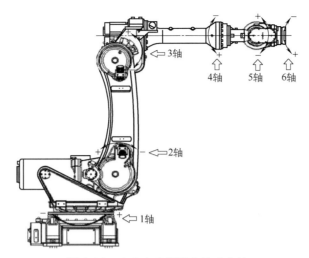

图 6-59　六自由度机器人的 6 个轴

（2）工作空间

某机器人的工作空间如图 6-60 所示。

（3）末端载荷

机器人的末端载荷如图 6-61 所示。

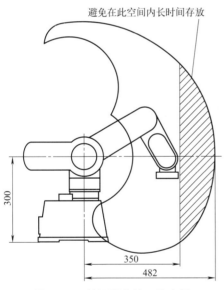

图 6-60　某机器人的工作空间

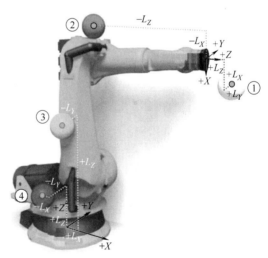

图 6-61　机器人的末端载荷

（4）精度与重复定位精度

机器人的精度与重复定位精度如图 6-62 所示。

（5）MOTOMAN UP6 机器人的技术指标

机械结构：垂直多关节型。

自由度数：6。

载荷质量：6kg。

重复定位精度：±0.08mm。

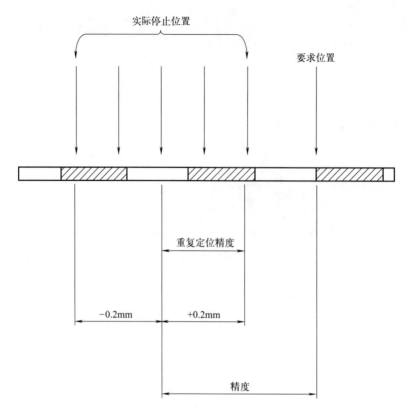

图 6-62 机器人的精度与重复定位精度

本体质量：130kg。

安装方式：地面安装。

电池容量：1.5kV·A。

最大动作范围
$$\begin{cases} S \text{ 轴回旋：} \pm 170^\circ。 \\ L \text{ 轴（下臂倾动）：} +155^\circ、-90^\circ。 \\ U \text{ 轴（上臂倾动）：} +190^\circ、-170^\circ。 \\ R \text{ 轴（手腕横摆）：} \pm 180^\circ。 \\ B \text{ 轴（手腕俯仰）：} +225^\circ、-45^\circ。 \\ T \text{ 轴（手腕回旋）：} \pm 360^\circ。 \end{cases}$$

最大速度
$$\begin{cases} S \text{ 轴：} 140^\circ/s。 \\ L \text{ 轴：} +155^\circ/s。 \\ U \text{ 轴：} 170^\circ/s。 \\ R \text{ 轴：} 335^\circ/s。 \\ B \text{ 轴 } 335^\circ/s。 \\ T \text{ 轴：} 500^\circ/s。 \end{cases}$$

允许转动惯量
$$\begin{cases} R \text{ 轴：} 0.24 \text{kg} \cdot \text{m}^2。 \\ B \text{ 轴：} 0.17 \text{kg} \cdot \text{m}^2。 \\ T \text{ 轴：} 0.06 \text{kg} \cdot \text{m}^2。 \end{cases}$$

$$\text{允许力矩} = \begin{cases} R\ \text{轴：} 1.8\text{N} \cdot \text{m。} \\ B\ \text{轴：} 9.8\text{N} \cdot \text{m。} \\ T\ \text{轴：} 5.9\text{N} \cdot \text{m。} \end{cases}$$

$$\text{安装环境} \begin{cases} \text{温度：} 0\sim45℃。 \\ \text{湿度：} (20\sim80)\%\text{RH（不能结露）。} \\ \text{振动：} 4.9\text{mm/s}^2。 \\ \text{其他：避免接触易燃易腐蚀性气体或液体；} \\ \qquad\quad\ \text{不可接近水、油、粉尘等；} \\ \qquad\quad\ \text{远离电器噪声源。} \end{cases}$$

$$\text{标准涂色} \begin{cases} \text{活动部位：淡灰色。} \\ \text{固定部位：深灰色。} \\ \text{电动机：黑色。} \end{cases}$$

6.6 几种典型的工业机器人的机械结构

6.6.1 RV-M1机器人的机械结构

6.6.1.1 RV-M1机器人简介

RV-M1机器人是日本三菱公司生产的小型通用工业机器人，它有5个自由度，5个连杆分别是腰部、大臂、小臂、腕部一连杆（旋转）、腕部二连杆（俯仰）。它运动控制灵活，拥有独立运动控制器和示教盒，还有在个人计算机上的离线和在线编程系统。它可以应用到实验室和小型轻载生产场合。RV-M1机器人的系统组成如图6-63所示。

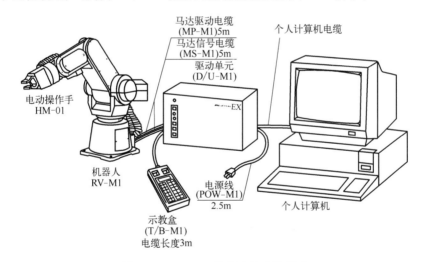

图6-63 RV-M1机器人的系统组成

6.6.1.2 RV-M1机器人实物介绍

（1）总体组成

RV-M1机器人的本体由基座、腰部、大臂、小臂、腕部（有旋转和俯仰2个自由度）、手爪（不计入本体自由度）组成，共计5个自由度，如图6-64所示。

（2）腰部

RV-M1机器人腰部装在基座上，绕垂直轴旋转。RV-M1机器人采用伺服电动机驱动，伺服电动机与腰部转动轴之间装有谐波减速器传动装置。它的腰部下连基座，上连大臂，腰部的负载最重，相应电动机的功率应最大。RV-M1 机器人的腰部还装有大臂和小臂的驱动电动机，如图 6-65 所示。

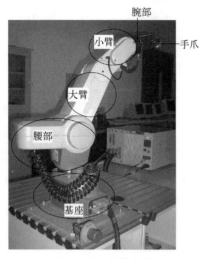

图 6-64　总体实物

图 6-65　RV-M1 机器人腰部驱动与关节

（3）大臂

大臂装在腰部，后边连着小臂。大臂由伺服电动机驱动，采用同步带传动结合谐波减速器传动。大臂同轴上装有脉冲编码器，用来直接测量大臂的转角和转速，如图 6-66 所示。

（4）小臂

小臂前连大臂后连腕部。小臂的驱动装置放在腰部，与大臂的驱动装置并排放置，为伺服电动机。RV-M1 机器人小臂的传动比较复杂，因为它的驱动装置与转动轴的距离比较远。它的传动装置为"同步带＋谐波减速器＋传动连杆"，如图 6-67 所示。

图 6-66　RV-M1 机器人大臂

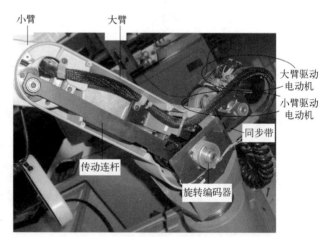

图 6-67　RV-M1 机器人的小臂驱动传动装置

（5）腕部

腕部装在小臂末端，有俯仰和旋转 2 个自由度。它的两台驱动电动机装在小臂的末端，如图 6-68 所示。

俯仰运动通过同步带传动，旋转运动由相应电动机直接驱动，如图 6-69 所示。

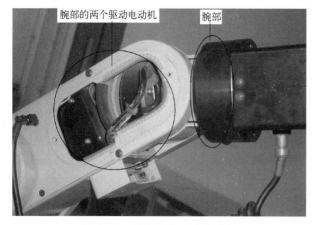

图 6-68 腕部两个驱动电动机

图 6-69 腕部的俯仰同步带传动

（6）手爪

RV-M1 机器人上配有电动手爪，驱动装置为电动机，用齿轮齿条驱动，如图 6-70 所示。手爪为机器人的末端执行器，作为机器人本体的附件，可由专门厂家定做。机器人的自由度不包括手爪在内。

6.6.2 博实四自由度 SCARA 机器人机械结构

博实四自由度 SCARA 机器人是江苏博实机器人技术有限公司的产品。下面对其机械本体结构做一简单介绍。

（1）博实四自由度 SCARA 机器人的总览图

博实四自由度 SCARA 机器人由机械本体、控制柜和计算机系统组成，如图 6-71 所示。SCARA 机器人本体由 4 个连杆和 4 个关节组成，如图 6-72 所示。

图 6-70 RV-M1 机器人上配的电动手爪（电驱动二指手爪）

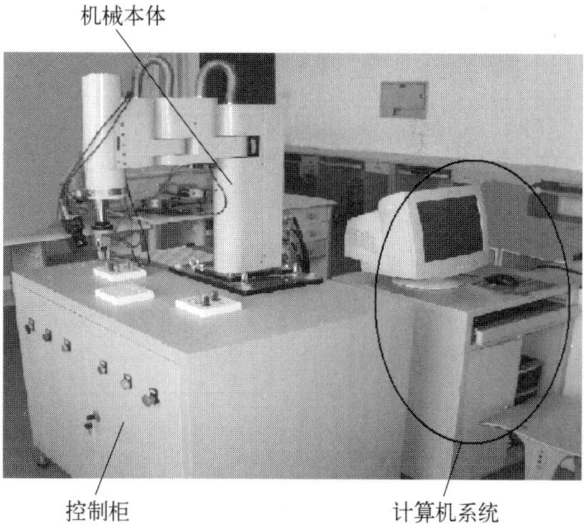

图 6-71 博实四自由度 SCARA 机器人的总览图

（2）SCARA 机器人第一关节

第一关节由伺服电动机、联轴器、谐波减速器、第一关节、第一关节原点与左右限位开关组成，如图 6-73 所示。第一关节装在基座上，它的末端装第一连杆上。

第一关节原点与左右限位开关如图 6-74 所示。

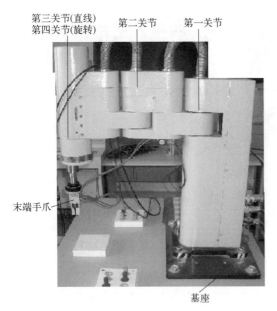

图 6-72　SCARA 机器人的本体

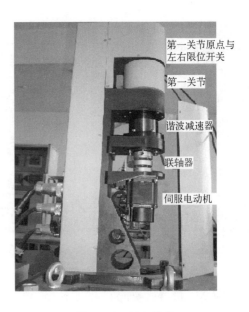

图 6-73　第一关节

（3）SCARA 机器人第二关节

第二关节装在第一连杆上（图 6-75）。第二连杆的驱动采用伺服电动机＋同步带传动＋谐波减速器的模式（图 6-76）。

图 6-74　第一关节原点与左右限位开关

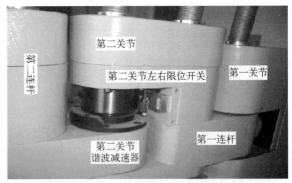

图 6-75　第二关节（第二关节谐波减速器、
左右限位开关）

（4）SCARA 机器人第三关节

第三连杆装在第二连杆上，为上下平移运动，其上装有第四连杆（图 6-77）。它的传动

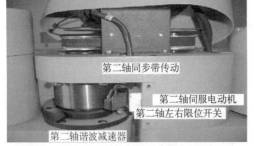

图 6-76　第二关节（伺服电动机、同步带
传动、谐波减速器、左右限位开关）

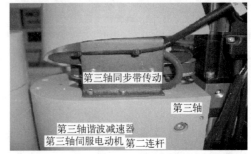

图 6-77　第三关节（伺服电动机、谐波减速器、
同步带传动、第三轴）

方式最复杂，即驱动电动机之后的谐波减速器＋同步带传动＋滚珠丝杠（图 6-78），用了三种机械传动方式。

（5）SCARA 机器人第四关节

第四关节带动末端操作手旋转（图 6-79）。第四关节的驱动方式是伺服电动机＋谐波减速器（图 6-80），传动方式相对简单。

图 6-78　第三关节（谐波减速器+
同步带传动+ 滚珠丝杠）

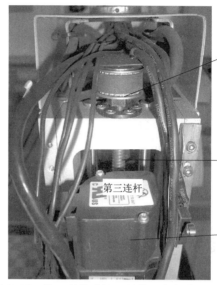

图 6-79　第四关节（第三关节同步带传动、滚珠丝杠、
第三连杆、第四关节伺服电动机）

（6）SCARA 机器人的末端气动操作手

SCARA 机器人上配置了一个气动二指操作手爪，如图 6-81 所示。

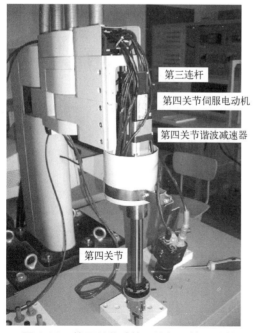

图 6-80　第四关节（第三连杆、第四关节
伺服电动机、谐波减速器、第四关节）

图 6-81　末端气动操作手

6.6.3　汇博多控模块化机器人的机械结构

（1）模块化机器人本体组成

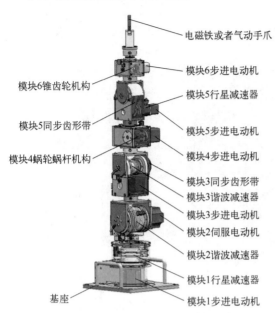

电磁铁或者气动手爪

模块6锥齿轮机构

模块6步进电动机

模块5行星减速器

模块5同步齿形带

模块5步进电动机

模块4蜗轮蜗杆机构

模块4步进电动机

模块3同步齿形带

模块3谐波减速器

模块3步进电动机

模块2伺服电动机

模块2谐波减速器

模块1行星减速器

基座

模块1步进电动机

图 6-82　模块化机器人本体组成（一）

可拆装模块化机器人由 6 个基本模块组成（图 6-82、图 6-31），按照机器人模块区分，可分为模块 1～模块 6，模块从 1 到 6 逐节组合。每一模块可以单独控制运行，模块本身有旋转运动、回转运动两种形式，6 个模块组合之后构成类似工业串联模块机器人的形式。

设计中采用了工业上常用的同步带传动、蜗轮蜗杆传动及齿轮传动等主要结构形式。关键模块采用了工业上目前普遍应用的谐波减速器、行星减速器，标准模块采用步进电动机驱动，可以根据用户需要将模块 2 更换为伺服电动机驱动。

（2）模块机械结构

模块 1 采用步进电动机驱动，谐波减速器传动，直连垂直放置结构。末端旋转运动，角度可达到±90°。考虑到拆卸方便，采用两体结构，铝合金材料。模块 1 为整体模块化机器人的基体模块，设计中考虑可靠性和安全需要，可拆卸完全，如图 6-83 所示。

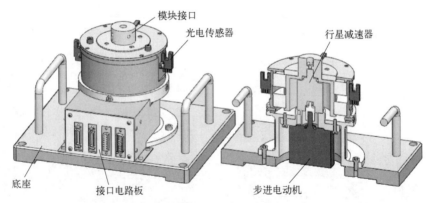

模块接口

光电传感器

行星减速器

底座

接口电路板

步进电动机

图 6-83　模块 1

模块 2 采用步进电动机或伺服电动机驱动（图 6-84），XB1 型谐波减速器传动，直连水平放置结构。末端回转运动，角度±45°。因为模块 2 在整体组合后承受力矩最大，为保证整体精度与可靠性，所以根据工业机器人结构特点，减少了传动结构，采用工业上常用的结构进行模块设计。

模块 3 采用步进电动机驱动（图 6-85），同步带减速传动连接谐波减速器输出，直连水平放置结构。末端回转运动，角度±45°。此结构为了突出行星减速器传动特点，属于工业机器人典型结构，拆卸方便。

模块 4 采用步进电动机驱动（图 6-86），蜗轮蜗杆传动输出结构。末端旋转运动，角度±90°。模块 4 蜗轮蜗杆的设计思想以及传动特点，在某些电子行业机器人的设计中很常用。

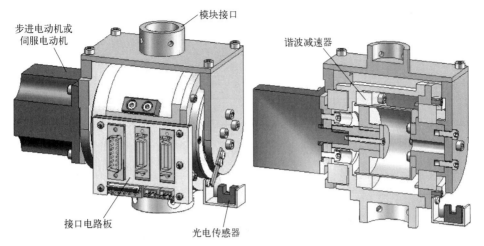

图 6-84　模块 2

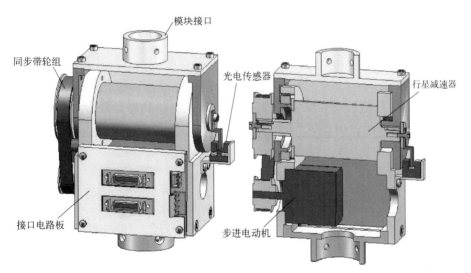

图 6-85　模块 3

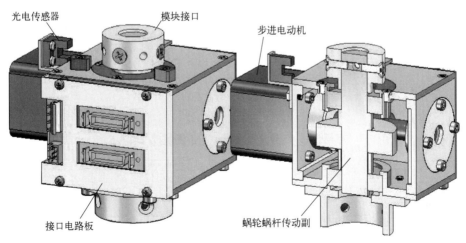

图 6-86　模块 4

模块 5 采用步进电动机驱动（图 6-87），直连行星减速器，同步带传动，直连水平放置结构。末端回转运动，角度±45°。这种结构也是工业机器人典型结构，着重于同步带的使用方法和特点。

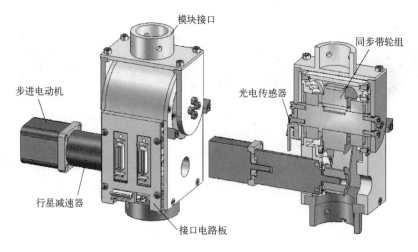

图 6-87　模块 5

模块 6 采用步进电动机驱动（图 6-88），锥齿轮减速传动，垂直放置结构。末端旋转运动，角度±180°。这种结构也是工业机器人的典型结构，着重于齿轮传动的使用方法和特点。

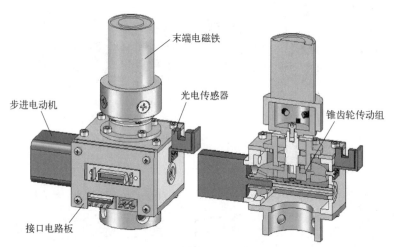

图 6-88　模块 6

（3）各自由度组成功能与总体参数（末端标配电磁铁效果图）

6 个模块可以组合成单自由度与二至六等多自由度机器人，如图 6-89～图 6-93 所示。每种都配备独立的控制软件模块，总组合模块化机器人功能同工业串联机器人一致，可以有装配、搬运、焊接、倾注、喷涂、清洗等功能。模块化机器人 5 种组合中的任何一种也符合总功能要求，只不过随着模块组合后的尺寸不同，进行各种作业的空间和位置有所变化。

模块化机器人参数见表 6-2。

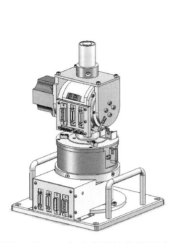

图 6-89　二自由度模块化机器人

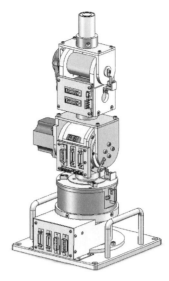

图 6-90　三自由度模块化机器人

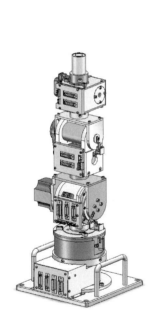

图 6-91　四自由度模块化机器人

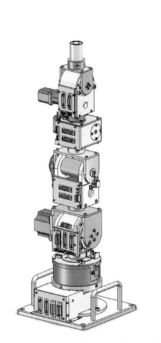

图 6-92　五自由度模块化机器人

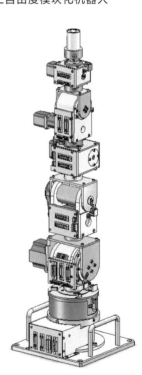

图 6-93　六自由度模块化机器人

表 6-2　模块化机器人参数

模块数量		6
驱动方式		步进电动机驱动
负载能力		0.5kg
重复定位精度		±0.8mm
动作范围	模块 1	$-90°\sim+90°$
	模块 2	$-45°\sim+45°$

	模块3	$-45°\sim+45°$
动作范围	模块4	$-90°\sim+90°$
	模块5	$-45°\sim+45°$
	模块6	$-180°\sim+180°$
	模块1	$60°/s$
	模块2	$60°/s$
最大速度	模块3	$30°/s$
	模块4	$30°/s$
	模块5	$30°/s$
	模块6	$30°/s$
最大展开半径(不含末端工具)		485mm
高度(不含末端工具)		685mm
本体质量		$\leqslant$10kg
操作方式		示教再现/编程
电源容量		二相 220V,50Hz,3A

本 章 小 结

① 叙述了工业机器人系统的组成,包括机械结构、驱动系统、感知系统、控制系统。

② 分析了工业机器人的工作原理:任务分析、轨迹规划、编程与调试、运行过程。

③ 详细介绍了工业机器人的机械结构:安装配置形式、总体结构、坐标结构形式、机身与臂部、腕部结构、手部结构、关节的结构形式和常用机械传动装置。

④ 介绍了工业机器人结构的图形符号表示。

⑤ 介绍了工业机器人的主要技术参数。

⑥ 介绍了三菱 RV-M1、博实四自由度 SCARA 和汇博模块化机器人的机械结构。

思考与练习题

1. 工业机器人驱动装置有哪些?

2. 工业机器人常用的机械传动装置有哪些?

3. 罗列工业机器人常用的传感器。

4. 罗列工业机器人常用的控制器。

5. 类比人的手臂,工业机器人由哪几部分组成?

6. 工业机器人的性能指标有哪些?

7. 机器人本体主要包括哪几部分?以关节型机器人为例说明机器人本体的基本结构和主要特点。

8. 机器人手爪有哪些种类?各有什么特点?

9. 试述磁力吸盘和真空吸盘的工作原理。

10. 机器人为什么要采用谐波传动?

参 考 文 献

[1] 马香峰. 工业机器人的操作机设计 [M]. 北京:冶金工业出版社,1996.

[2] 余达太,马香峰. 工业机器人应用工程 [M]. 北京:冶金工业出版社,1999.

[3] 徐元昌. 工业机器人 [M]. 北京:中国轻工业出版社,1999.

[4] 郭洪红. 工业机器人技术 [M]. 西安:西安电子科技大学出版社,2014.

[5] 黄真,孔令富,方跃法. 并联机器人机构学理论及控制 [M]. 北京:机械工业出版社,1997.

[6] 白井良明. 机器人工程 [M]. 北京:科学出版社,2001.

[7] 林尚扬,陈善本,李成桐. 焊接机器人及其应用 [M]. 北京:中国标准出版社,2000.

[8] 鲍青山. 机械工程中的几何反算与激光服装剪裁机器人 [M]. 哈尔滨:哈尔滨工业大学出版社,2000.

第 7 章

工业机器人的控制系统

7.1 机器人控制系统的功能

多关节机器人控制原理框图如图 7-1 所示。

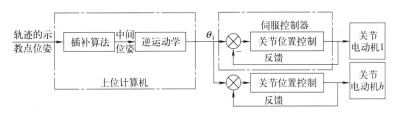

图 7-1 多关节机器人控制原理框图

机器人控制系统应当具有如下功能。

（1）轨迹规划

预先规划末端位姿的起点和终点之间的轨迹，如取哪些中间点，走直线还是走曲线，各段点处的速度和加速度要求等。

（2）插补运算

到目前为止，工业机器人编程方式多为示教再现。示教时，不能将轨迹上的所有点都示教一遍，如果那样做，一是费时，二是占用大量的机器人控制器存储空间。通常，只需要示教轨迹上一些必要的关键点，这些关键点之间的点用插补的方法计算出来。插补是一种算法，对于有规律的轨迹，仅示教几个特征点。例如，对直线轨迹，仅示教两个端点（起点、终点）；对圆弧轨迹，需示教三点（起点、终点、圆心或中间点），轨迹上其他中间点的坐标通过插补方法获得。实际中，对于非直线和圆弧的轨迹，可以切分成若干个直线段或圆弧段，以无限逼近的方法实现轨迹示教。

（3）逆运动学解算

首先建立机器人的运动学方程，然后导出它的逆运动学方程，最后利用逆运动学方程计算出末端手部在轨迹上各个位姿对应的各关节的变量。这项工作称为逆运动学解算，是机器人控制系统必须具备的功能。

（4）关节控制系统

机器人是多关节控制系统，由多个独立关节控制系统组成。每个关节都对应一个相应的独立关节控制系统，由这个独立关节控制系统完成关节角、角速度、角加速度、驱动力矩等关节运动参数的控制。

（5）机器人内外信息的检测和处理

机器人的关节角、角速度、角加速度等称为机器人的内部信息，反映机器人自身的工作状态；机器人所处环境的信息，例如周围的物体的位置、形状、大小、色彩等信息，机器人操作对象的相关信息等，这些信息是机器人完成工作所必需的，称为机器人的外部信息。

（6）网络通信

机器人控制系统应当具有与其他机器人通信、与工业互联网连接、与大数据平台通信的能力，以便机器人可以协调协作。

7.2 机器人控制系统的类型

机器人控制系统有多种不同分类方法。

按控制器不同，可分为基于 PCI 总线的运动控制板卡、PLC 运动控制功能模块、单片机、嵌入式控制器、专用控制器。

按驱动装置不同，可分为电磁式控制系统、液压式控制系统、气压式控制系统及其他。

按控制方式不同，可分为点位控制（PTP）、连续轨迹控制。

7.2.1 按控制器不同分类

（1）基于 PCI 总线的运动控制板卡

基于 PCI 总线的运动控制板卡是利用运动控制专用芯片（例如 PCL6045B、MCX314 等），结合微型计算机系统的 PCI 总线，设计制作的运动控制板卡。运动控制板卡插入 PC 的 PCI 插槽内，利用 PC 的操作系统和各种应用软件来工作，产生驱动电动机运转所需要的控制脉冲指令，传送到机器人各关节的驱动器和电动机组成的关节控制系统，控制关节的运转，实现对机器人的控制，如图 7-2 所示。

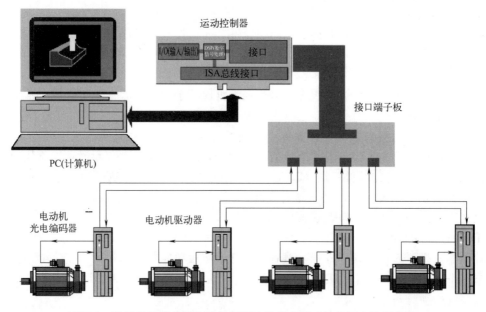

图 7-2　基于 PCI 总线的运动控制板卡为核心构成的机器人控制系统

PC 内插板式控制系统可以充分利用 PC 的操作系统、应用程序和各种编程语言等来实现机器人的控制功能。

（2）PLC运动控制功能模块

PLC一般具有运动控制模块。例如：欧姆龙公司的CS1系列PLC可以配置运动控制模块MC421，该模块具有4轴运动控制功能；三菱的FX3U、5U系列PLC具有多路高速脉冲输出，可以实现多个伺服电动机的控制；西门子的S7-200系列、S7-300系列、S7-1200/1500系列PLC，基恩士的KV3000/KV5000系列PLC等，都具有脉冲电动机控制功能，可以用作机器人控制器。

PLC控制器与驱动电动机及驱动器的硬件连接如图6-11所示。电动机驱动器接收PLC产生的脉冲指令序列，驱动伺服电动机（或步进电动机）旋转，带动相应的关节产生转角、转速和加速度，多个关节配合实现机器人末端执行器的运动轨迹。

PLC的运动控制模块式控制系统可以充分利用PLC软硬件资源〔开关控制、模拟控制、脉冲控制（伺服控制）〕，利用PLC的编程语言实现机器人关节和系统的控制。

（3）单片机

单片机或由单片机为核心组成的计算机控制系统可以作为伺服电动机及驱动器的控制器，如图7-3所示，也可以作为主控单片机来协调多个关节控制系统，如图7-4所示。单片机种类繁多，可选择的余地较大，但是从头开发的时间比较长，可靠性不如PLC，而且周围可以利用的现成软硬件资源少，所以在开发工业机器人的控制器时应用较少。

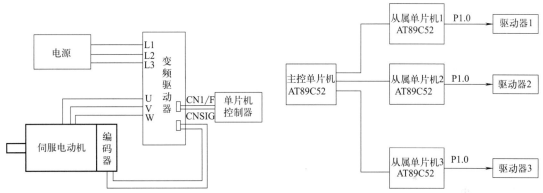

图7-3 单片机作为伺服电动机及驱动器的控制器实现关节运动控制

图7-4 单片机为核心组成的计算机控制系统作为主控单片机实现机器人多关节主从控制

（4）嵌入式控制器

用ARM9等高性能嵌入式控制器为核心构成计算机控制系统硬件，用嵌入式操作系统做应用软件，组成嵌入式软硬件控制系统，作为工业机器人的控制器，可以充分利用现有资源，形成性能优良的机器人系统控制器。嵌入式控制系统可以直接运行WinCE、Andriod等操作系统，可以利用标准的I/O设备以及Visual C++（VC）等软件开发环境开发机器人控制程序，是一个良好的机器人控制器的发展方向。图7-5所示为一个ARM9作为核心构成的工业机器人控制器外形，它运行WinCE操作系统，可以用VC、VB语言开发机器人控制程序，支持标准的鼠标、键盘和显示器，还带有网络接口，支持网络通信。该嵌入式控制器产生的控制脉冲序列发送到图7-6所示的各伺服电动机驱动器，图7-7示的串联机器人和图7-8所示的并联机器人的各关节的伺服电动机拉动相应关节运转，实现机器人的运动控制功能。

（5）专用控制器

图6-62所示为RV-M1小型工业机器人的控制器，是一个支持机器人离线、在线、示教再现编程的控制器，支持MRL机器人语言。它还支持与PLC的连接，可以通过PLC控制机器人系统周边设备，组成机器人工作站。

图 7-5　由 ARM9 嵌入式工业
机器人控制器

图 7-6　嵌入式控制器控制
机器人关节控制系统

图 7-7　自由度串联机器人

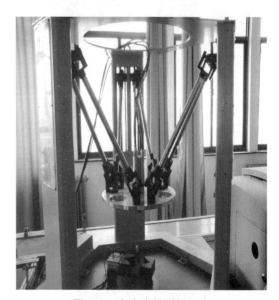

图 7-8　自由度并联机器人

7.2.2　按驱动装置不同分类

机器人控制系统按驱动装置的类型不同，可分为电磁式、液压式、气压式及其他四类，如图 7-9 所示。

电磁式包括电动机、电磁铁等利用电磁相互作用原理工作的驱动装置。其中，电动机常用的有直流伺服电动机、交流伺服电动机、步进电动机等，这是目前工业机器人使用最多的驱动装置，它的优点是控制精度高，易于形成计算机控制系统。但是，目前电磁式驱动需要机械传动的配合，调节输出力矩和转速以适应机器人运动的需要。

液压式驱动系统利用液压泵把原动机的机械能转化为液压能，利用控制阀对液压能的压力、流量和方向进行调节，利用液压缸或液压马达把经过调节的液压能重新转化为机械能而驱动机器人关节运动。液压式驱动系统常用于低速重载的机器人。

气压式驱动系统利用气压泵（空气压缩机）产生高压空气，存于储气罐中，形成高压压缩空气源，高压空气经过各种气阀的调节后送到气缸（或气压马达），推动机器人关节运动。气压式驱动系统常用于轻载场合。

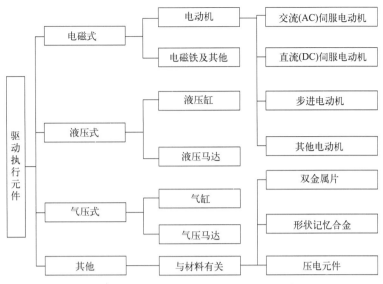

图 7-9　机器人控制系统驱动元件的分类

还有一些驱动装置为特种机器人的驱动所需要，常见的驱动装置有压电执行器、形状记忆合金、双金属片、磁致伸缩等。

驱动装置与传感检测装置、控制器相结合构成各种驱动控制系统，用来驱动和控制机器人关节的运动。常用的机器人关节控制系统有电液位置伺服控制系统、电气伺服控制系统、步进伺服控制系统。

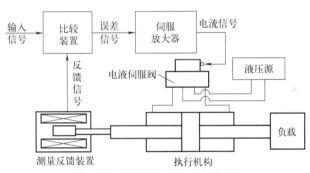

图 7-10　电液位置伺服控制系统

（1）电液位置伺服控制系统

电液位置伺服控制系统如图 7-10 所示，液压缸推动负载运动。测量反馈装置用于检测负载的实际位移，作为反馈信号与期望输入信号相比较，若负载达到期望位置，则液压缸停止运动；若负载未达到期望位置或越过了期望位置，则偏差信号经放大后调整液压缸的运动，一直到液压缸驱动负载达到期望位置。电液位置伺服控制系统方框图如图 7-11 所示。

（2）电气伺服控制系统

图 7-12 所示为 FANUC 机器人电气伺服控制系统方框图。主板是微型计算机系统，产生伺服控制信号，传送到 6 轴伺服放大器，驱动控制位于机器人本体内的关节伺服电动机，带动机器人关节运动，各关节的运动最终带动末端操作手运动，使之产生期望的轨迹，让机器人完成被赋予的任务。电源供给单元由断路器、滤波器、变压器组成。操作面板连接着急停开关、操作按钮、示教器等，是人机交互的界面。

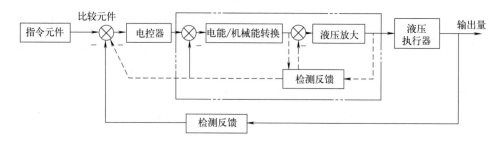

图 7-11 电液位置伺服控制系统方框图

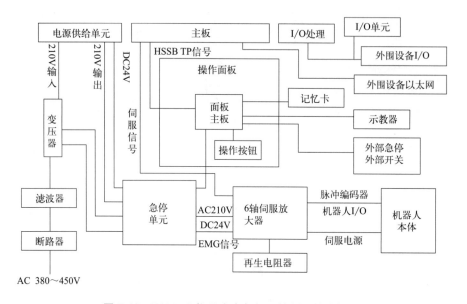

图 7-12 FANUC 机器人电气伺服控制系统方框图

（3）步进伺服控制系统

步进伺服控制系统以步进电动机为驱动装置，步进电动机输出的动力经过传动机构带动关节连杆运动。步进电动机需要功率驱动器，功率驱动器接收控制器传来的脉冲序列。指令脉冲来自轨迹规划的结果，如图 7-13 所示。步进伺服控制系统适用于价格低、精度要求不高的机器人的控制。

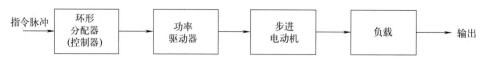

图 7-13 步进电动机的脉冲控制

步进电动机的转角取决于脉冲数，转速取决于脉冲频率，转动方向取决于通电相序。

7.3 机器人控制系统的结构

7.3.1 分级分布式控制

机器人的分级分布式控制系统结构如图 7-14 所示。

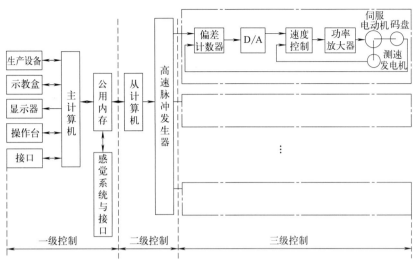

图 7-14　机器人的分级分布式控制系统结构

第一级：一般在 PC 上实现，完成人机交互，包括指令和任务的下达、机器人工作状态的实时显示，编程、示教、仿真，大任务分解。

第二级：在各种控制器 [单片机、嵌入式系统、DSP、PLC、专用运动控制芯片（MCX314、PCL6045B 等）、独立控制器] 上实现，完成子任务规划、轨迹规划、插补运算、关节脉冲指令生成与传送等工作。

第三级：关节控制级，由每个关节的控制系统组成，独立控制关节。对电气式控制而言，关节控制级由伺服电动机或步进电动机与它们的驱动器构成，一般为一三环伺服系统。

PUMA560 的机器人控制系统的硬件结构是分级分布式控制系统结构，如图 7-15 所示。CPU、CMOS 存储器、串行接口板、并行接口板和显示器、键盘、示教盒等 I/O 设备构成

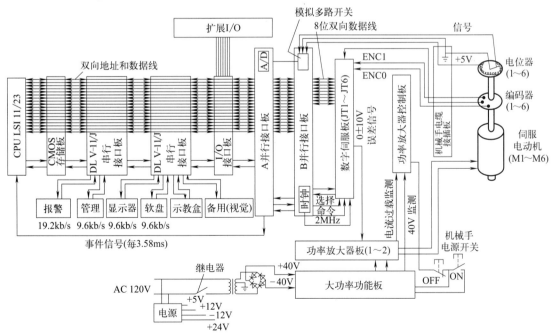

图 7-15　PUMA560 的机器人控制系统的硬件结构

上位计算机系统，为第一级。数字伺服板为第二级。功率放大器及控制器，伺服电动机及关节传感器等构成的关节控制系统为第三级，如图 7-16 所示。

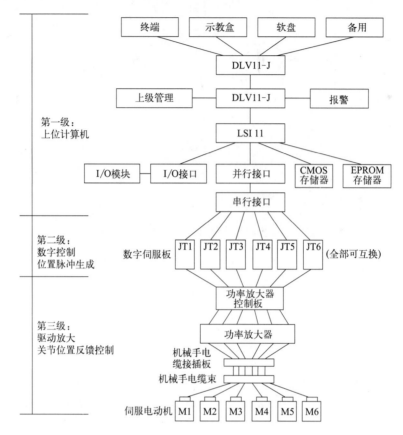

图 7-16　PUMA560 的机器人控制系统的分级分布式结构

7.3.2　独立关节控制

机器人每个关节的控制系统均为反馈控制系统，如图 7-17 所示。在这种关节控制系统中，调节元件就是关节控制器，可以由微控制器、嵌入式系统、PLC、专用运动控制板卡、CNC 系统等来实现。测量反馈元件是各种传感器及相应的数据采集系统、视觉系统。执行元件是各种电动机、液压驱动装置、气压驱动装置等。

图 7-17　反馈控制系统的框图

7.3.3　关节控制

每个关节控制系统都是三环伺服系统，如图 7-18 所示。关节三环伺服系统在整个机器人的控制系统中属于第三级，它接收第二级运动控制级发来的控制脉冲序列，经过位置环、速度环、电流环的运算与处理，对电动机的电枢电压、电流进行调控，从而控制电动机的转角、转速、加速度和输出转矩等参数，进而实现对关节和连杆的控制。关节控制系统是机器人控制功能的最终执行层，是机器人的关键系统之一。

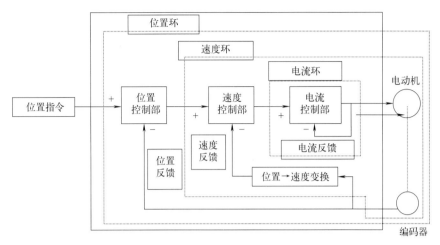

图 7-18　三环伺服系统框图

电动机与驱动器成对出现，有电动机必有相应驱动器。电动机、驱动器、电源、计算机编程器、指令序列输入输出用电缆之间的连接如图 7-19 所示。以驱动器为中心，电动机的编码器电缆、电动机的动力电缆分别接到驱动器的相应连接器上。指令序列输入输出电缆一

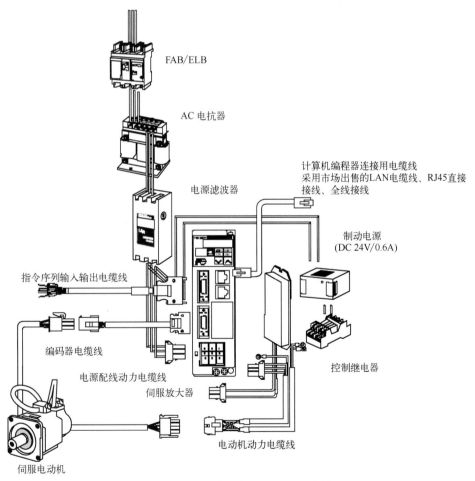

图 7-19　关节电动机及驱动器的连接

端接运动控制器，另一端接驱动器的相应连接器。在驱动器的相应位置接上制动电源和控制继电器。很多电动机驱动器都可以编程，用计算机软件调节驱动器的参数设置，例如，改变控制方式，在位置控制、速度控制和力矩控制三种控制模式下选择一种，选择加减速模式是等加速、等减速还是 S 形加减速等。电源经过空气开关、电抗器、电源滤波器接入驱动器的相应连接器。

驱动器的内部电路比较复杂，实际上是三环伺服系统的主干。驱动器的内部电路总体来说由主电路和控制电路组成。它的主电路如图 7-20 所示，分为整流、滤波稳压和逆变三部分。它的控制电路根据位置、速度和电流反馈信号，经过运算后调节逆变器中的 6 个电力电子开关器件的导通时序，从而改变输出电压的各项的相位和幅值，调节相应电动机的转角、转速、加速度和力矩。

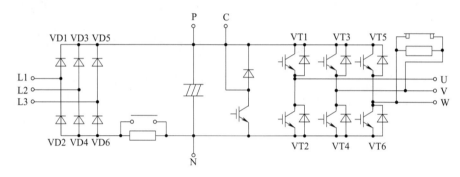

图 7-20　驱动器内部主电路

7.4　机器人控制系统的分析方法

分析和评价的目标：运动稳定性、响应快速性、定位准确性。

数学模型：传递函数、状态空间表达式。

分析方法——古典控制理论：①时域，阶跃响应（响应时间、超调量、稳态误差）；②频域，稳定性判别、频宽；③根轨迹，零极点分布与性能指标。

分析方法——现代控制理论：能空性、能观性，李雅普诺夫稳定性理论，状态观测器、极点配置，卡尔曼滤波，最优控制，自适应控制，变结构控制，预测控制。

分析方法——智能控制理论：神经网络、模糊控制、人工智能。

7.5　基于传递函数的单关节位置控制伺服系统分析

机器人的单关节位置控制伺服系统方框图如图 7-21 所示，它由位置环、速度环和电流环组成。它接收来自运动控制器的指令脉冲序列，经过位置调节、速度调节和电流调节后控制电动机的转角、转速和转矩。

7.5.1　机器人关节控制系统的数学模型（传递函数法）

在设计制造和使用机器人的过程中，要对机器人的控制系统进行分析，以使控制系统稳定、准确和具有快速响应性能。为对机器人的单关节三环伺服系统进行分析，首先要建立该系统的数学模型。建立控制系统数学模型的方法主要有传递函数法、状态空间法。这里用传递函数法建立直流伺服电动机的数学模型。为此，首先要建立直流电动机的等效电路模型和等效机械传动转动惯量模型。直流电动机的电枢绕组等效电路如图 7-22 所示。它的负载的等效转动惯量模型如图 7-23 所示。

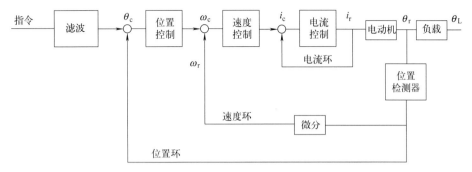

图 7-21 机器人的单关节位置控制系统方框图

ω_c—速度指令；i_c—电流指令；θ_c—位置指令；θ_L—负载位置；ω_r—速度反馈；

i_r—电流反馈；θ_r—位置反馈

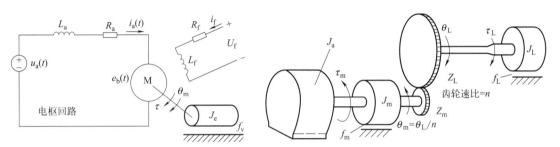

图 7-22　直流电动机电枢绕组的等效电路　　　图 7-23　直流电动机负载的等效转动惯量模型

从电枢绕组等效电路可以得到电压平衡方程、反电动势方程和力矩方程。

电压平衡方程

$$u_a(t) = R_a i_a(t) + L_a \frac{\mathrm{d}i_a(t)}{\mathrm{d}t} + e_b(t) \qquad (7\text{-}1)$$

式中，$u_a(t)$ 为电动机电枢两端的电压，V；R_a 为电枢回路的电阻，Ω；$i_a(t)$ 为电枢回路的电流，A；L_a 为电枢回路的电感，H；$e_b(t)$ 为电枢回路的反电动势，V。

反电动势方程

$$e_b(t) = k_b \frac{\mathrm{d}\theta_m}{\mathrm{d}t} \qquad (7\text{-}2)$$

式中，$e_b(t)$ 为电枢回路的反电动势，V；k_b 为电枢回路的反电动势常数；θ_m 为电动机输出轴转速，r/min。

力矩方程

$$\tau(t) = k_a i_a(t) \qquad (7\text{-}3)$$

式中，$\tau(t)$ 为电动机输出转矩，N·m；k_a 为电动机的力矩常数；$i_a(t)$ 为电枢回路的电流，A。

从直流电动机的转子与负载的运动可以得到力矩平衡方程

$$\tau(t) = J_e \frac{\mathrm{d}^2\theta_m}{\mathrm{d}t^2} + f_v \frac{\mathrm{d}\theta_m}{\mathrm{d}t} + k_t \theta_m \qquad (7\text{-}4)$$

式中，$\tau(t)$ 为电动机输出转矩，N·m；J_e 为电动机转子与负载等效转动惯量，kg·m^2；θ_m 为电动机输出轴转角，(°)；$\frac{\mathrm{d}^2\theta_m}{\mathrm{d}t^2}$ 为电动机输出轴转动角加速度，rad/s^2；$\frac{\mathrm{d}\theta_m}{\mathrm{d}t}$ 为电动机

输出轴转动角速度，rad/s；f_v 为电动机输出轴转动摩擦系数；k_t 为电动机输出轴扭转弹性变形系数。

以上四个方程的零初始条件下的拉普拉斯变换如下。

电压平衡方程的拉普拉斯变换

$$I_a(s) = \frac{U_a(s) - E_b(s)}{sL_a + R_a} \tag{7-5}$$

反电动势方程的拉普拉斯变换

$$E_b(s) = k_b s \theta_m(s) \tag{7-6}$$

力矩平衡方程的拉普拉斯变换

$$\theta_m(s) = \frac{1}{s^2 J_e + s f_v + k_v} T(s) \tag{7-7}$$

力矩方程的拉普拉斯变换

$$T(s) = k_a I_a(s) \tag{7-8}$$

以电枢两端的电压为输入、电动机输出轴的转速为输出，画出相应控制系统方框图，如图 7-24 所示。

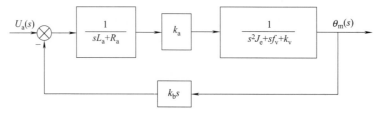

图 7-24　从电枢电压到电动机输出转速的信号流动方框图

从电枢电压到电动机输出转速的传递函数如下。

$$\frac{\theta_m(s)}{U_a(s)} = \frac{k_a}{(sL_a + R_a)(s^2 J_e + s f_v + k_v) + k_a k_b s} \tag{7-9}$$

以电枢电路为核心，加上位置调节器、速度调节器和电流调节器 3 个调节器，可以构成三环伺服系统，如图 7-25 所示。

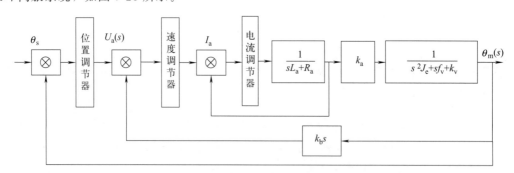

图 7-25　直流伺服电动机位置、速度、电流三环伺服系统框图

直流伺服电动机位置、速度、电流三环伺服系统接收运动控制器发来的位置指令，与位置反馈相比较得到位置偏差，经位置调节器的调节得到速度指令；该速度指令与速度反馈相比较得到速度偏差，经速度调节器的调节得到电流指令；该电流指令与电流反馈相比较得到电流偏差，经过电流调节器得到力矩指令。

位置调节器、速度调节器、电流调节器均可用 PID 调节器。PID 调节器的输出与输入

（偏差）之间的关系如下。

$$y_{PID} = k_P e(t) + k_I \int e(t) + k_D \frac{de(t)}{dt} \qquad (7\text{-}10)$$

式中，$e(t)$ 为 PID 调节器的输入，也是比较器的输出，是指令与反馈的差。

PID 的拉普拉斯变换式为

$$Y_{PID} = k_P E(s) + k_I \frac{1}{s} E(s) + k_D s E(s)$$

$$= (k_P + k_I \frac{1}{s} + k_D s) E(s) \qquad (7\text{-}11)$$

增量式

$$\Delta y_{PID} = k_P (e_i - e_{i-1}) + k_I e_i + k_D (e_i - 2e_{i-1} + e_{i-2}) \qquad (7\text{-}12)$$

7.5.2 单关节位置控制系统分析

基于传递函数的分析方法：建立描述输出与输入关系的传递函数，在传递函数的基础上，分析系统的性能。

时域分析：给系统施加单位阶跃输入，求出单位阶跃响应，对其进行评价。

① 稳定性：充要条件，劳斯判据、赫尔维茨判据。

② 稳态误差：终值定理。

③ 动态过程品质：上升时间、峰值时间、超调量、过渡过程时间、振荡次数。

频域分析：给系统施加正弦输入信号，保持幅值不变，改变频率，记录输出信号的幅值变化和相位变化，并对此加以分析以评价系统性能。

① 稳定性：幅频特性、相频特性，奈奎斯特图、伯德图。

② 开环：幅值裕度、相位裕度、剪切频率。

③ 闭环：频宽、谐振峰值。

根轨迹分析：先分析参数变化对特征根的影响，进而分析它们对系统性能的影响。

基于状态空间表达式的分析方法：首先确定输入输出，确定控制信号，确定状态，然后建立描述状态与控制作用之间的关系、状态及变化对输出影响的状态空间表达式，在此基础上分析系统性能。

① 能控性：状态及变化是否可控？

② 能观性：状态变化能否反映在输出端？

③ 稳定性：状态变化、输出变化是否稳定？

单关节位置控制系统校正分为串联校正和并联校正。

串联校正分为相位超前、相位滞后、滞后超前、超前滞后。

并联校正分为反馈校正、顺馈校正、复合校正。

PID 先进控制算法：最优、自适应、变结构、预测、模糊、神经网络等。

7.6 机器人控制系统的实例

7.6.1 RV-M1机器人的控制系统

7.6.1.1 RV-M1机器人的控制系统的硬件系统

机械控制硬件总览如图 6-62 所示。

总的来说，RV-M1 机器人的控制系统由以下几部分组成。

（1）关节驱动电动机

5 个关节驱动电动机均为伺服电动机，置于机器人本体之内，如图 6-6 所示。腰部的驱动电动机（J1轴）装在底座里，带动后面4个连杆和末端操作手的运转，该电动机的负载最大。大臂与小臂的驱动电动机都放在腰部，这样的放置也有平衡机器人末端负载的作用。腕部的两个驱动电动机（驱动旋转和俯仰）放在小臂的末端。

（2）传感器

每个轴都设有左右限位开关，如图6-6所示。每个驱动电动机自身带有编码器，可以检测转角和转速。

（3）电动机的驱动和控制

电动机的驱动部分和转角转速控制部分（运动控制）都放在控制箱内，如图7-26所示。

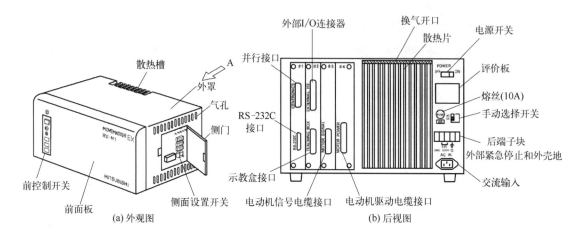

图 7-26　独立控制箱

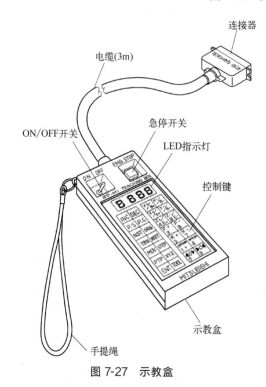

图 7-27　示教盒

（4）示教盒

RV-M1机器人配有示教盒，可以进行示教示教，如图7-27所示。示教盒上设有急停开关、LED数码管指示灯，还有各种数字和字符控制键。

（5）系统配置

RV-M1机器人的控制系统有两种配置方式。

一种是以个人计算机为中心的系统配置，如图7-28所示。在以个人计算机为中心的系统配置中，测量装置、X-Y绘图仪、打印机、传感器、机器人本体和驱动单元都和个人计算机直接相连。

另一种是以驱动单元为中心的系统配置，如图7-29所示。在以驱动单元为中心的系统配置中，机器人本体、控制外围I/O设备的可编程控制器都直接连接驱动单元，再由驱动单元连接个人计算机。

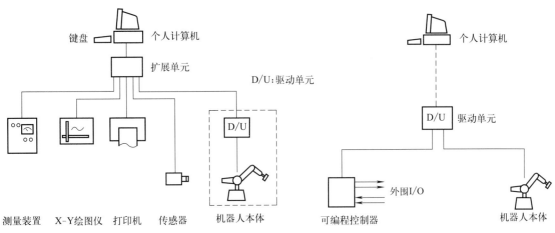

| 图 7-28 以个人计算机为中心的系统配置 | 图 7-29 以驱动单元为中心的系统配置 |

7.6.1.2 软件系统

RV-M1 机器人的软件系统包括 COSIPROG 示教编程程序和 COSIMIR 离线仿真程序两套程序，COSIPROG 程序可以调用 COSIMIR 程序。

COSIPROG 是在线编程/示教软件，其首界面如图 7-30 所示。

图 7-30 COSIPROG 的首界面

（1）COSIPROG 软件具有的功能

① 打开和建立机器人的程序。

② 具有示教功能。能将机器人操作手末端位置轨迹上的点对应的关节角保存成数据文件，与机器人的运动控制程序配合使用。

③ 用相应的机器人语言编程序，实现操作手的轨迹控制。

④ 可以建立与机器人控制系统的实时连接，并将经过编译的程序和数据下载到机器人。

⑤ 可以实时运行下载到控制系统里的程序，观察机器人的运动。

COSIMIR 是离线编程和仿真软件，其首界面如图 7-31 所示。

（2）COSIMIR 软件具有的功能

① 提供机器人常用的多种环境空间三维模型。

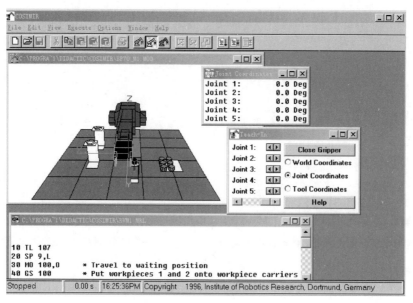

图 7-31　COSIMIR 的首界面

② 编制在这个环境下运行的机器人程序和数据。

③ 在这个环境下仿真运行机器人程序和数据，观察运行状况，及时修改程序和数据。

7.6.2　博实四自由度 SCARA 机器人控制系统

（1）硬件体系

博实四自由度 SCARA 机器人的控制系统总体上采用三级架构：个人计算机作上位机运行示教编程和进行仿真；运动控制卡作运动控制器，进行插补运算，产生控制脉冲序列；四个关节的三环伺服系统作为关节级具体实现关节位置、速度、加速度的控制，如图 7-32 所示。

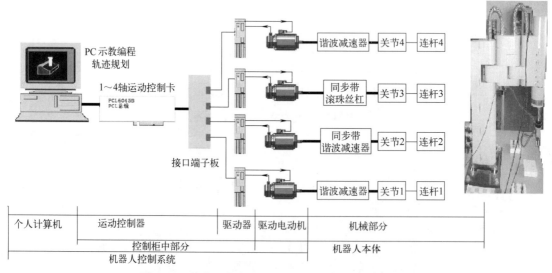

图 7-32　博实四自由度 SCARA 机器人控制系统架构

① 总体架构。采用以个人计算机（PC）为中心的机器人控制系统。在这个控制系统中，以专用运动控制芯片为核心的运动控制卡和图像采集卡均插在 PC 的 PCI 插槽内。在

PC 上运行的软件统摄运动控制卡和图像采集卡，并通过两卡对周围环境进行图像采集，以及对机器人的各轴和末端手爪进行控制，如图 7-33 所示。四个关节对应四个关节控制系统。

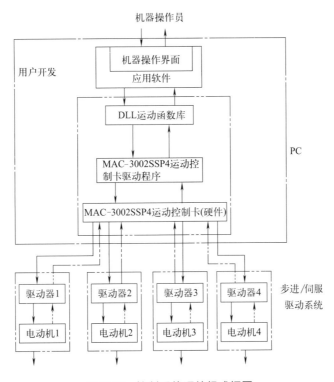

图 7-33 控制系统硬件组成框图

② 上位机。用 PC 作上位机，可以充分利用个人计算机的软硬件资源，如图 7-34 所示。

③ 运动控制器。MAC-3002SSP4 是基于 PCI 高速总线的 4 轴高性能运动控制卡，可以控制步进电动机和伺服电动机。采用专用运动控制芯片 PCL6045B 作核心器件，可达最高 6.4MHz 脉冲输出频率，可以控制 2~4 轴直线插补以及任意两轴之间的圆弧插补，可与各种类型的电动机伺服驱动器连接，构成高精度位置或速度控制系统，如图 7-35 所示。

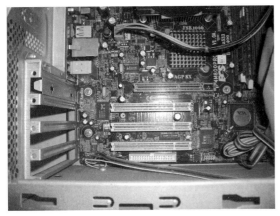

图 7-34 上位机机箱插槽

图 7-35 MAC-3002SSP4 运动控制卡

④ 电动机的驱动器。4 个电动机的驱动器如图 7-36 所示。

⑤ 传感器。与电动机同轴的、一体的编码器用于关节位置、速度检测，实现关节位置和速度控制。各轴设有左右限位开关。

⑥ 电动机。伺服电动机或步进电动机用作驱动器，后面跟着机械传动装置，实现关节的驱动和控制。

（2）控制系统软件

① 运动控制卡 MAC3002-SSP4 驱动程序。安装运动控制卡时，同时安装相应的驱动程序。

② 机器人操作与编程软件 RBT-4S01S。RBT-4S01S 软件是 RBT-4S01S 机器人的操作编程支持软件，具有运动测试、正运动学分析、逆运动学分析、图形插补控制等机器人运动控制功能模块和机器人复位、机器人急停、帮助三个辅助功能模块，如图 7-37 所示。

图 7-36　4 个电动机的驱动器　　　　图 7-37　机器人操作与编程软件 RBT-4S01S

（3）性能指标

SCARA 机器人的控制系统性能指标如表 7-1 所示。

表 7-1　SCARA 机器人的控制系统性能指标

控制轴数		4 轴
参考时钟		19.2MHz
减速点设定		自动
2～4 轴直线插补	范围	−134217728～+134217727（28 位）
	速度	1PPS～6.4MPPS
	精度	±0.5LSB
2 轴圆弧插补	范围	−134217728～+134217727（28 位）
	速度	1PPS～6.4MPPS
	精度	±0.5LSB
连续插补速度		1PPS～6.4MPPS
脉冲输出	速度	1PPS～6.4MPPS
	精度	±0.1%
	加速度/减速度	自动设定
	FL 速度	1PPS～6.4MPPS
	FH 速度	1PPS～6.4MPPS
	位置脉冲范围	−134217728～+134217727（28 位）

编码器反馈输入	计数范围	−134217728～+134217727(28 位)
	最大输入频率	1MHz
通用数字输入口	数量	16
	电压	12～24V,允许浮动±10%
通用数字输出口	数量	16
	电流	最大 200mA
	电压	12～24V,允许浮动±10%
外部电压		DC12～24V,允许浮动±10%

7.6.3　汇博多控模块化机器人的控制系统

（1）总体架构

三级控制系统架构：上位机、运动控制级、关节控制级。上位机为个人计算机，可以充分利用计算机的软硬件资源，实现任务分解、轨迹规划、示教编程等工作；运动控制级由 PLC 的运动控制模块或运动控制卡来承担；关节控制级是 6 台电动机和相应的驱动器组成的独立关节控制系统，如图 7-38 所示。

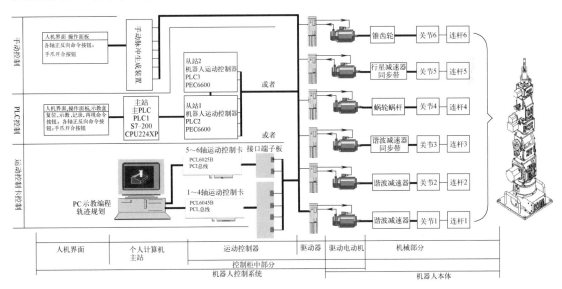

图 7-38　控制系统总体架构

（2）基于运动控制卡的模块化机器人控制系统

① 硬件体系架构。机器人运动控制系统采用主从架构。个人计算机软硬件系统为主控制器，在其上开发、运行机器人操作与编程软件，实现人机交互，并控制机器人运动。运动控制卡插于 PC 的 PCI 插槽中，产生运动控制脉冲，实现对各机器人关节电动机的运动控制。步进电动机或伺服电动机及驱动器具体驱动和控制各关节，实现机器人的控制。个人计算机、运动控制卡、步进电动机或伺服电动机及驱动器分别作为第一、二、三级，构成机器人的分级分布式计算机控制系统，实现机器人的各种控制功能，如图 7-39 所示。

② 软件。

a. 运行 Windows XP 操作系统。

b. 运动控制卡驱动程序：MAC-3002SSP4 运动控制卡驱动程序——四轴；MAC-3002SSP2 运动控制卡驱动程序——两轴。

c. 机器人操作与编程软件。

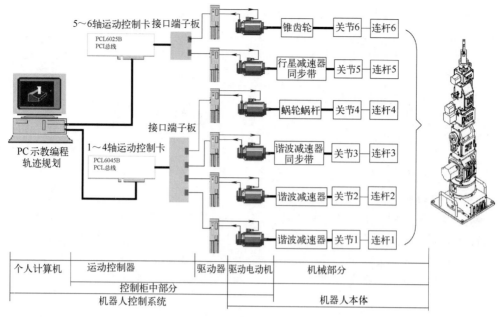

图 7-39 机器人运动控制系统采用主从架构

（3）基于 PLC 的模块化机器人控制系统

利用 PLC 的高速脉冲输出端产生步进电动机或伺服电动机运动所需的脉冲序列，控制人机交互信息，实现对机器人的复位、示教、记录与再现等功能。可以直接利用 PLC 的高速脉冲输出端口，如三菱 FX2N、西门子 S7-200、欧姆龙 CP1H、基恩士 KV5000 等 PLC 的 CPU 模块都有高速脉冲输出端口，也可以利用 PLC 的专用运动控制模块，如欧姆龙的 CS1 的运动控制模块 MC442 等，还可以利用专用机器人运动控制器，例如大工计控的 PEC6600 等。PLC 控制的模块化机器人控制系统架构如图 7-40 所示。

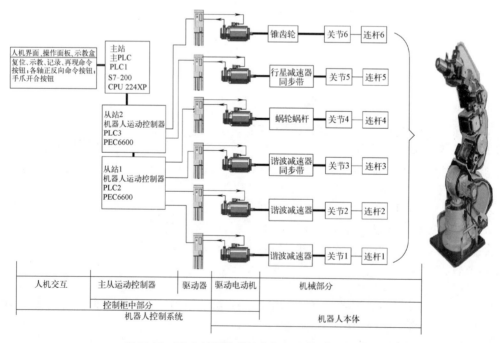

图 7-40 PLC 控制的模块化机器人控制系统架构

① 控制器。主站 PLC 作为人机界面控制器和与从站通信的控制器，联系人机界面和各关节电动机的运动状态。从站提供各关节控制脉冲和关节状态传感器。

主控制器：主站采用 S7-200 PLC 的 CPU 模块（CPU 224XP CN DC/DC/DC，输入 14点，输出 10 点）。

从控制器：从站采用大工计控的 PEC6600，16 点普通输入，8 点高速输入，12 点普通输出，4 点高速输出，4 点 MODBUS 通信端子，如图 7-41 所示。

图 7-41　机器人的主从控制器

② 步进电动机或伺服电动机驱动器。1轴、3 轴、4 轴、5 轴、6 轴均采用步进电动机，2 轴采用伺服电动机。

1 轴步进电动机驱动器的型号为 AKS230，电流设置为 3A，细分设置为 1/64，如图 7-42所示。

2 轴伺服电动机驱动器的型号为 MADHT1505E，具体参数设置见表 7-2。

3～6 轴步进电动机驱动器的型号为 AKS-202A，电流设置为 0.63A，细分设置为 1/64。

③ 关节原点与限位开关。各轴均设有

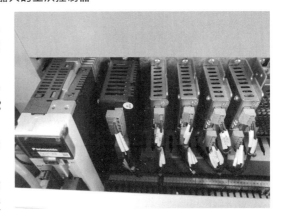

图 7-42　步进电动机或伺服电动机驱动器

脉冲与方向信号，6 轴设有原点信号，1 轴设有正、负限位信号，2、3、4、5 轴设有负限位信号。

④ 人机界面。人机界面可以是按键指示灯式界面，如图 7-43 所示。

表 7-2　松下伺服电动机驱动器参数设置

参数编号 Pr.	参数名称	设定值	说明
0.01 *	控制模式选择	0	位置控制模式
0.03	实时自动增益的机械刚性选择	13	
0.04	惯量比	1000	
0.07 *	指令脉冲输入方式	3	脉冲序列＋符号
6.04	JOG 速度设定	100	

注：编号带 * 的参数，其设定值必须在控制电源断电重启之后才能修改成功。

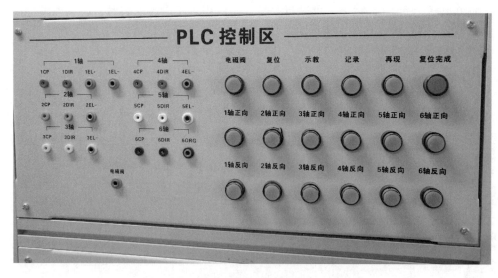

图 7-43　机器人 PLC 控制系统的人机界面

⑤ 软件体系。S7-200 PLC 编程软件为 STEP 7-MicroWIN V4.0。PEC6000 编程软件为 PLC_Config2.8.5Alpha。

本 章 小 结

① 叙述了机器人控制系统的功能。

② 叙述了机器人控制系统的类型。

③ 叙述了机器人控制系统的结构。

④ 叙述了机器人控制系统的分析和评价方法。

⑤ 用传递函数法分析了机器人单关节位置控制伺服系统。

⑥ 介绍了三菱 RV-M1 机器人、博实 SCARA 机器人和汇博多控模块化机器人三种机器人的控制系统。

思考与练习题

1. 简述机器人控制系统的功能。

2. 简述机器人控制系统的类型。

3. 简述机器人控制系统的结构。

4. 简述机器人控制系统的特点。

5. 为什么说工业机器人控制系统是一个分级分布式控制系统？分几级？通常每一级由哪些部件承担？

6. 电气伺服驱动的机器人的关节控制系统是一个反馈控制系统吗？它由几个反馈控制环节构成？

7. 说明工业机器人常用的控制结构形式，就你所熟知的某种工业机器人分析其控制器的控制结构。

8. 机器人传感器常用的有哪几种？

9. 传感器的主要性能参数有哪几个？

10. 采用基于芯片的运动控制器来控制机器人的运动有什么特点？

11. 分析运动控制卡控制的结构特点，举例说明你所了解的运动控制卡的应用。

12. 步进电动机具有哪些优点？说明反应式步进电动机的工作原理。

13. 何为分解运动控制？为什么要进行分解运动控制？

参 考 文 献

［1］ 尔桂花，窦曰轩. 运动控制系统［M］. 北京：清华大学出版社，2002.

［2］ 叶佩青，汪劲松. MCX314 运动控制芯片与数控系统设计［M］. 北京：北京航空航天大学出版社，2002.

［3］ 李幼涵. 伺服运动控制系统的结构及应用［M］. 北京：机械工业出版社，2006.

［4］ 孟庆鑫，王晓东. 机器人技术基础［M］. 哈尔滨：哈尔滨工业大学出版社，2006.

［5］ 叶佩青，张辉. PCL6045B 运动控制与数控应用［M］. 北京：清华大学出版社，2007.

［6］ 历虹，杨黎明，艾红. 伺服技术［M］. 北京：国防工业出版社，2008.

［7］ 岂兴明，苟晓卫，罗冠龙. PLC 与步进伺服快速入门与实践［M］. 北京：人民邮电出版社，2011.

［8］ 宁祎. 工业机器人控制技术［M］. 北京：机械工业出版社，2021.

第8章

机器人视觉伺服系统

8.1 机器人视觉伺服系统的概述

8.1.1 机器人视觉伺服系统的组成

机器人视觉伺服系统由视觉系统、机器人控制系统以及综合控制器三大部分组成。

视觉系统（或计算机视觉）：光源、摄像机、摄像机控制器、图像采集卡、图像处理与分析软件。

机器人控制系统：机器人本体及控制系统。

综合控制器：它是将视觉系统、机器人控制系统有机组合在一起，实现定位、抓取、搬运等视觉伺服作业的控制器。个人计算机或工控机、可编程控制器等均可承担综合控制器的功能。

图 8-1 为由视觉系统、机器人及控制器、计算机组成的机器人工作站。视觉系统由摄像机、摄像机控制器、信号处理计算机组成；机器人控制系统由机器人本体（T3-646）、机器人控制器组成；由计算机控制系统组成综合控制器将视觉系统与机器人控制系统联系在一起。

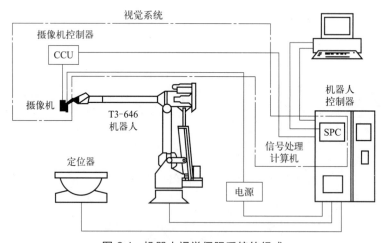

图 8-1 机器人视觉伺服系统的组成

在图 8-2 所示的机器人视觉伺服系统中，视觉系统由光源、摄像机、图像采集卡组成；机器人控制系统由机器人本体和机器人控制器组成；计算机内装图像采集卡和机器人运动控制卡，将视觉系统和运动控制系统联系在一起，构成机器人视觉伺服系统。

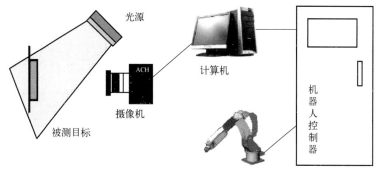

图 8-2　带有视觉的机器人工作站

在图 8-3 所示的机器人视觉伺服喷涂工作站中，摄像头装于机器人的末端手部。摄像头、图像采集卡组成视觉系统，机器人本体控制箱、实时通信卡和运动控制卡组成机器人运动控制系统，计算机用作综合控制器。

在图 8-4 所示的机器人视觉伺服系统中，视觉系统的图像采集卡和机器人运动控制系统的 I/O 运动控制卡均装在个人计

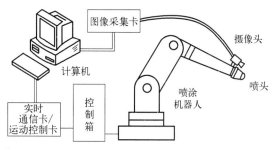

图 8-3　机器人视觉伺服喷涂工作站

算机中，计算机可以利用高级语言编程完成视觉采集与处理和对机器人运动的控制，并综合两者完成机器人视觉伺服处理任务。

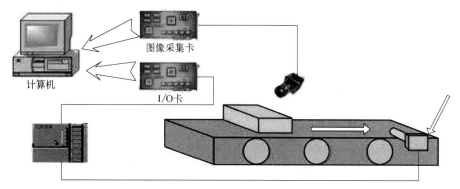

图 8-4　图像采集卡和 I/O 运动控制卡均装在 PC 内的视觉伺服控制系统

8.1.2　机器人视觉伺服系统的工作过程

机器人视觉伺服系统的工作过程包括视觉系统的标定、识别、定位与机器人控制系统的运动控制，如图 8-5 所示。

标定：为了补偿摄像机镜头畸变，调整图像坐标系与机器人三维坐标系之间的映射。

识别：主要指图像的处理与识别，通过提取图像特征与灰度值等信息识别目标物体。

定位：主要指根据识别结果确定目标物体在世界坐标系中的位置。

运动控制：主要指机器人根据目标物位置进行轨迹规划，根据规划结果控制机器人手部从当前位置运动到目标位置，完成抓取、搬运、焊接等工作。

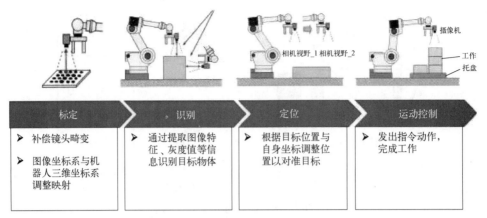

图 8-5　机器人视觉伺服系统的工作过程

图 8-6 所示的视觉伺服控制框架中，摄像机完成对场景中 3D 信息的采集，形成点云图像，通过对目标模板与点云数据的对比完成操作对象的定位，进一步规划轨迹后，由机器人控制系统完成对目标物的拾取。

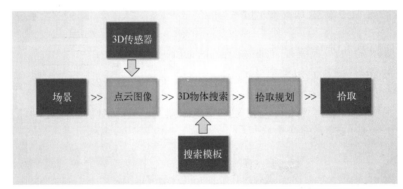

图 8-6　通过对目标模板与点云数据的对比完成操作对象的定位

图 8-7 所示机器人视觉伺服处理的过程包括图像采集、图像处理、运动控制、机械手操作。

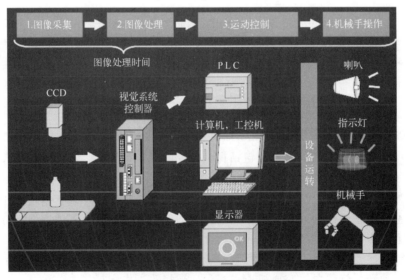

图 8-7　机器人视觉伺服处理的过程

机器人视觉伺服系统的工作过程描述如下。

① 工件定位检测器探测到物体已经运动至接近摄像系统的视野中心，向图像采集部分发送触发脉冲。

② 图像采集部分按照事先设定的程序和延时，分别向摄像机和照明系统发出启动脉冲。

③ 摄像机停止目前的扫描，重新开始新一帧的扫描；或者摄像机在启动脉冲到来之前处于等待状态，启动脉冲到来后启动新一帧的扫描。

④ 摄像机开始新一帧的扫描之前打开曝光机构，曝光时间可以事先设定。

⑤ 另一个启动脉冲打开灯光照明，灯光的开启时间应该与摄像机的曝光时间匹配。

⑥ 摄像机曝光后，正式开始一帧图像的扫描和输出。

⑦ 图像采集部分接收模拟视频信号，通过 A/D 转换将其数字化，或者是直接接收摄像机数字化后的数字图像数据。

⑧ 图像采集部分将数字图像存放在处理器或计算机的内存中。

⑨ 处理器对图像进行处理、分析、识别，获得测量结果或逻辑控制值。

⑩ 根据处理结果对被处理物体进行定位。

⑪ 根据定位结果对机器人手部位姿进行轨迹规划。

⑫ 机器人控制系统根据轨迹规划的结果控制机器人的运动，达到预期控制目标。

以上①～⑥部分由摄像机、灯光和照明以及传输电缆这几部分完成。

⑦、⑧两步由图像采集卡（或视觉控制器）完成。数字图像或视频的格式取决于使用的图像采集卡。

常见的数字图像格式为 BMP、TIFF、PNG、JPEG、PGM、GIF 等，见表 8-1。

表 8-1　MATLAB 软件可读的图像格式

图像格式	文档内容	图像读入命令	返回文件或参数
BMP	BMP 图像	imread	真彩色或索引图像
RAS	SUN 光栅图像		真彩色或索引图像
HDF4	HDF4 图像		真彩色、灰度或索引图像(序列)
TIFF	TIFF 图像		真彩色、灰度或索引图像(序列)
PNG	PNG 图像		真彩色、灰度或索引图像
JPEG	JPEG 图像		真彩色、灰度或索引图像
PPM	PPM 图像		真彩色图像
PGM	PGM 图像		灰度图像
PBM	PBM 图像		灰度图像
CUR	CURSOR 图像		索引图像
GIF	GIF 图像		索引图像
ICO	ICON 图像		索引图像
PCX	PCX 图像		索引图像
XWD	XWD 图像		索引图像

常见的视频格式为 AVI、MPG、MPEG、ASF、ASX、WMV 等，见表 8-2。

表 8-2　MATLAB 软件可读的视频格式

视频格式	文档内容	读入命令	返回文件
AVI	AVI 视频	aviread	MATLAB 视频
MPG	MPEG1	mmreader	真彩色图像序列
MPEG	MPEG1 和 MPEG2 视频		真彩色图像序列
ASF	Windows 媒体视频		真彩色图像序列
ASX	Windows 媒体视频		真彩色图像序列
WMV	Windows 媒体视频		真彩色图像序列

数字图像存放的位置：图像采集卡将采集的、摄像机摄取的图像信号经过 A/D 转换后，经过 PCI 总线传到 PC 的内存和显存之中，供图像处理和分析之用。具体存储位置还要看使用的是什么图像采集卡。

概括起来，机器人视觉伺服系统的工作流程：首先用图像采集设备（摄像头或相机）采集图像，存于计算机的内存或硬盘之中；然后在计算机中进行图像处理和分析，提取图像特征参数，确定控制对象的位置、形状大小、运动速度等参量；最后对机器人与操作对象之间的运动轨迹进行规划，由机器人的控制系统完成伺服运动，实现机器人视觉伺服系统的控制功能，如图 8-8 所示。

图 8-8　机器人视觉伺服系统的工作流程

8.1.3　机器人视觉伺服系统的类型

机器人视觉伺服系统有以下几种分类方式。

① 按照采集设备的数目的不同，可分为单目视觉伺服系统、双目视觉伺服系统及多目视觉伺服系统。

单目视觉伺服系统就是系统中只有一个采集设备，如图 8-9 所示。

双目视觉伺服系统就是系统中有两个采集设备，如图 8-10 所示，如同人或动物的眼睛。

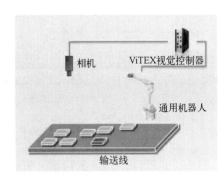

图 8-9　单目视觉伺服系统

图 8-10　双目视觉伺服系统

② 按照采集设备放置位置的不同，可以分为手眼系统（eye in hand）和固定摄像机系统（eye to hand 或 stand alone）。

手眼系统就是采集设备安装在手部，手中长眼，如图 8-11 所示。

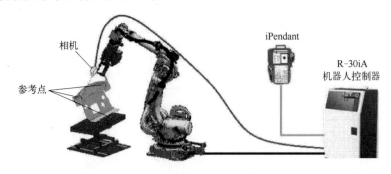

图 8-11　手眼系统

固定摄像机系统的摄像机的位置是相对固定的，不与机器人一起运动，一般相对于参考坐标系不动，如图 8-12 所示。

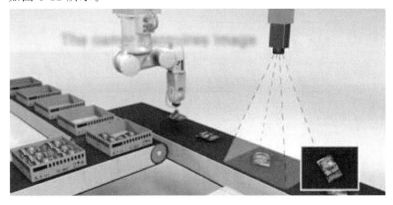

图 8-12　固定摄像机系统

③ 按照机器人的空间位置或图像特征，视觉伺服系统分为基于位置的视觉伺服系统、基于图像的视觉伺服系统、混合视觉伺服系统。

a. 基于位置的视觉伺服系统。在基于位置的视觉伺服系统中，输入量以三维笛卡儿坐标表示（又称 3D 伺服控制），多数基于位置的视觉伺服系统采用具有五六个自由度的机械臂作为摄像机的运动载体。系统的视觉反馈环首先从图像中提取图像特征，然后利用图像特征与目标的几何模型、摄像机模型来估计目标与摄像机的相对位置；目标与摄像机相对位置的估计值与期望值相比较后，产生的位置误差量送入笛卡儿坐标控制模块。基于位置的视觉伺服系统结构框图如图 8-13 所示。

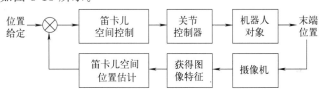

图 8-13　基于位置的视觉伺服系统结构框图

b. 基于图像的视觉伺服系统。基于图像的视觉伺服系统又称 2D 视觉伺服系统。此类系统的控制策略基于当前图像特征与理想图像特征之间的误差，直接利用图像误差来跟踪目标，首先拍摄一幅理想目标图像，而后对运动目标进行注视跟踪，使实时采样的目标图像收敛于理想目标图像。该系统的控制规则由图像差反馈和物体运动自适应补偿组成，可以完成眼注视这种具有局部收敛性的运动目标跟踪。基于图像的视觉伺服系统结构框图如图 8-14 所示。

图 8-14　基于图像的视觉伺服系统结构框图

c. 混合视觉伺服系统。在基于位置和基于图像的视觉伺服系统的基础上，E. Malis 等人提出了以目标为特征点的图像坐标误差（以二维图像空间表示）和摄像机旋转误差（以三维笛卡儿空间表示）作为控制系统的输入量，从而产生一种新的视觉伺服系统——$2\frac{1}{2}$维视觉伺服系统，即混合视觉伺服系统。混合视觉伺服系统结构框图如图 8-15 所示。

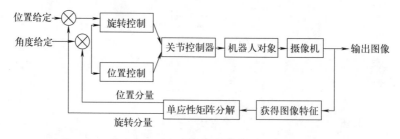

图 8-15　混合视觉伺服系统结构框图

8.1.4　机器人视觉伺服系统的关键问题

① 图像采集。
② 图像处理。
③ 图像分析与识别。
④ 标定问题。
⑤ 定位问题。
⑥ 轨迹规划。
⑦ 机器人运动控制。

8.2　机器人视觉系统

8.2.1　视觉系统的图像采集处理过程

视觉系统的图像采集处理过程如图 8-16 所示。
图像处理流程为拍摄→发送→处理→输出，如图 8-17 所示。

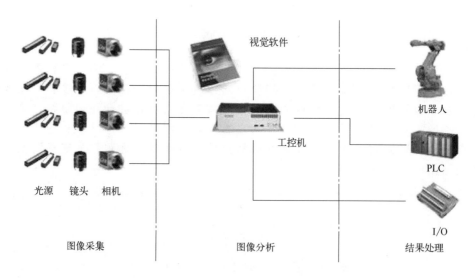

图 8-16　视觉系统的图像采集处理过程

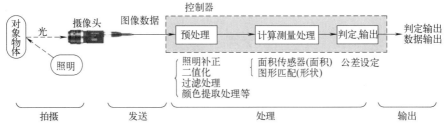

图 8-17　图像处理流程

8.2.2　视觉系统的组成

（1）照明

照明是视觉系统较为关键的部分之一，直接影响图像的质量，进而影响系统的性能，其重要性无论如何强调都不过分。好的灯光设计能够使我们得到一幅好的图像，从而改善整个系统的分辨率，简化软件的运算，而不适合的照明，则会引起很多问题。适当的视觉光源设计可以使图像中的目标信息与背景信息得到合理分离，大幅降低图像处理的算法难度，同时提高系统的精度和可靠性。反之，如果视觉光源设计不当，会导致图像处理算法设计和成像系统设计事倍功半。

视觉系统中的光源有 LED 灯、荧光灯、卤素灯、金属卤化物灯、氙气灯等几种，可以根据其各自的优缺点和使用范围进行选择，如图 8-18 所示。

根据检测部分的特征、拍摄的表面是平面还是曲面、有无凹凸决定投射的方式，是采用正反射光、扩散反射光还是透过光。根据工件的立体条件和设置条件决定照明方法和形状。根据工件和背景的材质及颜色决定照明色，如图 8-19 所示。

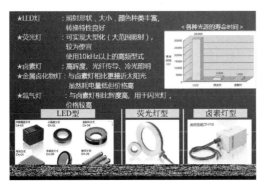

图 8-18　视觉系统中的照明

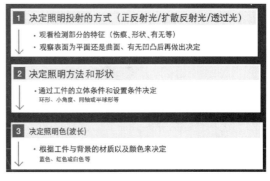

图 8-19　确定照明色、方法和投射方式

① LED 同轴光源。

基本特性：LED 灯具有体积小、能耗小、热量低、亮度高、寿命长、环保及坚固耐用等多种优越性能，是目前最为理想的光源。LED 同轴光源基于 LED 灯的基本性质，经加工设计后，发出的光线平行、均匀，适用于反射度极高的金属表面及玻璃等，能够清晰地反映出凹凸物体的表面图像。

照明原理：在同轴光源里面安装一块 45°半透半反玻璃。将高亮度、高密度的 LED 阵列排列在线路板上，形成一个面光源，面光源发出的光线经过透镜之后，照射到半透半反玻璃上，光线先通过全反射垂直照到被测物体上，从被测物体上反射的光线垂直向上穿过半透半反玻璃，进入摄像头。这样既消除了反光，又避免了在图像中产生摄像头的倒影。物体呈现出清晰的图像，并被摄像头捕获，用于进一步分析和处理。如图 8-20 所示。

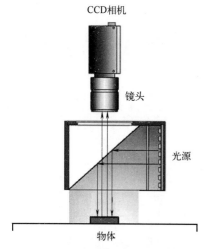

CCD相机

镜头

光源

物体

图 8-20 LED 同轴光源的照明原理

② LED 条形光源。

基本特性：LED 条形光源可将高密度 LED 阵列放置在紧凑的、成直角且可倾斜的矩形照明单元中。LED 条形光源可提供斜射照明，亮度高，调试灵活性较大。LED 条形光源的倾斜照射是检测金属表面边缘和突出印刷、破损的理想照明。

照明原理：将 LED 以高密度排列在单个条形平面电路板上。根据其设计特点，条形光源的安装角度可以进行调试，并且可以任意角度照射在被测物体表面，光线的角度和方向可以完全改变所获取的图像，如图 8-21 所示。

③ LED 环形光源。

照明原理：低角度方式照明采用 LED 环形光源。低角度方式下，光源以接近 180°角照射物体，容易突出被检测物体的边缘和高度变化，适合被测物体边缘检测和表面光滑物体的划痕检测，如图 8-22 所示。

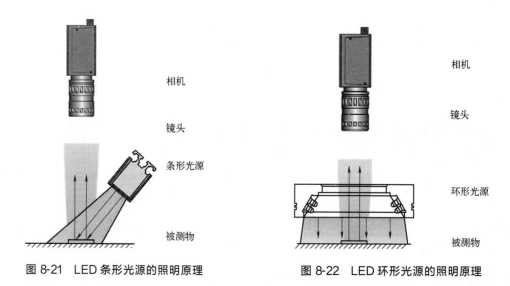

相机	相机
镜头	镜头
条形光源	环形光源
被测物	被测物

图 8-21 LED 条形光源的照明原理　　　　图 8-22 LED 环形光源的照明原理

④ 三种光源的对比分析。

视觉系统中主要使用的三种光源——同轴光源、条形光源、环形光源，它们具有自身的优势和特性。三种光源都适用于平面物体，且都能检测出物体表面的划痕和破损。

通过对比分析可以看到：

同轴光源设计巧妙，最大的特性是能够作为反射度极高的金属表面以及玻璃的照射光源，在镜面加工中，具有不可替代的作用。在配置过程中，尤其需要注意调节透镜和半透半反玻璃的位置。为了得到最佳的照明效果，应该进行反复的调试。

条形光源最大的特性是灵活性大，可以从多个角度采集图像，获得全方位的图像信息。需要获得物体的全面的表面特征时，如被测物体是否有光泽，是否有表面纹路，可以选择条形光源。

环形光源最大的特性是对物体的边缘轮廓的显示非常清晰，重点应用于检查金属边缘的破损情况。但同时也要注意这种低角度方式照明对光源的散热要求较高，而且会产生极度阴影，选择时可根据实际需要来定。

（2）镜头

首先确定所要达到的视野范围（FOV）和工作距离（WD），然后根据这两个要求和已知的靶面尺寸计算出镜头的焦距（f）。

FOV（field of vision）＝所需分辨率×亚像素×相机尺寸

镜头（图 8-23）选择应注意以下几点。

① 焦距。

② 目标高度。

③ 影像高度。

④ 放大倍数。

⑤ 影像至目标的距离。

⑥ 中心点。

⑦ 畸变。

（3）摄像机

摄像机按照不同标准可分为数字摄像机和模拟摄像机等。数字摄像机有 CMOS 摄像机（图 8-24）、CCD 摄像机两种。

图 8-23　镜头

图 8-24　CMOS 摄像机

CMOS（complementary metal-oxide semiconductor）即互补型金属氧化物半导体，它在微处理器、闪存和特定用途的集成电路中有绝对重要的地位。CMOS 是能够感受光线变化的半导体，它利用硅和锗两种半导体元素，通过带正电和带负电的晶体管来实现基本功能。

CCD（charge coupled device，电荷耦合器件）是一种能够把光学影像转换为电数字信号的半导体装置。CCD 上植入的微小光敏物质称为像素，一块 CCD 上包含的像素越多，其提供的画质的分辨率也就越高。CCD 主要由一个类似马赛克的网格、聚光镜片和垫于最下面的矩阵电子线路组成。CCD 摄像机如图 8-25 所示，CCD 摄像机的像素点阵构成如图 8-26 所示，像素的灰度等级如图 8-27 所示。

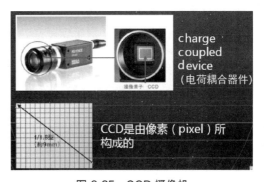

图 8-25　CCD 摄像机

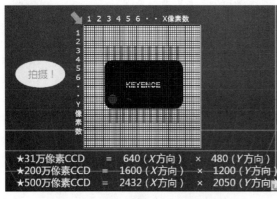

图 8-26　CCD 摄像机的像素点阵构成

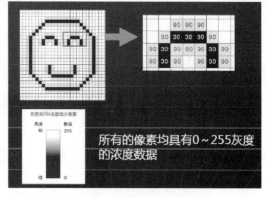

图 8-27　像素的灰度等级

CCD 摄像机的大致工作过程如图 8-28 所示。

① 图像进入像素阵列变成电荷阵列：当图像投射到像素阵列上时，每一个像素点都产生一个与该点接收到的光的强度相对应的电荷，电荷的大小在最大和最小之间分成 256 个等级。接下来的问题是如何把这些像素对应的电荷提取出来，并生成对应的图像。

② 每一个像素都向它旁边的移位寄存器移送电荷，速度为 30 次/秒。

③ 移位寄存器将电荷移到输出信号线。

④ 每 1/30s 读取一次像素电荷信号，并在一定的存储区存储记忆下来。

⑤ 最后将存储起来的像素电荷阵列处理后形成一幅幅图像。

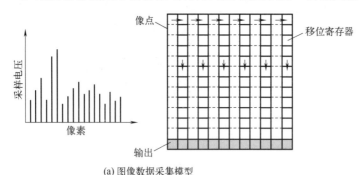

(a) 图像数据采集模型　　　　　　　　　　(b) VHS摄像机的CCD元件

图 8-28　CCD 摄像机的工作过程

（4）图像采集卡

图像采集卡只是机器人视觉系统的一个部件（图 8-29），但是它扮演了一个非常重要的角色。图像采集卡直接决定了摄像头的接口：黑白、彩色或模拟、数字等。比较典型的是与 PCI 或 AGP 兼容的捕获卡，可以将图像迅速地传送到计算机存储器中进行处理。有的采集卡有内置的多路开关。有的采集卡可以连接 8 个不同的摄像机，然后通过采集卡选择采用哪一个摄像机抓拍到的信息。有的采集卡有内置的数字输入以触发采集卡进行捕捉，当采集卡抓拍图像时，数字输出口就触发闸门。

① 概念。图像采集卡是用来采集 DV 信号或其他视频信号到计算机里进行编辑、刻录的板卡硬件。图像采集卡将图像信号采集到计算机中，以数据文件的形式保存在硬盘上。它是我们进行图像处理必不可少的硬件设备，通过它，我们就可以把摄像机拍摄的图像信息转存到计算机中，利用相关的编辑软件，对数字化的图像信号进行后期编辑处理，例如剪切画面，添加滤镜、字幕和音效，设置转场效果，以及加入各种特效等，最后将编辑完成的图像

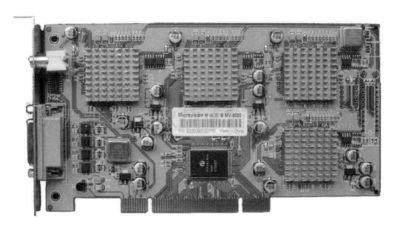

图 8-29　图像采集卡

信息转换成标准的格式，以方便传播。

图像采集卡是图像采集部分和图像处理部分的接口。图像经过采样、量化以后转换为数字图像并输入、存储到存储器的过程叫作采集。图像采集卡还提供了数字 I/O 的功能。

视频（video）是多幅静止图像（图像帧）与连续的音频信息在时间轴上同步运动的混合媒体，多帧图像随时间变化而产生运动感，因此视频也被称为运动图像，由此，很多时候采集卡被人们称为视频采集卡或图像采集卡。

一般图像采集卡和其他的 1394 卡差不多，都是一块芯片，连接在台式机的 PCI 扩展槽上（就是显卡旁边的插槽），经过高速 PCI 总线能够直接采集图像到 VGA 显存或主机系统内存。此外，不仅可以使图像直接采集到 VGA，实现单屏工作方式，还可以利用 PC 内存的可扩展性，实现所需数量的序列图像逐帧连续采集，进行序列图像处理分析。由于图像可直接采集到主机内存中，图像处理可直接在内存中进行，因此图像处理的速度随 CPU 速度的不断提高而得到提高，因而使对主机内存的图像进行并行实时处理成为可能。

② 图像种类。按照图像的存储与处理方式的不同，可分为模拟图像和数字图像两种。在高清视频采集录制方面，图像采集卡是因数字信息化行业快速发展，很多领域对 VGA 信号采集的要求提高而出现的一种高端产品，不论是在工业上的机器人视觉系统中，还是在教学上，都有十分广泛的应用，它综合了许多计算机软硬件技术，更涉及图像处理、人工智能等多个领域。

图像采集卡是机器人视觉系统的重要组成部分，其主要功能是对摄像机所输出的图像数据进行实时的采集，并提供与 PC 的高速接口，采集卡是进行图像处理必不可少的硬件设备，是图像数字化和数字化图像后期制作中必不可少的硬件设备。

③ 技术参数。

图像传输格式：传输格式是图像编辑最重要的一个参数，图像采集卡需要支持系统中摄像机所采用的输出信号格式。大多数摄像机采用 RS-422 或 EIA644（LVDS）作为输出信号格式。在数字摄像机中，IEEE1394、USB2.0 和 CameraLink 几种图像传输形式得到了广泛应用。

图像格式（像素格式）：

a. 黑白图像。通常情况下，图像灰度等级可分为 256 级，即以 8 位表示。在对图像灰度有更精确要求时，可用 10 位、12 位等来表示。

b. 彩色图像。彩色图像可由 RGB（YUV）3 种色彩组合而成，根据其亮度级别的不同有 8-8-8、10-10-10 等格式。

传输通道数：当摄像机以较高速率拍摄高分辨率图像时，会产生很高的输出速率，这一般需要多路信号同时输出，图像采集卡应能支持多路输入。一般情况下，有 1 路、2 路、4 路、8 路输入等。随着科技的不断发展和行业的需求，通道数更多的采集卡出现在市面上。

分辨率：采集卡能支持的最大点阵反映了其分辨率性能。一般采集卡能支持 768×576 点阵，而性能优异的采集卡支持的最大点阵可达 64K×64K。单行最大点数和单帧最大行数也可反映采集卡的分辨率性能。同三维推出的采集卡能达到 1920×1080 点阵。

采样频率：采样频率反映了采集卡处理图像信息的速率和能力。在进行高速图像采集时，需要注意采集卡的采样频率是否满足要求。高档的采集卡的采样频率可达 65MHz。

传输速率：主流图像采集卡与主板之间都采用 PCI 接口，其理论传输速率为 132MB/s。

④ 特点。在计算机上通过图像采集卡可以接收来自视频输入端的模拟视频信号，可对该信号进行采集并量化成数字信号，然后压缩编码成数字视频。大多数图像采集卡都具备硬件压缩的功能，在采集视频信号时，首先在卡上对视频信号进行压缩，然后再通过 PCI 接口把压缩的视频数据传送到主机上。一般的 PC 视频采集卡采用帧内压缩的算法把数字化的视频存储成 AVI 文件，高档一些的视频采集卡还能直接把采集到的数字视频数据实时压缩成 MPEG-1 格式的文件。

由于模拟视频输入端可以提供不间断的信息源，视频采集卡要采集模拟视频序列中的每帧图像，并在采集下一帧图像之前把这些数据传入 PC 系统。因此，实现实时采集的关键是每一帧所需的处理时间。如果每帧图像的处理时间超过相邻两帧之间的相隔时间，则会出现数据的丢失，也即丢帧现象。采集卡都是把获取的视频序列先进行压缩处理，然后再存入硬盘，也就是说视频序列的获取和压缩是在一起完成的，免除了再次进行压缩处理的不便。不同档次的采集卡具有不同水平的采集压缩性能。

⑤ 图像采集卡工作原理。采集是指视频/图像经过采样、量化以后转换为数字图像并输入、存储到存储器的过程。由于图像信号的传输需要很高的传输速率，通用的传输接口不能满足要求，因此需要图像采集卡。

图像采集卡信号采集流程如图 8-30 所示。从信息源得到的信号，经过视频接口送到图像采集卡，信号首先经过模/数（A/D）转换，然后送到数字解码器解码。模/数转换器 ADC 实际上也是一个视频解码器，它对来自信号源的图像信号进行解码和数字化。另外，采用不同的颜色空间可选择不同的信号输入解码器芯片。

图像采集就是将信号源的模拟信号通过处理转变成数字信息，并将这些数字信息存储在计算机硬盘上的过程。这

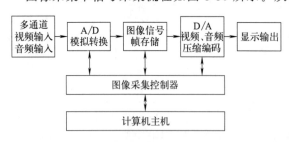

图 8-30　图像采集卡信号采集流程

种模/数转换是通过视频采集卡上的采集芯片进行的。通常在采集过程中，对数字信息还进行一定形式的实时压缩处理。

当图像采集卡的信号输入速率较高时，需要考虑图像采集卡与图像处理系统之间的带宽问题。

图像采集的过程如下。

a. 视野范围（FOV）或现场是摄像机及光学系统"看"到的真实世界的具体部分。

b. CCD 芯片将光能转化为电能。

c. 摄像机将此信息以模拟信号的格式输出至图像采集卡。

d. A/D 转换器将模拟信号转换成 8 位（或多位）的数字信号。每个像素独立地把光强以灰度值（gray level）的形式表达。

e. 这些灰度值从 CCD 芯片的矩阵中被存储到内存的矩阵数据结构中。

灰度值是像素光强强弱的表示。灰度值为真实世界图像量化的表现方法。通常灰度值从最黑到最白为 0～255。光线进入 CCD 像素，如果光强达到 CCD 感应的极限，此像素为纯白色，对应于内存中该像素灰度值为 255。如果完全没有光线进入 CCD 像素，此像素为纯黑色，对应于内存中该像素灰度值为 0。

⑥ 图像采集卡的分类。

按照图像信号源，图像采集卡可以分为数字采集卡（使用数字接口）和模拟采集卡。

按照安装连接方式，图像采集卡可以分为外置采集卡（盒）和内置式板卡。

按照图像压缩方式，图像采集卡可以分为软压卡（消耗 CPU 资源）和硬压卡。

按照图像信号输入输出接口，图像采集卡可以分为 1394 采集卡、USB 采集卡、HDMI 采集卡、DVI/VGA 视频采集卡、PCI 视频卡。

按照作用，图像采集卡可以分为电视卡、DV 采集卡、电脑视频卡、监控采集卡、多屏卡、流媒体采集卡、分量采集卡、高清采集卡、笔记本采集卡、DVR 卡、VCD 卡、非线性编辑卡（简称非编卡）。

按照指标，图像采集卡可分为广播级图像采集卡、专业级图像采集卡、民用级图像采集卡。它们的区别主要是采集的图像指标不同。VGA 视频采集卡一般都是内置式板卡，也就是在安装使用时，需要插在 PCI 扩展槽中。

配置的台式计算机主板中都带有固定的扩展插槽，其直接与计算机的系统总线连接。用户可以根据自身使用情况增加声卡、显卡、图像采集卡等设备。图像采集卡是连接信号源和计算机的桥梁，所以在采集卡有两个连接设备。一个是连接信号源的接口，例如 VGA 接口、DVI 接口、USB 接口、1394 接口等。另一个是连接计算机主板的接口，一般采用插槽接口或 USB 接口。主板扩展插槽主要有 PCI 插槽、PCI-E 插槽、ISA 插槽 、AGP 插槽等。

8.2.3 两种数字摄像机的工作原理

8.2.3.1 CCD 摄像机

（1）CCD 摄像机的组成

1969 年，美国贝尔实验室的两位科学家 Willard Boyle 和 George E. Smith 发明了 CCD 芯片。根据 CCD 芯片的结构，大致可将其分为上下两大部分：光学滤镜和集成电路。

CCD 芯片的表面是一系列光学滤镜组件，主要由抗红外线的微型透镜和拜耳阵列彩色滤镜两部分组成，如图 8-31 所示。

拜耳阵列（Bayer array）彩色滤镜是彩色成像的重要组件，它使用了 RGB（红绿蓝）色彩模型。由于人眼对绿色的敏感度是红色和蓝色的 2 倍，因此绿色滤镜的数量是红色和蓝色的两倍。滤镜下一层便是传感器集成电路，上面是数以百万计的像素（即感光单元），每一个像素均由4个（2个绿色滤镜、1个红色滤镜和1个蓝色滤镜）光电二极管构成。像素呈分层结构，从上至下依次为多晶硅电极、二氧化硅、N型半导体和P型半导体。CCD横截面如图8-32所示。

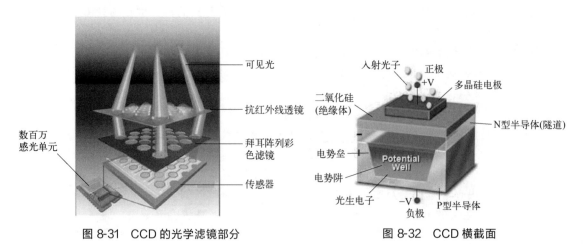

图8-31　CCD的光学滤镜部分　　　　　图8-32　CCD横截面

（2）CCD运行原理

从图8-32可以看到，PN结处有一个耗尽区，当施加反向电压（上为正极，下为负极）时，电子吸收了入射光的能量而跃迁成为自由电子，存储于正电极下方所形成的电势阱（potential well）中。若把电势阱类比为杯子，光生电子（光电效应所产生的电子）则类似于杯子里的水。入射光越强，光生电子也越多，杯子里的水便越多。电压的开启与关闭由一系列的时序门电路控制，电势阱会随着电压的改变而向邻近高电压处迁移，从而达到了电荷转移的目的。电势阱电荷转移示意如图8-33所示。

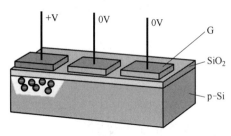

图8-33　电势阱电荷转移示意图

（3）CCD的三种架构

CCD通常有三种架构：①帧转移（FT）；②全帧（FF）；③行间转移（IL）。

三种架构代表了三种不同的电荷转移方式，其示意图如图8-34所示（箭头即为电荷转移方向）。

下面来简单了解一下这三种架构的CCD。

①帧转移架构。帧转移架构（frame transfer）的CCD分为两部分：影像区（阵列）和存储区（阵列）。影像区由光电二极管组成，负责将光电信号转换成模拟电信号；存储区则有遮光涂层，不感光，主要用于存储并读取电荷数据。CCD帧转移架构如图8-35所示。

平行时钟控制偏压电路，将电荷从影像区转移至存储区，系列CCD移位寄存器以"行"为单位读取电荷数据后将其传输至芯片外部的信号放大器。最后一行的电荷数据从芯片转移出去之后，开始重复上一行数据的转移。

帧转移架构的CCD的优点是较高的帧转移效率，无须机械快门。缺点是较低的影像解析度（较小的感光区，可容纳的像素较少）和较高的成本（2倍的硅基面积）。

②全帧架构。全帧架构（full frame）与帧转移架构最大的不同是全部区域均为感光区，不设独立存储区。平行CCD移位寄存器位于感光区下一层，也是以行为单位读取电荷，其余与帧转移类似，如图8-36所示。

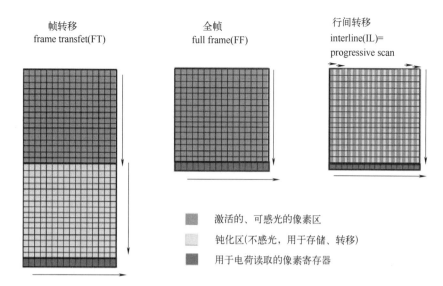

图 8-34　CCD 的三种架构示意图

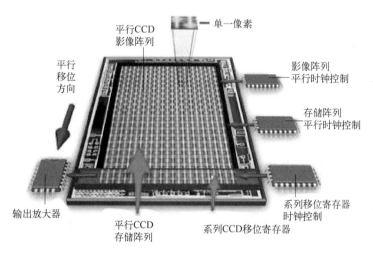

图 8-35　CCD 帧转移架构

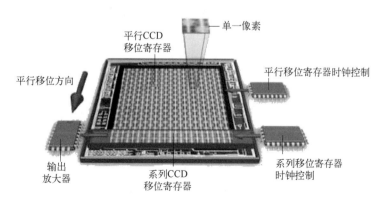

图 8-36　CCD 全帧架构

可将电势阱类比为桶，电子类比为雨水，则其电荷转移原理可用图 8-37 来表示。

全帧架构的 CCD 的优点是拥有更高的芯片使用率，制作成本相对低廉。若寄存器在读取光电二极管的数据时，后者仍然处于曝光状态，则最终的影像将会出现拖尾效应（图 8-38）。因此，此类 CCD 需配合机械快门一起使用，机械快门起到了遮光和控制曝光的作用。

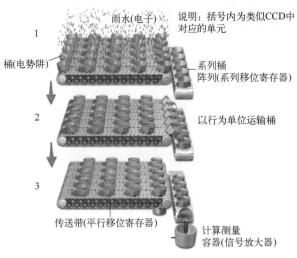

图 8-37　CCD 电荷转移原理

图 8-38　拖尾效应

③ 行间转移架构。行间转移架构（interline）在外观设计上与全帧 CCD 类似，不同之处在于每个像素旁边都有一个不感光的寄存器，每两个像素成对耦合在一起，电荷以每两个像素为单位转移至寄存器，这便是电荷耦合名称的由来，如图 8-39 所示。

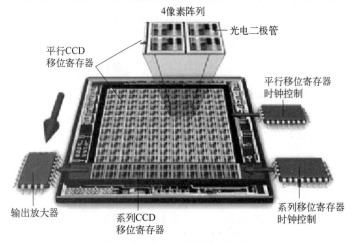

图 8-39　CCD 行间转移架构

行间转移架构的 CCD 最大的优点是无须搭配机械快门，有较高的帧转移效率，因此，影像拖尾效应也相对减少。缺点是更复杂的设计架构和更高的制作成本。

8.2.3.2　CMOS 数字摄像机

（1）CMOS 结构

1992 年，美国国家航空航天局（NASA）喷气推进实验室科学家 Eric Fossum 博士发表了长篇论文，讨论了有源像素传感器技术的应用，后来便有了 CMOS 影像传感器的出现。

CMOS 影像传感器主要由以下四部分构成。

微透镜：位于传感器最顶层，主要作用是将入射光线聚焦于光电二极管，提高光线的利用率。

彩色滤镜：与 CCD 类似，也是拜耳阵列滤镜，包含红、绿、蓝三种颜色，用于过滤不同波长的光线。

金属连接层（电路）：金属（铝或铜）连接线和氧化物保护膜。

硅基：主要内置元件为光电二极管，将光信号转换成电信号。

CMOS 影像传感器横截面如图 8-40 所示。

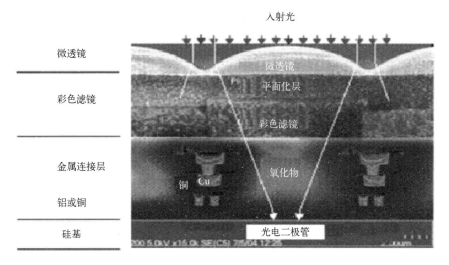

图 8-40　CMOS 影像传感器横截面

（2）CMOS 运行原理

与 CCD 最大的不同是，CMOS 的每个像素都内置有一个独立的信号放大器，因此，CMOS 影像传感器也被称为有源像素传感器（active pixel sensor，APS）。光线进入 CMOS 后与光电二极管发生光电效应，偏压门电路控制后者的光敏性，从上至下逐行扫描式曝光，每个像素内产生的电信号均被立即放大。传感器的每一列都有模/数转换器（ADC），以"列"为单位读取电荷数据并转移至并行处理总线，然后输送至信号放大器，最后传至图像处理器，如图 8-41 所示。

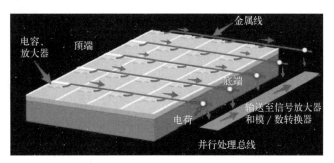

图 8-41　CMOS 影像传感器读取与转换电荷

（3）前照式与背照式的对比

根据结构的不同，CMOS 影像传感器可分为前照式和背照式两种。

传统 CMOS 的光电二极管位于传感器的最底部、金属线下方，入射光从光电二极管的前面（与电路相连的一侧）进入，此类 CMOS 影像传感器因此被称为前照式传感器（front-side illuminated sensor，FSI），如图 8-42 所示。

前照式传感器有一个最大的缺点：光线在照射到光电二极管时要先经过电路，电路中的金属线会反射一部分入射光，这不仅直接降低了光线的利用率，而且光线的散射也增加了系统的噪声，降低了传感器的宽容度。

为了提升传感器在弱光环境下的感光表现，减少系统噪声，后来在前照式设计的基础上进行了改进与升级，将光电二极管置于电路上方，入射光经过滤镜后直接从二极管的背面（背对电路的一侧）进入。因此，此类 CMOS 影像传感器被称为背照式传感器（back-side illuminated sensor，BSI），如图 8-43 所示。

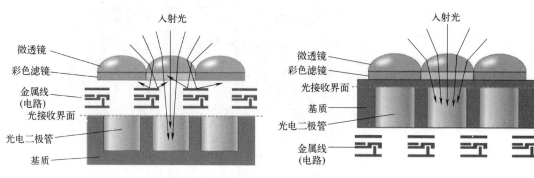

图 8-42　前照式传感器（FSI）横截面　　　图 8-43　背照式传感器（BSI）横截面

背照式传感器的优点在于：大幅缩短了光线抵达光电二极管的路径，减少了光线的散射，使光线更聚焦，从而提升了在弱光环境中的感光能力，减小了系统噪声和串扰。背照式设计是 CMOS 技术的重大改进，使传统 CMOS 具有更大的竞争优势。

8.2.3.3　CCD 与 CMOS 的对比

最后，来简单对比一下两类影像传感器的优劣。

（1）CCD 的优劣

CCD 的主要优点是高画质（噪点较少）和高光敏性（感光区域面积更大），但同时也有高能耗、易发热、制作成本高和低处理效率等缺点。CCD 主要应用于对画质和宽容度要求较高的领域，如航天、医学等。

（2）CMOS 的优劣

由于每像素都有独立放大器，而且每一列都有模拟/数字信号转换器，CMOS 比 CCD 有更高的数据处理效率。由于所需电压比 CCD 低，能耗也大幅减少，无发热问题。低廉的生产成本使 CMOS 有技术应用普及、高度商业化的优势。CMOS 的这些优点都是 CCD 所不具有的。

然而，CMOS 并非完美。其增加了大量信号放大器，这固然提升了数据处理效率，但同时也无可避免地抬高了系统的底噪，使最终影像的噪点问题更为突出，画质方面的表现不及 CCD。此外，CMOS 的像素区域（感光区）尺寸不如全帧架构 CCD，导致 CMOS 的弱光表现能力也不及 CCD。

虽然 CMOS 凭借小尺寸、低成本、低能耗等优势，一直占据着消费级数码相机和手机摄影市场较大份额，但并不意味着 CCD 已被市场淘汰，两者不是谁取代谁的问题，而是各有千秋，各有各的应用范围。

8.3 机器人视觉图像处理

8.3.1 视觉图像处理的对象

视觉图像处理的对象是从摄像机和图像采集卡获取的，以文件形式存在计算机存储器中的图像。经过数字化处理的图像数据都是二进制的，以 TIFF、JPG、BMP 等图像格式存储起来。数字图像是计算机文件，它包含按一定顺序存储的各个像素点的光强值，它可以通过特定的程序（图像处理程序）访问、读取、复制、修改，也可以存储为其他格式。

图像按像素光强格式分为灰度图像、彩色图像、二值图像。

灰度图像：一幅图像在不同像素点上有不同的灰度等级，称之为灰度图像。

彩色图像：彩色图像是通过把三幅色调分别为红绿蓝的图像以一定的方式组合起来的，每一种颜色都是由 0、1 代码组成的。

二值图像：图像中的每一个像素不是全亮就是全黑，即要么是 0、要么是 1。为了获得二值图像，首先设置一个阈值，然后将像素灰度值超过阈值的像素值设为 1，低于阈值的设为零。不同的阈值就得到不同的二值图像。

8.3.2 视觉图像处理的目的

视觉图像处理的目的是对图像增强、改善或修改，为图像分析和识别做准备。

8.3.3 视觉图像处理的基本理论

（1）频域处理：傅里叶变换

用傅里叶变换分析图像信号的频率和幅值变化可以消除突变等噪声，以平滑图像、去掉噪声、获得边缘等。

$$f(t) = \frac{a_0}{2} + \sum_{n=1}^{\infty} a_n \cos(n\omega t) + \sum_{n=1}^{\infty} b_n \sin(n\omega t) \tag{8-1}$$

式（8-1）表明，任何周期和非周期信号都可以分解成不同频率的正弦信号的叠加。

图像的傅里叶变换就是对图像像素值做傅里叶变换或快速傅里叶变换，把图像信号变换到频域，研究其幅值和频率的变化，建立幅值和频率变化与图像特征之间的关系。

（2）空域处理：卷积掩模

空域处理是指对图像上单个像素的灰度值进行操作，即在空间域进行操作处理。空域处理最常用的是卷积掩模。

图 8-44（a）表示一幅图像的一部分，其中的 A、B、C、D、E、F 等表示像素的灰度值，图 8-44（b）表示一个 3×3 的掩模，m_1，$\cdots$，m_9 为掩模中的元素值。

(a) 图像数据　　　　(b) 掩膜

图 8-44　卷积掩膜

我们把掩膜应用在图像数据上，把掩膜对准图像数据的左上角，图像中的灰度数据乘以掩膜中对应位置的元素，然后相加，再除以一个基准值 S，得到一个元素 X。

$$X = \frac{Am_1 + Bm_2 + Cm_3 + Em_4 + Fm_5 + Gm_6 + Im_7 + Jm_8 + Km_9}{S} \tag{8-2}$$

其中，S 为

$$S = |m_1 + m_2 + m_3 + m_4 + m_5 + m_6 + m_7 + m_8 + m_9| \tag{8-3}$$

如果 S 总和为 0，则取 $S=1$。

首先将计算得到的 X 代替掩膜下面图像块中心的像素值 F，然后掩膜右移一个像素位置，掩膜和下面的图像的对应位置处的元素相乘后相加除以基准值，又得到一个新的 X，用之代替掩膜下面图像块中心的像素值 G。如此操作，直到本行结束再下移一行，继续操作直到整幅图像处理完毕。开始和结束的行和列无法进行这种操作，通常忽略，或填以 0。

一般来说，对于一幅 R 行 C 列像素的图像 $I(R,C)$ 和一个 n 行 n 列的掩膜 $M(n,n)$，掩膜后新的图像像素值 I_{xy} 的计算方法可按下式进行：

$$I_{xy}=\frac{\sum_{i=1}^{n}\sum_{j=1}^{n}M_{ij}\times I_{\left[\left(x-\frac{n+1}{2}+i\right)\left(y-\frac{n+1}{2}+j\right)\right]}}{S} \tag{8-4}$$

其中：

当和不为零时，$S=\left|\sum_{i=1}^{n}\sum_{j=1}^{n}M_{ij}\right|$；

当和为 0 时，$S=1$。

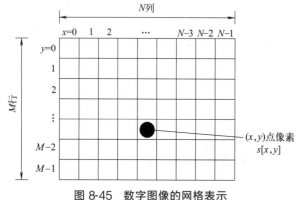

图 8-45　数字图像的网格表示

8.3.4　视觉图像处理的方法

（1）数字图像的矩阵表示

我们将采集到的计算机的数字图像（BMP、JPG、JPEG 等）以矩阵的方式存在计算机的某一指定存储区中，矩阵中的每一元素对应相应图像的灰度值。灰度的等级表示图像色彩亮度的深浅，一般量化为 0～255，0 表示亮度最暗、最深，255 表示最亮、最浅。数字图像的网格表示如图 8-45 所示。

那么，相应图像的矩阵表示如下。

$$F(x,y)=\begin{bmatrix} f(1,1) & f(1,2) & \cdots & f(1,N) \\ f(2,1) & f(2,2) & \cdots & f(2,N) \\ \vdots & \vdots & \vdots & \vdots \\ f(M,1) & f(M,2) & \cdots & f(M,N) \end{bmatrix} \tag{8-5}$$

对数字图像进行处理就是对相应矩阵进行处理。在 C 语言中，对 $M\times N$ 数字图像处理的核心代码如下。

```
For（j=1;j<N+1;j++）
    For（i=1;i<M+1;i++）
    〈对 f(i,j)的具体运算
};
```

在 MATLAB 语言中，对 $M\times N$ 数字图像处理的核心代码如下。

```
For i=1:M
    For j=1:N
    %f(i,j)的具体运算
    end
end
```

（2）几种常见的数字图像类型

① 黑白图像。黑白图像的每个像素只能是黑和白（灰度值为 0 或 1），所以又称二值图像。

② 灰度图像。灰度图像的每一个像素由一个灰度等级数来描述（灰度等级为 0～255），没有色彩信息。

③ 彩色图像。彩色图像的每一个像素由 RGB 三原色构成，而 RGB 由不同的灰度等级来描述。R、G、B 是三维彩色空间的 3 个坐标轴，每个坐标都按灰度等级量化为 0～255。在这样的彩色空间中所有颜色都位于一个边长为 255 的立方体内，每一种颜色都用（r，g，b）三维坐标来表示，黑色（0，0，0）位于坐标原点，如图 8-46 所示。

彩色图像还可以用其他色彩空间表示，除 RGB 之外，还有 HSV、YUV、HSI、Lab 等彩色空间以及灰度空间，各种空间之间可以互相转化。

④ 序列图像。序列图像是彼此具有相互联系、时间上有先后顺序的一系列图像的统称，电视、电影图像就是序列图像。序列图像中的每一幅图像就是一个帧。

目前已经有许多图像处理的方法，在美国人 David A. Forsyth 和 Jean Ponce 所著的《计算机视觉》一书中，图像处理被分成使用单幅图像的早期视觉和使用多幅图像的底层视觉、中层视觉和高层视觉四种视觉处理类型；

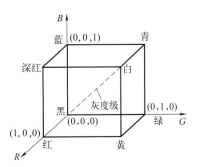

图 8-46　RGB 彩色立方体

而在大多数著作中，视觉图像处理被分为图像处理以及图像识别两大类。本书采用后一种分类，即将视觉图像的处理方法分为图像处理以及图像识别两大类。

8.3.5　视觉图像处理的基本方法和 MATLAB 程序

（1）图像处理对象的来源

我们将来源于视觉系统与图像采集系统的实体景物的形状和色彩转变成 CCD 或 CMOS 像素阵列的电荷变化，由相应电路转移出来，变成若干模拟电压信号（个数等于像素阵列的像素数），这些模拟电压信号由图像采集卡进行 A/D 转换和压缩等处理转换成数字图像信号，形成数字图像文件，存于 VGA 内存或硬盘的某个存储区。

存放形式：图片格式、视频格式。

（2）色彩空间及相互转换

① RGB 色彩空间。R(red)、G(green)、B(blue) 是彩色空间的 3 个坐标轴，每个坐标的量化值范围均是 0～255，0 对应最暗，255 对应最亮。所有的颜色都位于一个边长为 255 的立方体上，任意一种颜色都可用三维坐标（r，g，b）来表示，黑色（0，0，0）是坐标原点，如图 8-46 所示。

② HSV 色彩空间。HSV（hue，saturation，value）色彩空间的模型对应于圆柱坐标系的一个圆锥形子集（图 8-47），圆锥的顶面对应于 $v=1$，它包含 RGB 模型的 $r=1$、$g=1$、$b=1$ 三个面，所代表的颜色较亮。色调 h 由绕 V 轴的旋转角给定，红色对应 $0°$，绿色对应 $120°$，蓝色对应 $240°$。在这种模型中，每一种颜色和它的补色相差 $180°$，饱和度 s 取值为 0～1，圆锥顶面的半径为 1，在圆锥顶点处，$v=0$，h 和 s 无定义，代表黑色；圆锥的顶面中心处，$s=0$，$v=1$，h 无定义，代表白色；在圆锥顶面的圆周上，$v=1$，$s=1$，这种颜色是纯色。

从 RGB 到 HSV 的转换为非线性转换，转换的表达式为如下。

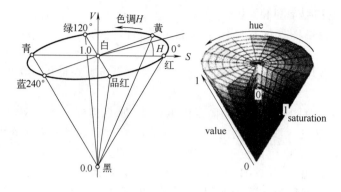

图 8-47　HSV 彩色空间

$$
h = \begin{cases}
\text{undefined} & \text{if} \quad \max = \min \\
60° \times \dfrac{g-b}{\max - \min} + 0° & \text{if} \quad \max = r \quad \text{and} \quad g \geqslant b \\
60° \times \dfrac{g-b}{\max - \min} + 360° & \text{if} \quad \max = r \quad \text{and} \quad g < b \\
60° \times \dfrac{g-b}{\max - \min} + 120° & \text{if} \quad \max = g \\
60° \times \dfrac{g-b}{\max - \min} + 240° & \text{if} \quad \max = b
\end{cases}
$$

$$
s = \begin{cases}
0 & \text{if} \qquad \max = 0 \\
\dfrac{\max - \min}{\max} = 1 - \dfrac{\min}{\max} & \text{otherwise}
\end{cases}
$$

$$
v = \max
$$

式中，r、g、b 分别为三基色灰度值；h、s、v 分别为图像的色度、饱和度和亮度。

③ YUV 色彩空间。YUV 色彩空间由 RGB 色彩转换而来，用亮度 Y 和两个色差信号 $b - Y(C_b)$ 和 $r - Y(C_r)$ 来表征，用公式表示为

$$
\begin{cases}
Y = K_r r + K_g g + K_b b \\
C_r = r - Y \\
C_g = g - Y \\
C_b = b - Y
\end{cases}
\tag{8-6}
$$

式中，K_r、K_g、K_b 分别为加权因子；$C_r + C_g + C_b = $ 常数。

RGB 空间转换为 YUV 空间的转换公式为

$$
\begin{cases}
Y = K_r r + (1 - K_b - K_r) g + K_b b \\
C_r = \dfrac{1 - K_r}{2(r - Y)} \\
C_b = \dfrac{1 - K_b}{2(b - Y)}
\end{cases}
\tag{8-7}
$$

YUV 空间转换为 RGB 空间的转换公式为

$$\begin{cases} r = Y + \dfrac{1 - K_r}{2C_r} \\ g = Y - \dfrac{K_b(1 - K_b)}{2(1 - K_b - K_r)C_b} - \dfrac{K_r(1 - K_r)}{2(1 - K_b - K_r)C_r} \\ b = Y + \dfrac{1 - K_b}{2C_b} \end{cases} \tag{8-8}$$

式中，$K_b = 0.114$，$K_r = 0.299$。

YUV 空间常用的格式有 4：4：4、4：2：2、4：2：0 等。在 4：2：2 格式中，对每个像素的亮度 Y 进行采集，对色差 U 和 V 则每两个像素采集一次，它们在内存中的存放格式见表 8-3。

表 8-3　YUV 4：2：2 格式在内存中的形式

16 位地址	D15~D8(高 8 位)	D7~D0(低 8 位)
0	Y_0	C_{b_0}
1	Y_1	C_{r_0}
2	Y_2	C_{b_2}
3	Y_3	C_{r_2}

④ HSI 色彩空间。HSI 视觉空间比 RGB 颜色空间更符合人的视觉特性，而且色调 H（hue）、色饱和度 S（saturation）、亮度 I（itensity）三个分量相互独立，可以分开处理，在 HSI 空间进行图像分析和处理的工作量较少。HSI 和 RGB 色彩空间互相转换的公式如下。

$$\begin{cases} H = \begin{cases} \theta & b \leqslant g \\ 360° - \theta & b > g \end{cases} \\ S = 1 - \dfrac{3}{r + g + b}[\min(r, g, b)] \\ I = \dfrac{1}{3}(r + g + b) \end{cases} \tag{8-9}$$

其中：

$$\theta = \arccos\left\{ \dfrac{\dfrac{1}{2}[(r - g) + (r - b)]}{\sqrt{(r - g)^2 + (r - b)(g - b)}} \right\}$$

⑤ 灰度空间。灰度空间就是由黑白两色表示色彩空间，由彩色空间转换到灰度空间的过程叫作灰度化。灰度化过程就是使 RGB 空间的三个分量相等的过程，即使 $r = g = b$ 的过程。灰度级别有 256 级。灰度化处理的方法有三种。

最大值法：令灰度值等于 RGB 值中最大的一个。

平均值法：令灰度值等于 RGB 值的平均值。

加权平均法：令灰度值等于 RGB 值的加权平均值。

⑥ MATLAB 中色彩空间转换的编程。

在 MATLAB 视觉工具箱中，vision. colorspaceconverter 可实现输入图像的色彩空间转换。该命令的使用方法如下：

a＝step(vision. colorspaceconverter,img)；

img 为原始图像,a 为色彩转换后的图像。

例如：

%读入图像并显示

i1＝imread('pears. png');

imshow(i1)

%创建系统对象

hcsc＝vision. colorspaceconverter;

%设置系统对象属性

hcsc. convision＝'RGB to intensity';

%进行转换

i2＝step(i1);

%显示转换后的结果

figure

imshow(i2);

（3）图像缩放

一般情况下，数字图像的比例缩放是指图像在 x 方向和 y 方向按同样的比例缩放得到新的图像，又称全比例缩放。如果两个方向的缩放比例不同，则新的图像会产生畸变。

在 MATLAB 视觉工具箱中，vision. geometricscaler 可实现图像的缩放转换。该命令的使用方法如下。

a＝step(vision. geometricscaler,img);

img 为原始图像，a 为缩放后的图像。

例如：

%读入图像

i＝imread('cameraman. tif');

%创建系统对象

hgs＝ vision. geometricscaler;

%设置系统对象属性

hgs. sizemethod＝'output size as percentage of input size';对输入的图像按一定的比例缩放

hgs. interpolationmathod＝'bilinear';%采用双线性插值

%运行系统对

j＝step(hgs,i)

%显示原始图像和处理后的图像

imshow(i);title('original image');

figure,imshow(j);title('resized image')

（4）图像平移

图像的平移是将图像上的所有像素点均按给定的偏移量向 x 方向和 y 方向进行平行移动。如果像素点 $A_0(x_0, y_0)$ 平移后到了 $A(x, y)$，x 方向的平移量为 Δx，y 方向的平移量为 Δy，那么坐标平移变换的表达式为

$$\begin{bmatrix} x \\ y \\ 1 \end{bmatrix} = \begin{bmatrix} 1 & 0 & \Delta x \\ 0 & 1 & \Delta y \\ 0 & 0 & 1 \end{bmatrix} \begin{bmatrix} x_0 \\ y_0 \\ 1 \end{bmatrix}$$

在 MATLAB 视觉工具箱中，vision. geometrictranslator 可实现图像的平移变换。该命令的使用方法如下。

a＝step(vision. geometrictranslator,img)；

img 为原始图像，a 为平移后的图像。

其属性如下。

outputsize：输出图像的尺寸。

offsetsource：选择平移值通过何种方式输入。

offset：平移量。

maximumoffset：最大偏移量。

backgroundfillvalue：背景图像填充值。默认值为 0。

interpolationmethod：插值方法设置。其中，nearest neighbor：最邻近插值；bilinear：双线性插值；bicubic：立方插值。默认值为 bilinear。

例如：

%创建系统对象

htranslate＝vision. geometrictranslator；

%设置系统对象属性

htranslate. outputsize＝'same as input image'；%输出图像的大小与输入相同

htranslate. offset＝[30 30]；%在 x、y 上的偏移量各为 30 个像素

%读入图像并转换为单精度

img＝imread('cameraman. tif')；

i＝im2single(img)；

%运行系统对象

y＝step(htranslate,i)；

%显示结果

subplot(1,2,1),imshow(img)；

subplot(1,2,2),imshow(y)；

（5）图像旋转

若以图像的中心作为圆心，绕垂直于图像的轴逆时针旋转 θ，图像仍在该平面，但有些像素可能会超出显示区域。对超出显示区域的部分，可以截去，也可以采取扩大显示区域的方式予以保留。假定保留旋转后的全部图像，原图像 A 中某点的像素坐标 (x_a, y_a) 在做了上述旋转转换后，与图像 B 中的新坐标 (x_b, y_b) 的关系如下。

$$\begin{bmatrix} x_a \\ y_a \\ 1 \end{bmatrix} = \begin{bmatrix} \cos\theta & -\sin\theta & 0 \\ \sin\theta & \cos\theta & 0 \\ 0 & 0 & 1 \end{bmatrix} \begin{bmatrix} x_b \\ y_b \\ 1 \end{bmatrix}$$

在 MATLAB 视觉工具箱中，vision. geometricrotator 可实现图像的旋转转换。该命令的使用方法如下。

a＝step(vision. geometricrotator,img)；

img 为原始图像,a 为旋转后的图像。

其属性如下。

outputsize：输出图像的尺寸。

anglesource：选择旋转角度来源。

angle：图像旋转角度，默认值 $\pi/6$。

maximumangle：最大旋转角度，默认值是 π。

rotatedimagelocation：设定如何旋转。

sinecomputation：设定如何计算旋转。

backgroundfillvalue：背景图像填充值。默认值为 0。

interpolationmethod：插值方法设置。nearest neighbor：最邻近插值；bilinear：双线性插值；bicubic：立方插值。默认值为 bilinear。

例如：

%读入图像并转换为双精度

img＝im2double(imread('peppers. png'))；

%创建系统对象

hrotate＝vision. geometricrotator；

%设定旋转角度

hrotator. angle＝pi/6；

%执行系统对象

rotimg＝step(hrotator,img)；

%显示旋转后的图像

imshow(rotimg)；

（6）图像傅里叶变换（FFT）

图像的傅里叶变换把图像信号从空域转向频域，拓宽了图像处理的思路和方法。

假设 $f(m,n)(m＝0,1,\cdots,M-1;n＝0,1,\cdots,N-1)$ 是一幅 $M \times N$ 图像，其二维离散傅里叶变换的定义是

$$F(k,l)=\sum_{m=0}^{M-1}\sum_{n=0}^{N-1}f(m,n)\mathrm{e}^{-\mathrm{j}\pi\left(\frac{mk}{M}+\frac{nl}{N}\right)} \tag{8-10}$$

其反变换是

$$F(m,n)=\sum_{k=0}^{M-1}\sum_{l=0}^{N-1}f(k,l)\mathrm{e}^{+\mathrm{j}\pi\left(\frac{mk}{M}+\frac{nl}{N}\right)} \tag{8-11}$$

式中，$\mathrm{e}^{-\mathrm{j}\pi\left(\frac{mk}{M}+\frac{nl}{N}\right)}$、$\mathrm{e}^{+\mathrm{j}\pi\left(\frac{mk}{M}+\frac{nl}{N}\right)}$ 分别为正变换核和反变换核。

在 MATLAB 视觉工具箱中，vision. FFT 可实现输入灰度图像的快速傅里叶变换。该命令的使用方法如下。

a＝step(vision. FFT,img)；

img 为原始图像，a 为变换后的图像。

其属性如下。

FFTimplementation：FFT 的执行方式，可设置为 Auto、Radix-2、FFT-W。默认值为 Auto。若将其设置为 Radix-2，则输入图像的行数、列数必须为 2^n。

bitReversedOutput：可设置为 false 或者 true，默认值是 false。

normalize：是否对输入的图像进行归一化处理。可设置为 false 或者 true，默认值是 false。

例如：

%定义系统对象

hfft2d＝vision. FFT；

```
hcsc=vision. colorspaceconverter('conversion','RGB to intensity')
hgs = vision. geometricscaler('sizemethod','number of output rows and column',
'size',[512 512]);
```
%读入图像
```
x=imread('saturn. png');
imshow(x);
```
%将输入的图像转化为 512×512 大小的图像
```
x1=step(hgs,x);
```
%将 RGB 图像转化为灰度图像
```
ycs=step(hcsc,x1);
```
%对图像进行傅里叶变换
```
y=step(hfft2d,ycs);
```
%变换后的零频率分量位于中心
```
y1=fftshift(double(y));
figure
```
%显示结果
```
imshow(log(max(abs(y1),1e-6)),[]);
colormap(jet(64));
```
（7）图像的腐蚀与膨胀

我们将元素结构 B 平移 a 后得到 B_a，若 B_a 包含于 X，记下这个 a 点，所有满足上述条件的 a 点组成的集合称为 X 被 B 腐蚀。

我们将元素结构 B 平移 a 后得到 B_a，若 B_a 击中 X，记下这个 a 点，所有满足上述条件的 a 点组成的集合称为 X 被 B 膨胀。

腐蚀与膨胀互为对偶运算。

在 MATLAB 视觉工具箱中，vision. morphologicaldilate 可实现输入图像的膨胀运算。该命令的使用方法如下。

```
a=step(vision. morphologicaldilate,img);
```
img 为原始图像，a 为膨胀操作后的图像。

其属性如下。

neighborhoodsource：结构元素输入的方式。默认方式为 property。

neighborhood：结构元素矩阵。该属性的默认值是 [1 1 1 1]。

例如：

%读入图像
```
x=imread('peppers. png');
```
%设置系统对象属性
```
hcsc=vision. colorspaceconverter;
hcsc. conversion='RGB to intensity';
hautothresh=vision. autothresholder;
hdilate=vision. morphologicaldilate('neighborhood',ones(5,5));
```
%运行系统对象
```
x1=step(hcsc,x);%将 RGB 图像转化为灰度图像
x2=step(hautothresh,x1);%将灰度图像转化为二值图像
```

y＝step(hdilate,x2);％对二值图像进行膨胀运算

％显示结果

figure；

subplot(1,3,1),imshow(x);

subplot(1,3,2),imshow(x2);

subplot(1,3,3),imshow(y);

在 MATLAB 视觉工具箱中，vision. morphologicalerode 可实现输入图像的腐蚀运算。该命令的使用方法如下。

a＝step(vision. morphologicalerode,img);

img 为原始图像，a 为腐蚀操作后的图像。

其属性如下。

neighborhoodsource：结构元素输入的方式。默认方式为 property。

neighborhood：结构元素矩阵。该属性的默认值是 strel（'square'，4）。

例如：

％读入图像

x＝imread('peppers. png');

％设置系统对象属性

hcsc＝vision. colorspaceconverter;

hcsc. conversion＝'RGB to intensity';

hautothresh＝vision. autothresholder;

herode＝vision. morphologicalerode('neighborhood',ones(5,5));

％运行系统对象

x1＝step(hcsc,x);％将 RGB 图像转化为灰度图像

x2＝step(hautothresh,x1);％将灰度图像转化为二值图像

y＝step(herode,x2);％对二值图像进行腐蚀运算

％显示结果

figure；

subplot(1,3,1),imshow(x);

subplot(1,3,2),imshow(x2);

subplot(1,3,3),imshow(y);

（8）图像的开运算与闭运算

开运算是指先腐蚀后膨胀；闭运算是指先膨胀后腐蚀。

在 MATLAB 视觉工具箱中，vision. morphologicalopen 可实现输入图像的开运算。该命令的使用方法如下。

a＝step(vision. morphologicalopen,img);

img 为原始图像，a 为开运算操作后的图像。

其属性如下。

neighborhoodsource：结构元素输入的方式。默认方式为 property。

neighborhood：结构元素矩阵。该属性的默认值是 strel('disk',5)。

例如：

％读入图像并转换为单精度型

img＝im2single(imread('blobs. png'));

%设置系统对象属性

hopening=vision. morphologicalopen;

hopening. neighborhood=strel('disk',5);

%运行系统对象

opened=step(hopening,img);

%显示结果

figure;

subplot(1,2,1),imshow(img);title('原始图像');

subplot(1,2,2),imshow(opened);title('开运算后图像');

在 MATLAB 视觉工具箱中，vision. morphologicalclose 可实现输入图像的闭运算。该命令的使用方法如下。

a=step(vision. morphologicalclose,img);

img 为原始图像，a 为闭运算操作后的图像。

其属性如下。

neighborhoodsource：结构元素输入的方式。默认方式为 property。

neighborhood：结构元素矩阵。该属性的默认值是 strel（'line'，5，45）。

例如：

%读入图像并转换为单精度型

img=im2single(imread('blobs. png'));

%设置系统对象属性

hclosing=vision. morphologicalclose;

hclosing. neighborhood=strel('line',5,45);

%运行系统对象

closed=step(hclosing,img);

%显示结果

figure;

subplot(1,2,1),imshow(img);title('原始图像');

subplot(1,2,2),imshow(closed);title('闭运算后图像');

（9）图像的中值滤波

中值滤波的主要功能是让与周围像素灰度值比较大的像素值做出改变，取与周围像素比较近的值，从而消除孤立噪声点。其主要步骤如下。

① 将模板中心与图像中某个像素位置重合。

② 读取模板下图像中各对应像素的灰度值。

③ 将这些灰度值从小到大排成一列。

④ 找出这些值的中值。

⑤ 将这一中值复制给模板中心对应的图像位置处的像素，作为该处的灰度值。

⑥ 对整幅图像用同一模板不断移动，进行如上同样的操作，直到对图像上的所有像素完成这样的操作。

MATLAB 视觉工具箱中，vision. medianfilter 可实现输入图像的中值滤波。该命令的使用方法如下。

a=step(vision. medianfilter,img);

img 为原始图像，a 为中值滤波后的图像。

其属性如下。

neighborhoodsize：中值滤波器的邻域尺寸。其默认值是［3 3］。

outputsize：输出尺寸。默认值为'same as input size'。

paddingmethod：输入图像扩充方法。可将其设置为 constant、replicate、symmetric、ciecular。默认值为 constant。

paddingvaluesource：输入图像扩充值。默认值为 property。

paddingvalue：当 paddingmethod 属性设置为 constant 且 paddingvaluesource 属性设置为 property 时，该属性有效。该属性可调，其默认值是 0。

例如：

```
%读入图像
img＝im2single(rgb2gray(imread('peppers.png')));
%添加噪声
img＝imnoise(img,'salt&pepper');
%显示噪声图像
subplot(1,2,1),imshow(img),title('噪声图像');
%定义系统对象
hmedianfilt＝vision.medianfilter([5 5]);
%对图像进行滤波处理
filtered＝step(hmedianfilt,img);
%显示滤波后的图像
subplot(1,2,2),imshow(filtered),title('滤波图像');
```

（10）图像的角点检测

首先设定一个特定的小窗口，在图像的各个方向上移动这个小窗口，如果窗口区域内图像的灰度发生了较大的变化，就可以认为窗口内遇到了角点。角点的检测就是检测小窗口范围内图像像素点灰度的突变。

在 MATLAB 视觉工具箱中，vision.cornerdetector 可实现输入图像的角点检测。该命令的使用方法如下。

```
a＝step(vision.cornerdetector,img);
```

img 为输入灰度图像，a 为角点位置矩阵。

其属性如下。

method：角点位置检测算法设置。可将其设置为 harris corner detection、minimum eignvalue 或 local intensity comparision。默认值是 harris corner detection。

sensitivity：角点检测敏感因子，取值范围 $0 < k < 0.25$，默认值 0.01。

smoothingfiltercoefficients：平滑滤波器系数。

cornerlocatiopnoutputport：角点位置输出使能。

metricmatrixoutputport：角点输出使能。

maximumcornercount：检测角点数量的最大值。

cornerthreshold：角点判别阈值。

neighborhoodsize：邻域大小设置。

例如：

```
%读入图像并转换成单精度型
i＝im2single(imread('hangkong.jpg'));
```

％创建角点检测系统对象

hcornerdet＝vision. cornerdetector；

％对输入的图像进行 harris 角点检测

pts＝step(hcornerdet，i)；

％设置角点标志

hdrawmarkers＝vision. markerinserter('shape'、'circle'、'size'、10，'bordercolor'、'custom'、'custom bordercolor'、'color')；％创建用于标记的系统对象

j＝step(hdrawmarkers，j，pts)；

imshow(j)；title('角点检测结果')；

（11）图像的边缘检测

图像的边缘是指其周围像素灰度急剧变化的那些像素的集合，它是图像分割重要的依据之一，也是图像匹配的重要特征。

边缘检测的基本思想是先检测边缘点，然后将边缘点连成轮廓，进而进行区域分割。

① 运用一阶微分算子进行边缘检测。

② 运用二阶微分算子进行边缘检测。

③ canny 边缘检测算子。

在 MATLAB 视觉工具箱中，vision. edgedetector 可实现输入灰度图像的边缘检测。该命令的使用方法如下：

a＝step(vision. edgedetector，img)；

img 为输入灰度图像，a 为边缘检测后的灰度图像。

其属性如下。

method：边缘检测算法设置。可将其设置为 sobel、prewitt、roberts、canny。默认值是 sobel。

binaryimageoutputport：如果将该属性设置为 true，则边缘检测后的结果将输出逻辑二值数组。该属性的默认值是 true。

gradientcomponentoutputports：如果将该属性设置为 true，则输出梯度元素。该属性的默认值是 false。

threshold：该属性用于阈值设定。当采用 sobel、prewitt、roberts 进行边缘检测时，该属性的默认值设置为 20；当采用 canny 进行边缘检测时，该属性的默认值设置为 [0.25 0.6]。

thresholdscalefactor：阈值缩放因子。

gaussianfilterstandarddeviation：高斯滤波器标准差。当采用 canny 进行边缘检测时，可以对该属性进行设置。

例如：

％定义系统对象

hedge＝vision. edgedetector；

hcsc＝vision. colorspaceconverter('conversion'，'RGB to intensity')；

hidtypeconv＝vision. imagedatatypeconverter('outputdatatype'，'single')；

％读入图像并转换为灰度图像

img＝step(hcsc，imread('peppers. png'))；

％将其转换为单精度型

img1＝step(hidtypeconv，img)；

```
%进行边缘检测
edges=step(hedge,img1);
%显示边缘检测结果
imshow(edges);
```

8.4 机器人视觉图像分析与识别

8.4.1 图像识别的概念与常用方法

图像识别是指将图像处理得到的图像进行进一步的处理，从中提取特征和分类。常用的识别方法有统计法（或决策理论法）、句法（或结构）识别法、神经网络法、模板匹配法和霍夫变换法。

（1）统计法（statistic method）

统计法是对研究的图像进行大量的统计分析，找出其中的规律并提取反映图像本质特点的特征来进行图像识别的。它以数学上的决策理论为基础，建立统计学识别模型，因而是一种分类误差最小的方法。常用的图像统计模型有贝叶斯（Bayes）模型和马尔柯夫（Markow）随机场（MRF）模型。但是，较为常用的贝叶斯决策规则虽然从理论上解决了最优分类器的设计问题，其应用却在很大程度受到了更为困难的概率密度估计问题的限制。同时，正是因为统计法基于严格的数学基础，而忽略了被识别图像的空间结构关系，当图像非常复杂、类别数很多时，将导致特征数量的激增，给特征提取造成困难，也使分类难以实现。尤其是当被识别图像（如指纹、染色体等）的主要特征是结构特征时，用统计法就很难进行识别。

（2）句法识别（syntactic recognition）法

句法识别法是对统计识别方法的补充，在用统计法对图像进行识别时，图像的特征是用数值特征描述的，而句法识别法则是用符号来描述图像特征的。它模仿了语言学中句法的层次结构，采用分层描述的方法，把复杂图像分解为单层或多层的相对简单的子图像，主要突出被识别对象的空间结构关系信息。模式识别源于统计法，而句法识别法则扩大了模式识别的能力，使其不仅能用于对图像的分类，而且可以用于对景物的分析与对物体结构的识别。但是，当存在较大的干扰和噪声时，句法识别法抽取子图像（基元）困难，容易产生误判，难以满足分类识别的精度和可靠性要求。

（3）神经网络（neural network）法

神经网络法是指用神经网络算法对图像进行识别的方法。神经网络系统是大量的，同时也是很简单的处理单元（称为神经元），通过广泛地按照某种方式相互连接而形成的复杂网络系统，虽然每个神经元的结构和功能十分简单，但由大量的神经元构成的网络系统的行为却是丰富多彩和十分复杂的。它反映了人脑功能的许多基本特征，是人脑神经网络系统的简化、抽象和模拟。句法识别法侧重于模拟人的逻辑思维，而神经网络方法则侧重于模拟和实现人的认知过程中的感知觉过程、形象思维、分布式记忆和自学习自组织过程，与符号处理是一种互补的关系。由于神经网络方法具有非线性映射逼近、大规模并行分布式存储和综合优化处理、容错性强、独特的联想记忆及自组织、自适应和自学习能力等特点，因而特别适合处理需要同时考虑许多因素和条件的问题以及信息不确定性（模糊或不精确）问题。在实际应用中，由于神经网络方法存在收敛速度慢、训练量大、训练时间长，且存在局部最小，识别分类精度不够，难以适用于经常出现新模式的场合，因而其实用性有待进一步提高。

（4）模板匹配（template matching）法

模板匹配法是一种最基本的图像识别方法。所谓模板是为了检测待识别图像的某些区域特征而设计的阵列，它既可以是数字量，也可以是符号串等，因此可以把它看为统计法或句法识别法的一种特例。所谓模板匹配法就是把已知物体的模板与图像中所有未知物体进行比较，如果某一未知物体与该模板匹配，则该物体被检测出来，并被认为是与模板相同的物体。模板匹配法虽然简单方便，但其应用有一定的限制。因为要表明所有物体的各种方向及尺寸，就需要较大数量的模板，且其匹配过程由于需要的存储量和计算量过大而不经济。同时，该方法的识别率过多地依赖于已知物体的模板，如果已知物体的模板产生变形，会导致错误的识别。此外，由于图像存在噪声以及被检测物体形状和结构方面的不确定性，模板匹配法在较复杂的情况下往往得不到理想的效果，难以绝对精确，一般都要在图像的每一点上求模板与图像之间的匹配量度，匹配量度达到某一阈值时，表示该图像中存在所要检测的物体。经典的图像匹配方法利用互相关计算匹配量度，或用绝对差的平方和作为不匹配量度，但是这两种方法经常发生不匹配的情况，因此，利用几何变换的匹配方法有助于提高稳健性。

（5）霍夫变换 （Hough transform， HT）法

霍夫变换是一种典型的几何变换方法，是一种快速形状匹配技术，它对图像进行某种形式的变换，把图像中给定形状的曲线上的所有点变换到霍夫空间而形成峰点，这样，给定形状的曲线检测问题就变换为霍夫空间中峰点的检测问题，可以用于有缺损的形状的检测，是一种鲁棒性（robust）很强的方法。为了减少计算量和占用的内存空间以提高计算效率，又提出了改进的霍夫算法，如快速霍夫变换（FHT）、自适应霍夫变换（AHT）及随机霍夫变换（RHT）。其中随机霍夫变换 RHT（randomized Hough transform）是 20 世纪 90 年代提出的一种精巧的变换算法，其突出特点是不仅能有效地减少计算量和内存容量，提高计算效率，而且能在有限的变换空间获得任意高的分辨率。

8.4.2 特征识别

在图像上寻找物体的特征用以识别物体叫作特征识别。可以用来识别物体的特征包括灰度分布直方图，面积、周长、厚度、长、宽、高等尺寸特征，孔洞的数量，离心率，弦长，矩等。

二值图像中某物体的矩为

$$M_{a,b} = \sum_{x,y} x^a y^b \tag{8-12}$$

式中，$M_{a,b}$ 为物体的矩；x、y 分别为图像中对应物体的状态为 1 的像素的坐标；a、b 分别为幂。

当 $a=b=0$ 时，$M_{a,b}$（即 $M_{0,0}$）就表示物体中所有状态为 1 的像素的个数，这是物体的重要特征，仅凭这个特征就可以识别出许多物体。

8.4.3 生物识别技术

生物识别英文为 bio-metrics，其中，bio 表示生命（life），metric 表示度量（measure）。生物识别（bio-metrics）技术是指识别出一个人的生理或行为特征的技术。

（1）为什么需要生物识别

为了打击犯罪和恐怖活动，我们需要一个值得信赖的安全系统。在早些年，我们使用基于令牌（token）/密码（pin）或基于卡的身份识别系统，或同时使用这两种身份识别系统。

但是，当我们使用这类系统时，仍会面临与此相关的很多问题，例如"可以破解密码吗？""如果忘记密码会怎样？""如果卡丢失了怎么办？""我拥有多少个密码？""我必须保留多少张卡？""如果我的卡被未经授权的人拿走怎么办？""还有其他选择吗？"。

为了解决问题，研究界提出了一种基于人的身体或行为特征（即生物特征）的新安全系统。它描述了人的身体［指纹（finger print）、掌纹（palm print）、虹膜（iris）、静脉纹（vein pattern）］或行为［语音（voice）、步态（gait）、击键动态（keystroke dynamics）、签名（signature）等］属性。

（2）生物识别（bio-metrics）系统的分类

生物识别系统大体的类别如图8-48所示。

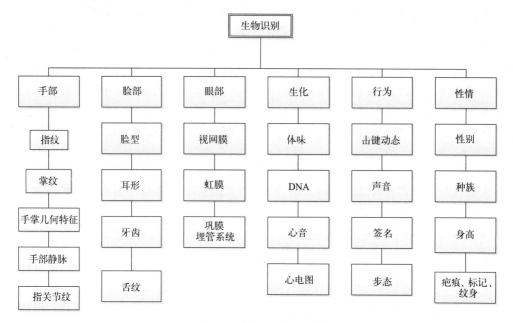

图 8-48　生物识别系统分类

（3）生物识别系统的组成

生物识别系统是一种模式识别系统，可将探测图像的固定特征（silent feature）与已存储的图像进行匹配。为此，生物识别系统由以下几个模块组成。

图像采集模块：该模块获取生物识别的特征的图像并将其发送到系统进行进一步处理。

特征提取模块：该模块提取图像的固定特征（silent feature）。

匹配模块：匹配模块将从探测图像中提取的特征与预存图像的特征进行匹配，并返回匹配分数。

数据库模块：它包含所有先前提取的特征的数字表示，通常被称为模板（template）。

（4）生物识别框架

生物识别框架如图8-49所示。

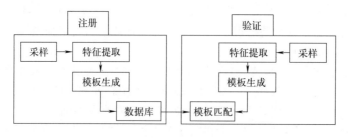

图 8-49　生物识别框架

① 注册（enrollment）。在这种模式下，人的生理或行为身份（特征）存储在生物识别系统的数据库中。针对此人的生物特征，提取特征并生成模板，然后，将此模板存储在数据库中。

② 验证（verification）。生物识别系统的验证工作以下列方式之一进行。

a. 验证（verification）。verification 也称肯定认证（positive recognition）。在此之后，提交生物特征身份的用户将通过密码或用户名声明特定身份，而系统会返回一个人是否被授权的识别结果。因此，基本上，这是提交的生物特征和存储的具有特定身份的生物特征之间的 1 对 1 比较。

b. 身份证明（identification）。提交的生物识别身份将与所有已注册身份进行核对。因此，基本上，这是提交的生物特征和所有存储的生物特征之间的 1 对 N 比较。在许多库中都使用这种类型的系统。

c. 筛选（screening）。这可以称为否定识别（negative recognition）。因为该系统允许传递与任何存储的人的身份都不匹配的人。这是一种可以用于机场等场所检查人员是否可疑的系统。

8.5 机器人视觉伺服系统中的关键问题

8.5.1 标定问题

我们把摄像机获得的图像平面坐标信息转化到机器人所在的坐标系，需要准确的标定。现在对标定方法研究的人很多，各种数学模型和算法也层出不穷，但到目前为止还没有普遍适用和有效的方法，需要根据具体的系统和要求，进行试验比较和选择。机器人手眼系统的标定包括机器人内部参数标定、摄像机内部参数标定以及机器人坐标系与摄像机坐标系（手眼）关系的标定。下面重点对后两方面展开论述。

（1）标定的概念

比较典型的标定方法可以分为以下 3 类。

① 离线标定。离线标定是最简单直接的对摄像机进行标定的方法，主要利用成像几何性质将需要标定的参数分解，建立方程组，然后将离线测量一些特殊点的位置坐标和方向代入，反解出需要标定的参数。离线标定容易引入测量误差，受人为因素和环境稳定性影响较大。

② 在线标定。在线标定将标定技术与控制理论方法相结合，形成自治系统，任何系统冲击、振动及外部干扰都被自动考虑，能很好地消除离线标定引入的一些误差，能够实时准确地标定参数，且具有较好的鲁棒性。现在大部分方法都是将手眼标定关系代入动力学方程，求解逆动力学方程，然后采用一种控制理论对运动轨迹和目标进行控制，同时实现了参数在线确定或实时校准，完成了摄像机的标定，主要区别在于使用的控制理论算法不同。一种是在机器人工作平面垂直于图像平面轴线的情况下，利用自适应控制理论方法对单个摄像机视觉伺服系统进行标定；另一种是利用自适应逆动力学控制来校正参数。还有部分在线标定方法是利用离线标定的结果，应用数学方法处理，以得到参数的最优解。首先利用线性最小二乘法估计线性系统参数，然后利用两种可选方法对此参数矩阵优化，最后用优化方法得到非线性系统部分的参数；利用实矩阵的单值性，基于一个耗散函数和最小化准则在线估计内部参数。

③ 无标定。为克服系统建模误差的影响和实际摄像机参数标定的复杂性，许多学者提出了一系列的无标定的视觉伺服机器人控制方法。无标定的方法通常通过一些外部传感器获取位置或速度参数，或通过一些控制器估计和在线校准所需量，从而达到无标定或减少标定

参数的目的，减少了标定参数和标定建模引入的误差。无标定的视觉伺服机器人控制方法从严格意义上讲也是一种在线标定的方法，通常也会与控制理论相结合，但它通过外部传感器获取变量值或应用控制算法动态估计雅可比矩阵，实现参数无标定或减少标定参数。

（2）相机标定原理

① 标定原理。摄像机内部参数标定简单来说是从世界坐标系变换到图像坐标系的过程，也就是求最终的投影矩阵的过程。

基本的坐标系包括世界坐标系、摄像机坐标系、成像平面坐标系、像素坐标系。

一般来说，标定的过程分为两个步骤。

第一步是从世界坐标系转为摄像机坐标系，这一步是三维点到三维点的转换。

第二步是从摄像机坐标系转为成像平面坐标系（像素坐标系），这一步是三维点到二维点的转换。

图 8-50 是一个根据小孔成像原理制成的摄像机模型，其中：

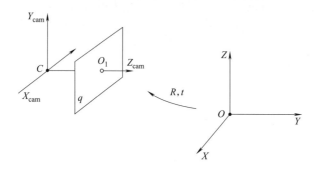

图 8-50　摄像机模型

a. C 点表示 camera centre，即摄像机的中心点，也是摄像机坐标系的中心点。

b. Z_{cam} 轴表示 principal axis，即摄像机的主轴。

c. q 点所在的平面表示摄像机的像平面，也就是图像坐标系所在的二维平面。

d. O_1 点表示主点，也就是主轴与像平面相交的点。

e. C 点到 O_1 点的距离，即摄像机的焦距 f。

f. 成像平面上的 x 和 y 坐标轴是与相机坐标系上的 X 和 Y 坐标轴互相平行的。

g. 摄像机坐标系是以 X、Y、Z 三个轴组成的且原点在 O 点，度量值为米（m）。

h. 成像平面坐标系是以 x、y 两个轴组成的且原点在 O_1 点，度量值为米（m）。

i. 像素坐标系一般指图像相对坐标系，这里认为和成像平面坐标系在一个平面上，不过原点是在图像的角上，而且度量值为像素的个数（pixel）。

摄像机坐标系→成像平面坐标系。我们以 O 点为原点建立摄像机坐标系，点 $Q(X$，Y，$Z)$ 为摄像机坐标系空间中的一点，该点被光线投影到图像平面上的 $q(x$，y，$f)$ 点。图像平面与光轴 z 轴垂直，它和投影中心的距离为 f（f 是摄像机的焦距），按照三角比例关系可以得出

$x/f=X/Z$，$y/f=Y/Z$，即 $x=fX/Z$，$y=fY/Z$。

我们将坐标为 $(X$，Y，$Z)$ 的 Q 点映射到投影平面上坐标为 $(x$，$y)$ 的 q 点的过程称作投影变换。

上述 Q 点到 q 点的变换关系用 3×3 的矩阵可表示为 $\boldsymbol{q}=\boldsymbol{MQ}$。

其中

$$\boldsymbol{q} = \begin{bmatrix} xZ \\ yZ \\ Z \end{bmatrix}, \boldsymbol{M} = \begin{bmatrix} f & 0 & 0 \\ 0 & f & 0 \\ 0 & 0 & 1 \end{bmatrix}, \boldsymbol{Q} = \begin{bmatrix} X \\ Y \\ Z \end{bmatrix} \tag{8-13}$$

最终得到透视的投影变换矩阵

$$\boldsymbol{q} = \begin{bmatrix} xZ \\ yZ \\ Z \end{bmatrix} = \begin{bmatrix} f & 0 & 0 \\ 0 & f & 0 \\ 0 & 0 & 1 \end{bmatrix} \begin{bmatrix} X \\ Y \\ Z \end{bmatrix} = \boldsymbol{MQ} \tag{8-14}$$

式中，$\boldsymbol{M}$ 为摄像机的内部参数矩阵，单位均为物理尺寸。

通过上面公式，可以把摄像机坐标系的物理单位转换为成像平面坐标系的物理单位〔即 $(X，Y，Z) \rightarrow (x，y)$〕。

成像平面坐标系→像素坐标系。我们可以把成像平面坐标系的物理单位转换为像素单位〔即 $(x，y) \rightarrow (u，v)$〕。以图像平面的左上角或左下角为原点建立坐标系。假设成像平面坐标系的原点位于图像左下角，水平向右为 u 轴，垂直向上为 v 轴，均以像素为单位，如图 8-51 所示。

我们以图像平面与光轴的交点 O_1 为原点建立坐标系，水平向右为 x 轴，垂直向上为 y 轴。原点 O_1 一般位于图像的中心处，O_1 在以像素为单位的图像坐标系中的平面坐标为 $(u_0，v_0)$。成像平面坐标系和像素坐标系虽然在同一个平面上，但是原点并不是同一个。

假设每个像素的物理尺寸大小为 $\mathrm{d}x \times \mathrm{d}y (\mathrm{mm})$（由于单个像素点投影在图像平面上是矩形而不是正方形，因此可能 $\mathrm{d}x != \mathrm{d}y$），图像平面上某点在成像平面坐标系中的坐标为 $(x，y)$，在像素坐标系中的坐标为 $(u，v)$，则两者满足 $(x,y) \rightarrow (u,v)$，$u = x/\mathrm{d}x + u_0$，$v = y/\mathrm{d}y + v_0$。用齐次坐标与矩阵形式表示为

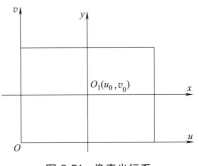

图 8-51 像素坐标系

$$\begin{bmatrix} u \\ v \\ 1 \end{bmatrix} = \begin{bmatrix} \dfrac{1}{\mathrm{d}x} & 0 & u_0 \\ 0 & \dfrac{1}{\mathrm{d}y} & v_0 \\ 0 & 0 & 1 \end{bmatrix} \begin{bmatrix} x \\ y \\ 1 \end{bmatrix} \tag{8-15}$$

将等式两边都乘以 $Q (X，Y，Z)$ 坐标中的 Z 得到：

$$Z \begin{bmatrix} u \\ v \\ 1 \end{bmatrix} = \begin{bmatrix} \dfrac{1}{\mathrm{d}x} & 0 & u_0 \\ 0 & \dfrac{1}{\mathrm{d}y} & v_0 \\ 0 & 0 & 1 \end{bmatrix} Z \begin{bmatrix} x \\ y \\ 1 \end{bmatrix} \tag{8-16}$$

将摄像机坐标系式（8-13）中的 $\boldsymbol{M}$ 替换式（8-16）的右侧 Z 可得

$$Z \begin{bmatrix} u \\ v \\ 1 \end{bmatrix} = \begin{bmatrix} \dfrac{1}{\mathrm{d}x} & 0 & u_0 \\ 0 & \dfrac{1}{\mathrm{d}y} & v_0 \\ 0 & 0 & 1 \end{bmatrix} \begin{bmatrix} f & 0 & 0 \\ 0 & f & 0 \\ 0 & 0 & 1 \end{bmatrix} \begin{bmatrix} X \\ Y \\ Z \end{bmatrix}$$

则右边第一个矩阵和第二个矩阵的乘积也为摄像机的内部参数矩阵（单位为像素），相乘后可得

$$Z \begin{bmatrix} u \\ v \\ 1 \end{bmatrix} = \begin{bmatrix} \dfrac{f}{\mathrm{d}x} & 0 & u_0 \\ 0 & \dfrac{f}{\mathrm{d}y} & v_0 \\ 0 & 0 & 1 \end{bmatrix} \begin{bmatrix} X \\ Y \\ Z \end{bmatrix} \tag{8-17}$$

和式 (8-13) 相比，此内部参数矩阵中 $f/\mathrm{d}x$、$f/\mathrm{d}y$、$\dfrac{X}{\mathrm{d}x}f + Zu_0$、$\dfrac{Y}{\mathrm{d}y}f + Zv_0$ 的单位均为像素。令内部参数矩阵为 $\boldsymbol{K}$，则式 (8-17) 可写成

$$Z \begin{bmatrix} u \\ v \\ 1 \end{bmatrix} = \boldsymbol{K} \begin{bmatrix} X \\ Y \\ Z \end{bmatrix}$$

其中

$$\boldsymbol{K} = \begin{bmatrix} \dfrac{f}{\mathrm{d}x} & 0 & u_0 \\ 0 & \dfrac{f}{\mathrm{d}y} & v_0 \\ 0 & 0 & 1 \end{bmatrix}$$

② 畸变参数。采用理想针孔模型，由于通过针孔的光线少，摄像机曝光太慢，在实际使用中均采用透镜，可以使图像迅速生成，但代价是引入了畸变。径向畸变和切向畸变两种畸变对投影图像影响较大。

径向畸变：对某些透镜，光线在远离透镜中心的地方比靠近中心的地方更加弯曲，产生"筒形"或"鱼眼"现象，称为径向畸变。一般来讲，成像仪中心的径向畸变为 0，越向边缘移动，畸变越严重。不过径向畸变可以通过下面的泰勒级数展开式来校正。

$$X_{cd} = X(1 + k_1 r^2 + k_2 r^4 + k_3 r^6)$$
$$Y_{cd} = Y(1 + k_1 r^2 + k_2 r^4 + k_3 r^6) \tag{8-18}$$

式中，(X, Y) 为畸变点在成像仪上的原始位置；r 为该点距离成像仪中心的距离；(X_{cd}, Y_{cd}) 为校正后的新位置。

切向畸变：当成像仪被粘贴在摄像机上的时候，会存在一定的参数误差，使图像平面和透镜不完全平行，从而产生切向畸变。也就是说，如果一个矩形被投影到成像仪上，可能会变成一个梯形。切向畸变可以通过如下公式来校正。

$$X_{cd} = X + [2P_1 Y + P_2 (r^2 + 2X^2)]$$
$$Y_{cd} = Y + [2P_2 X + P_1 (r^2 + 2Y^2)] \tag{8-19}$$

式中，(X, Y) 为畸变点在成像仪上的原始位置；r 为该点距离成像仪中心的距离；(X_{cd}, Y_{cd}) 为校正后的新位置。

③ 摄像机的外部参数。摄像机的外部参数包括旋转向量（大小为 1×3 的矢量或旋转矩阵 3×3）和平移向量 (t_x, t_y, t_z)。其中旋转向量是旋转矩阵紧凑的变现形式，下面的旋转向量为 1×3 的行矢量。

$$\theta \leftarrow \mathrm{norm}(\boldsymbol{r})$$

$$\boldsymbol{r} \leftarrow \frac{\boldsymbol{r}}{\theta}$$

$$R = \cos\theta I + (1 - \cos\theta)rr^{\mathrm{T}} + \sin\theta \begin{bmatrix} 0 & -r_z & r_y \\ r_z & 0 & -r_x \\ -r_y & r_x & 0 \end{bmatrix} \tag{8-20}$$

式中，r 为旋转向量，旋转向量的方向是旋转轴，旋转向量的模 norm(r) 为围绕旋转轴旋转的角度 θ。通过上面的公式可以求解出旋转矩阵 R。同样的，若已知旋转矩阵，我们也可以通过下面的公式求解得到旋转向量。

$$\sin\theta \begin{bmatrix} 0 & -r_z & r_y \\ r_z & 0 & -r_x \\ -r_y & r_x & 0 \end{bmatrix} = \frac{R - R^{\mathrm{T}}}{2} \tag{8-21}$$

8.5.2 定位问题

视觉定位用于进行机器人视觉伺服控制。视觉定位就是根据视觉处理和分析识别的结果确定欲操作对象的空间位置，以定位的操作对象的位置为终点，对操作的机器人进行轨迹规划，进而通过机器人运动控制系统去实现对机器人的控制目标。

如果操作对象的位置是静态的，即其位置相对于机器人的参考坐标系是不变的，这时视觉所起的作用就是识别操作对象，无须计算它的位置。根据摄像机所获取的操作对象的图像，进行图像分析与识别，得到操作对象的特征，确定操作对象的身份，然后对它进行运动控制。因为它的位置是已知固定的，所以只需识别它的身份，知道对它进行什么操作即可。

如果操作对象的位置是运动的，即相对机器人参考系是变化的，这就需要在识别它的身份的同时实时识别它的位置。身份的识别用图像识别技术可以做到，位置的识别要经过从图像坐标系→摄像机坐标系→末端手爪坐标系→机器人参考坐标系的一系列变换，还要使用一些运动物体位置变化预估技术。在操作对象运动的情况下，运用视觉伺服控制要复杂得多。例如，生产线带着工件运动的情况，对运动工件进行抓取操作就比较复杂。再如，机器人去抓取和拦截空中飞来的物体，要识别和定位并抓取该物体就更加困难。

8.6 机器人视觉图像处理与分析识别的常用软件

8.6.1 视觉图像处理与分析常用软件简介

（1）Halcon

Halcon 是德国 MVTec 公司开发的一款完善的机器人视觉算法包（图 8-52）。Halcon 具有灵活的架构、完善的算子、强大的算法，广泛应用在工业自动化领域。Halcon 不仅可以在工业自动化领域使用，只要涉及图像处理的地方，它都适用，足见 Halcon 的强大。

Halcon 包括常用的各种算法，如 blob 分析、一维测量、亚像素边缘提取、轮廓处理、匹配、3D 匹配、Varation Mode、分类、颜色处理、纹理处理、条码、二维码、OCR、OCV、立体视觉等。

对于机器人视觉工程师来说，掌握 Halcon 是必不可少的，Halcon 可以应对机器人视觉的各种任务，简单的、复杂的都"得心应手"。目前，行业内已经非常广泛地使用 Halcon。

（2）VisionPro

VisionPro 是美国康耐视公司开发的一款机器人视觉软件（图 8-53），其最大的特点是可以进行拖拉式的界面编程，适于初学者或编程水平不高的人使用，同时也支持 API 接口。算法包括大部分算法，但缺少部分功能，如傅里叶变换等。PatMax 模板工具功能强大，可以满足各种需求。早期的版本直接连加密狗即可使用，后期的版本要绑定硬件。

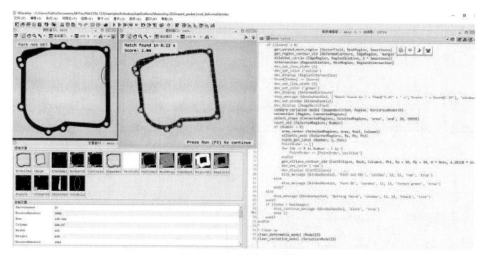

图 8-52　Halcon 主界面

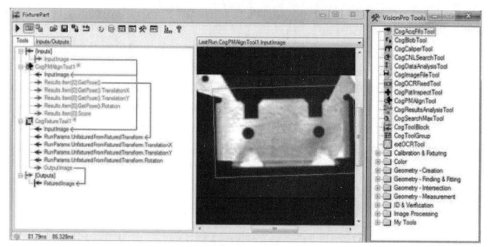

图 8-53　VisionPro

（3）OpenCV

OpenCV 是一个开源的计算机视觉库（图 8-54），如果在工业自动化图像处理领域使用，需要使用者对 OpenCV 以及图像理论有比较深的了解。一些比较简单、系统单一的界面会用 OpenCV，大多数开发人员会选择商业机器人视觉算法工具。在需要快速开发满足项目需求的软件的情况下，OpenCV 不太适合，但 OpenCV 值得我们去学习。

图 8-54　OpenCV

（4）MIL

MIL 是加拿大 Matrox 公司开发的一款机器人视觉算法工具（图 8-55），特点是 MIL 捆绑了 ActiveMil——专为控制图像采集、传输、处理、分析以及显示的 ActiveX 控件，以方便在 Windows 中开发程序。算法工具包括图像采集、统计、滤波、形态学、几何变换、FFT、BLOB、边缘提取、条码等。

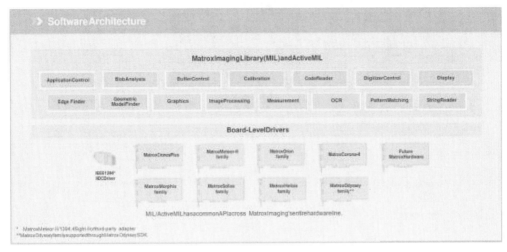

图 8-55　MIL

（5）VisionMaster

VisionMaster 是杭州海康机器人技术有限公司开发的一款机器人视觉算法平台（图 8-56），在界面上拖拉就可搭建机器人视觉软件是其最大的特点。它是强大的算法工具，集成了上千个算子，是国内比较优秀的完全自主研发的机器人视觉软件。

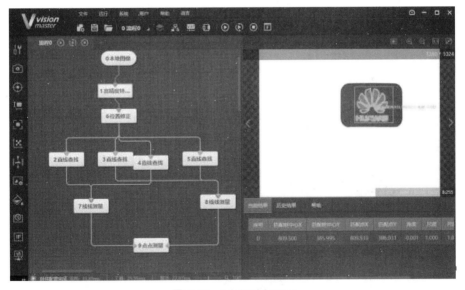

图 8-56　VisionMaster

（6）NI Vision

NI Vision 由美国国家仪器（NI）公司研制开发（图 8-57），图形化编程界面是其一大特点，不需要编程。NI Vision 用作机器人视觉，项目需求不能太复杂，图像效果要好，相对来说要实现复杂的算法还是比较困难的；功能模块封装好了，不太好扩展，但很适合初学者入门。

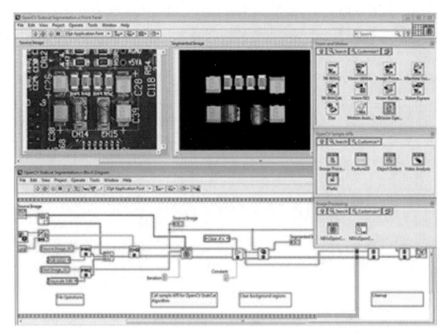

图 8-57　NI Vision

（7）VisionWARE

VisionWARE 是北京凌云光技术股份有限公司开发的工业级机器人视觉平台软件（图 8-58），也是一款国产机器人视觉软件。VisionWARE 包括常用标定、定位、测量、检测、颜色等工具包。

World Class 世界级的视觉平台软件
Accuracy：高精度
Robustness：高鲁棒性
Efficiency：高效率

图 8-58　VisionWARE

（8）CKVisionBuilder

CKVisionBuilder 是深圳创科自动化控制技术有限公司开发的一款通用机器人视觉算法工具（图 8-59），系统特点是不用编写代码就可以组合出算法流程，软件包含定位、测量、检测、识别等常用算法。

（9）IMPACT（PPT Vision）

IMPACT（PPT Vision）是 DataLogic 公司开发的机器人视觉软件包（图 8-60），需要跟其自家的相机（Basler 的 OEM）、控制器绑定才能使用这款软件。

IMPACT 软件套件拥有超过 120 种检测工具和 50 种用户界面控件，特点是用户可以快速地创建自己的检测程序和开发用户界面。IMPACT 软件套件还提供一个软件开发工

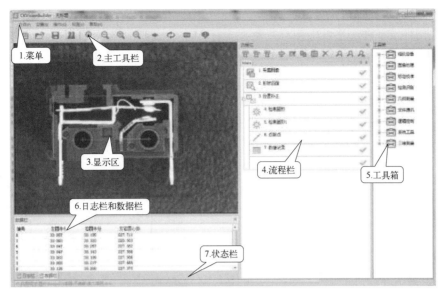

图 8-59　CKVisionBuilder

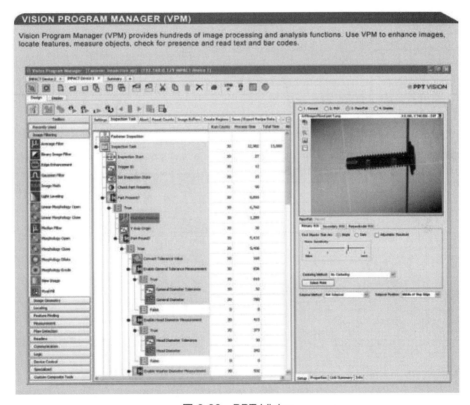

图 8-60　PPT Vision

具包（SDK），可以将机器人视觉监控画面完美整合到客户端人机交互界面（HMI）软件中。视觉程序管理器（VPM）软件提供了数百个图像处理和分析功能，可以用来增强图像、定位特征、测量物体、检查存在性以及阅读文字和条码。控制面板管理器（CPM）软件既简化了操作界面的开发，又可以在线调节关键机器人控件。IMPACT 软件开发工具包（SDK）包括一个用于 HMI 开发的软件库。

（10）VisionEditor

VisionEditor 是日本基恩士公司开发的一款通用型机器人视觉软件开发套件（图 8-61），最大的特点是可以像流程图一样表达算法流程，并且可以在 VisionEditor 中定制界面以及编写各种脚本，功能很强大。

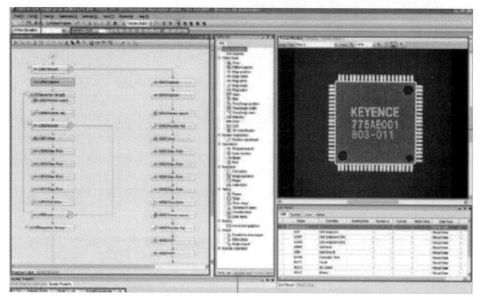

图 8-61　VisionEditor

（11）Open eVision

Open eVision 是比利时 Euresys 公司开发的机器人视觉软件套件（图 8-62），直观的图

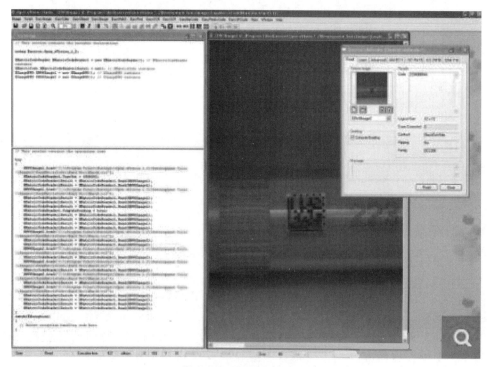

图 8-62　Open eVision

形用户界面，允许用户调用并立即看到任何 eVision 函数的结果，具有面向 Windows 的用于 C++、C♯ 和 Visual Basic 的 64 位和 32 位库。

（12）HexSight

HexSight 算法包（图 8-63）以前是 ADEPT 公司旗下的算法工具包，现在归属于 LMI 旗下了，HexSight 最强大的是它的定位技术。

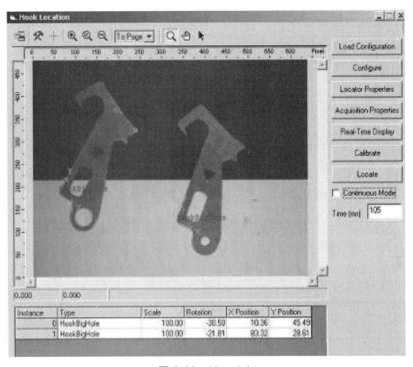

图 8-63　Hexsight

（13）Sherlock

Sherlock 是加拿大 DALSA 公司开发的机器人视觉算法包，可以广泛地用于自动化检测。它提供了最大的设计灵活性，丰富的已验证的工具和功能，在全球广泛地安装使用。

8.6.2　机器人视觉主要应用场景

机器人视觉应用主要分为定位、测量、识别、检测四大类，如图 8-64 所示。

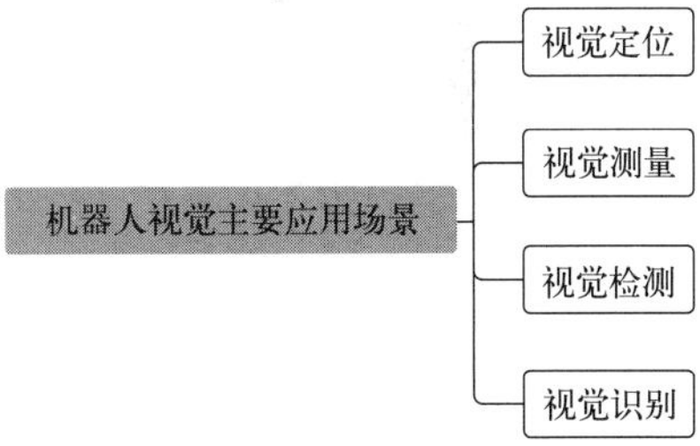

机器人视觉主要应用场景 — 视觉定位 / 视觉测量 / 视觉检测 / 视觉识别

图 8-64　机器人视觉应用场景分类

（1）视觉定位

视觉定位应用主要是找到物体的位置，一个重要的步骤就是标定。标定是把摄像机的像素坐标系转换为机械上的物理坐标系，使在图像中识别的像素值转换为机械坐标值后发送给机械运动，找到目标位置。坐标变换过程如图 8-65 所示。

在标定过程中，使用 Halcon，不需要用户自己解矩阵，一个算子搞定，即 vector_to_hom_mat2d（∷Px，Py，Qx，Qy：HomMat2D），输入像素坐标点（Px，Py），输入机械坐标点（Qx，Qy），生成一个仿射变换矩阵。例如，用模板匹配查找到一个像素点（X，Y），那么通过 affine_trans_point_2d（∷HomMat2D，Px，Py：Qx，Qy）就可以计算出机械坐标，如图 8-66 所示。

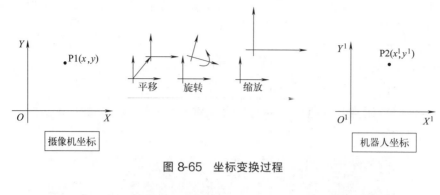

图 8-65 坐标变换过程

$$\begin{pmatrix} Qx \\ Qy \\ 1 \end{pmatrix} = HomMat2D \cdot \begin{pmatrix} Px \\ Py \\ 1 \end{pmatrix}$$

图 8-66 计算坐标

常用的图像定位方法有模板匹配、BLOB 定位、圆查找、线查找（图 8-67）。模板匹配是亚像素精度（sub-pixel），定位中大多数场合会使用，模板匹配两个核心算子，也是最常用的，至于可变性、基于点、基于灰度、基于描述符、局部可变性在实际中应用很少，基于此，用户只需要知道在哪里找到 Halcon 的这些模块例程，用到时再去学习即可。查找例程的方法是在 HDevelop 软件中按"Ctrl＋E"快捷键，打开"文件"→"浏览 Develop 示例程序（E）…"→方法→"模板匹配"，如图 8-68 所示。

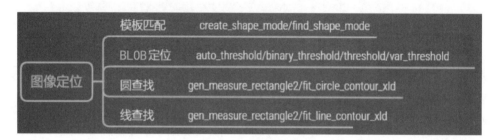

图 8-67 常用图像定位方法

① 模板匹配。在进行模板匹配之前，可能会用到很多图像预处理，例如进行图像滤波（mean_image、gauss_filter、smooth_image、binominal_filter 等滤波算子），还会进行 ROI（Region of Interest）设置图像感兴趣区域，所用到的 Halcon 算子是 draw_开头的一系列算子，在"HDevelop 帮助窗口"中，按 F1（帮助）按钮，搜索"draw_"可以看到画圆、画椭圆、画线、画点、画多边形等，其中 * _mod 代表在原有的图像基础上修饰图形，如图 8-69 所示。

直接通过 create_shape_model 创建模板会有很多不需要的轮廓［图 8-70（a）］，我们通过 xld 来进行创建，通过 edges_sub_pixel 获取亚像素轮廓［图 8-70（b）］，然后通过 select_shape_xld 的长度特征删除一些不必要的轮廓，基本上每一个算子的含义都可以通过算子的组合理解到，Halcon 中还有智能提示，VS 中也有智能提示，只需要打出一个单词，用户就可以选择。

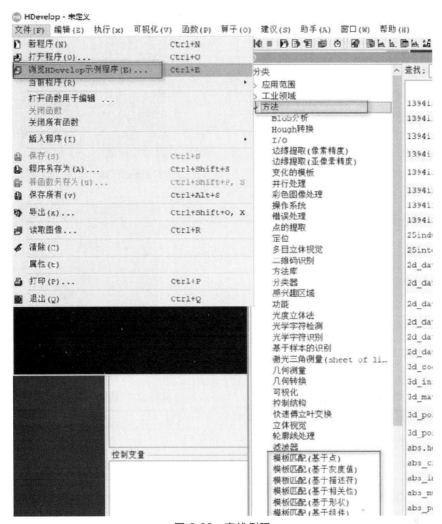

图 8-68　查找例程

② BLOB 定位。BLOB 定位用于精度不高的情况或者粗定位。在 Halcon 中，搜索 threshold 可以出现一系列二值化操作的接口（在 OpenCV 或其他算法库中都一样），可以得到一系列二值化操作，常用的有 threshold、auto_threshold、binary_threshold、dyn_threshold、var_threshold，其他的阈值很少用。如图 8-71 所示。

③ 找线、找圆。在这里有一个重要的算子——gen_measure_rectangle2。这个算子是准备一个测量对象，然后通过 mesure_pos/measure_pair 测量边界点，最后通过 fit_circle_contour_xld 和 fit_line_contour_xld 拟合出圆和直线，如图 8-72 所示。

总结一下，定位类项目，一个关键是标定，另一个关键就是定位算法，大多数情况下都是通过模板来定位。

（2）视觉测量

视觉测量项目类应用主要有 2 个步骤：第一步是粗定位；第二步是测量。定位阶段使用模板匹配 create_shape_model、find_shape_mode 来解决，然后使用 vector_angle_to_rigid 生成一个仿射变换矩阵，使用这个矩阵矫正图像（affine_trans_image），然后使用 gen_measure_rectangle2 生成测量对象，通过 mesure_pos/measure_pair 测量边界点，然后通过 fit_circle_contour_xld 和 fit_line_contour_xld 拟合出圆和直线（图 8-73），最后利用 Halcon 中

(a) 直接创建模板

(b) 通过轮廓创建模板

图 8-69　交互画 ROI

图 8-70　直接创建和通过轮廓创建模板

图 8-71　threshold 判断产品是否有问题

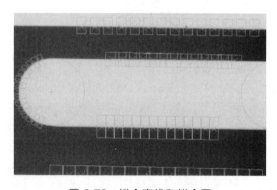

图 8-72　拟合直线和拟合圆

的 distance_算子计算点点测量、点线测量等。这类应用比较简单，应用也比较广泛。

（3）识别项目

在机器人视觉领域，识别项目主要是指进行 OCR、一维码、二维码的识别。

① OCR。在 Halcon 传统识别中，要识别 OCR，就要先分割出字符（图 8-74），分割字符最常用的就是阈值分割，也就是带 threshold 的系列算子组合，再通过滤波算子组合、形态学算子处理区域，把字符完全分割出来以识别。

分割字符后就可以使用 Halcon 的 create_ocr_class_mlp/svm/knn/box 创建分类器，再

图 8-73 找点拟合圆

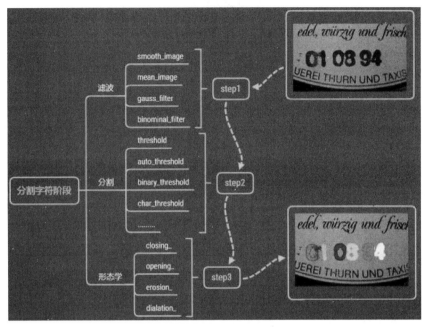

图 8-74 分割字符步骤

就是调用 trainf_ocr_class_mlp 训练字符，通过 write_ocr_class_mlp 将字符句柄写入文件中，clear_ocr_class_mlp 清理 create_ocr_class_ * 创建的句柄对象，以免句柄内存泄露。在识别字符的时候通过 read_ocr_class_mlp 读取字符模型，再通过 do_ocr_single_class_mlp 读取字符即可。这个过程概括为 create→trainf→write；read→do_ocr，在大多数 Halcon 应用中都是这个模式，即创建→训练→写入文件，读取文件→识别，这些都是经验。

当然 Halcon 中 OCR 字符识别模块已经有预训练好的字符，这些是常用的，但在很多实际项目中是需要自己训练的。

Halcon 默认训练的字符库如下。

Suggested values: 'Document_A-Z+_NoRej.omc', 'Document_0-9A-Z_NoRej.omc', 'Document_0-9_NoRej.omc', 'Document_NoRej.omc', 'Document_A-Z+_Rej.omc', 'Document_0-9A-Z_Rej.omc', 'Document_0-9_Rej.omc', 'Document_Rej.omc', 'DotPrint_A-Z+.omc', 'DotPrint_0-9A-Z.omc', 'DotPrint_0-9.omc', 'DotPrint_0-9+.omc', 'DotPrint.omc', 'HandWritten_0-9.omc', 'Industrial_A-Z+_NoRej.omc', 'Industrial_0-9A-Z_NoRej.omc', 'Industrial_0-9_NoRej.omc', 'Industrial_0-9+_NoRej.omc', 'Industrial_NoRej.omc', 'Industrial_A-Z+_Rej.omc', 'Industrial_0-9A-Z_Rej.omc', 'Industrial_0-9_Rej.omc', 'Industrial_0-9+_Rej.omc', 'Industrial_Rej.omc', 'MICR.omc', 'OCRB_A-Z+.omc', 'OCRA_0-9A-Z.omc', 'OCRA_0-9.omc', 'OCRA.omc', 'OCRB_A-Z+.omc', 'OCRB_0-9A-Z.omc', 'OCRB_0-9.omc', 'OCRB.omc', 'OCRB_passport.omc', 'Pharma_0-9A-Z omc' 'Pharma_0-9.omc', 'Pharma_0-9+.omc', 'Pharma.omc', 'SEMI.omc'

② 一维码。一维码识别中，采用 create_bar_code_model 创建一维码模型，通过 set_bar_code_param 设置一维码参数，通过 find_bar_code 查找一维码内容，最后通过 clear_bar_ code 清空数据模型。在一维码应用中，我们没有做图像预处理的工作，Halcon 通过 set_bar_code_param 设置一些参数，就可以解出一维码了，Halcon 拥有强大的图像处理能力。

③ 二维码。二维码识别中，采用 create_data_code_2d_model 创建二维码模型，通过 set_data_code_2d_param 设置二维码参数，再通过 find_data_code_2d 查找二维码的内容，最后通过 clear_data_code_2d_model 清空数据模型，同样，在这里没有做图像预处理工作，Halcon 通过 set_data_code_2d_param 设置参数，用强大的算法就可以解码了。

小结：识别类应用主要是在软件层的设计，软件层需要设计出交互、好用的软件，读取数据后对一维码、二维码数据进行处理，以及跟第三方平台对接。

（4）视觉检测

视觉检测是一个综合应用算子的场景（图 8-75），我们可能会使用 BLOB 来进行检测，也可能使用模板匹配来进行检测，也可能用 FFT 以及颜色识别。视觉检测的情况非常多，这也是实际项目中最多的非标项目，在这里使用最多的就是 BLOB 算法，产品有无、产品脏污、产品破损、产品裂纹等可以通过 BLOB 特征来区分，用到的算子还是前面提到的，不过视觉检测很依赖图像成像，例如现实项目中的布匹、瓷砖等检测图像成像是主要问题，还有就是线扫摄像机的扫描速度。

傅里叶变换（图 8-76）是把空间信息转换为频域信息，使用的算法很少，依次采用 rft_generic→convol_fft→rft_generic，最后通过 BLOB 来进行处理，再加上形态学即可。

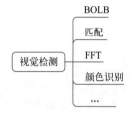

图 8-75　视觉检测常用的算法处理

图 8-76　FFT

除了视觉定位中的标定，还有尺度标定。尺度标定就是一个像素转物理单位的过程，在测量项目中会用到，使用一个标定块计算出单像素大小即可。此外，还有畸变标定，这是图像校正，当我们使用焦距比较短（如 8mm）的镜头时，畸变比较大，在 "HDevelop"→"助手"→打开 "Calibration" 界面进行标定即可，使用 Halcon 标定助手外加一块标定板解决，如图 8-77 所示。

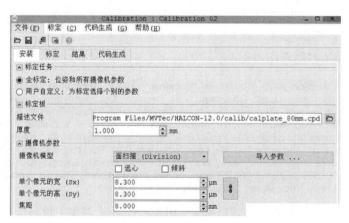

图 8-77　标定

当然这四大类不是独立运行的，很多项目同时存在定位、测量、识别、检测的情况，这就要考验工程师的应用能力了。

8.7 机器人视觉伺服系统实例

8.7.1 博实四自由度 SCARA 机器人视觉伺服系统组成

博实四自由度 SCARA 机器人视觉伺服系统由摄像头、图像采集卡、运动控制卡、控制系统相关硬件及软件组成。摄像头装在第二关节上，随第二关节一起运动（eye in hand），实时采集手部及工作环境状态，对工件的颜色和形状进行识别，控制手部的抓取运动。视觉系统与机器人运动控制系统相结合，可以实现视觉伺服控制。博实四自由度 SCARA 机器人的本体如图 8-78 所示。

（1）摄像头

选择镜头时应注意焦距、目标高度、影像高度、放大倍数、影像至目标的距离、中心点、畸变。

（2）图像采集卡

选用大恒 DH-CG400 图像采集卡，如图 8-79 所示。

① 技术性能及指标。

- 支持 6 路复合视频输入，3 路 S-VIDEO（Y/C）输入，软件切换。
- 支持 PAL、NTSC 彩色/黑白视频输入。
- 图像分辨率（最高）。

PAL 制：768×576，24 位。

NTSC 制：640×480，24 位。

- 可编程亮度、对比度、色度、饱和度。
- 支持 YUV4：2：2、RGB8：8：8：8、RGB8：8：8、RGB5：6：5、RGB5：5：5 及 Y8 模式。

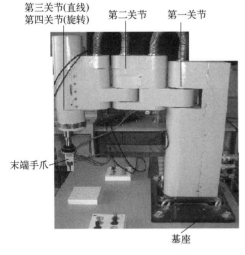

图 8-78 博实四自由度 SCARA 机器人的本体

图 8-79 大恒 DH-CG400 图像采集卡

- 图像数据数值范围：亮度为 0～255 或 16～235（可选）；色度为 0～255 或 16～240（可选）。
- 支持计算机内容与图像同屏显示、图形覆盖功能。

- 支持图像的裁剪与比例压缩模式。
- 支持单场、单帧、连续场、连续帧的采集方式。
- 硬件支持图像的水平、垂直镜像。
- 稳定接收摄像头信号。
- N 路（$0 < N < 7$）视频可编程定时轮流输出。
- 可编程固定视频输出。
- 视频输入/输出（$V_{\text{p-p}}$）为 $0.5 \sim 1.5\text{V}$，输入/输出阻抗 75Ω。
- 视频输入带宽 $> 4\text{MHz}$。
- 图像清晰度 > 400 线。
- 电源功耗，5V 的小于 5W，-12V 的小于 0.5W。
- 支持 Win9x、WinNT、Win2000、WinXP 等操作系统。

② 工作原理。视频图像经多路切换器、解码器、A/D 转换器，将数字化的图像数据送到数据缓冲器，如图 8-80 所示。经裁剪、比例压缩及数据格式转换后，由内部控制图形覆盖与数据传输，数据传输目标位置由软件确定，可以是显存，也可以是计算机内存。使用 S-VIDEO 输入时，色度分量应提供外部钳位电路。

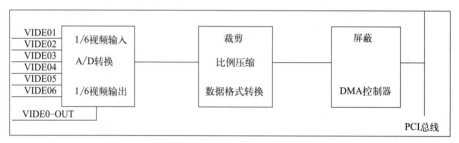

图 8-80　图像采集卡工作原理框图

③ 数据格式。

RGB32（RGB8：8：8：8）

DWORD	Pixel[31：0]			
	Byte3 [31：24]	Byte2 [23：16]	Byte1 [15：8]	Byte0 [7：0]
DW0	Alpha	R	G	B

RGB24（RGB8：8：8）

DWORD	Pixel[31：0]			
	Byte3 [31：24]	Byte2 [23：16]	Byte1 [15：8]	Byte0 [7：0]
DW0	B1	R0	G0	B0
DW1	G2	B2	R1	G1
DW2	R3	G3	B3	R2

RGB15（RGB5：5：5）

DWORD	Pixel[31：0]			
	Byte3 [31：24]	Byte2 [23：16]	Byte1 [15：8]	Byte0 [7：0]
DW0	{0,R1[30：26],G1[25：21],B1[20：16]}		{0,R0[14：10],G0[9：5],B0[4：0]}	

RGB16（RGB5：6：5）

DWORD	Pixel[31：0]			
	Byte3 [31：24]	Byte2 [23：16]	Byte1 [15：8]	Byte0 [7：0]
DW0	{R1[31：27],G1[26：21],B1[20：16]}		{R0[15：11],G0[10：5],B0[4：0]}	

YUV411（YUV4：1：1）

DWORD	Pixel[31：0]			
	Byte3 [31：24]	Byte2 [23：16]	Byte1 [15：8]	Byte0 [7：0]
DW0	Y1	V0	Y0	U0
DW1	Y3	V4	Y2	U4
DW2	Y7	Y6	Y5	Y4

YUV422（YUV4：2：2）

DWORD	Pixel[31：0]			
	Byte3 [31：24]	Byte2 [23：16]	Byte1 [15：8]	Byte0 [7：0]
DW0	Y1	V0	Y0	U0
DW1	Y3	V2	Y2	U2

Y8

DWORD	Pixel[31：0]			
	Byte3 [31：24]	Byte2 [23：16]	Byte1 [15：8]	Byte0 [7：0]
DW0	Y3	Y2	Y1	Y0

说明：$\times\times$ [$n2$：$n1$] 表示数据$\times\times$存储到 $n1$ 位到 $n2$ 位的空间中。

④ 图像卡的 I/O 端口。图像卡的 I/O 端口如图 8-81 所示。

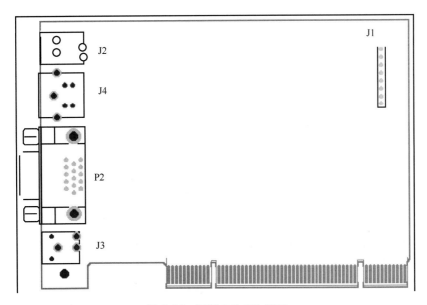

图 8-81　图像卡的 I/O 端口

J2：复合视频输入（VIDEO）1 或 Y1。板上标示：VIDEO-IN-0。

J4：Y/C 输入 2 或 S-VIDEO2。板上标示：Y/C。

P2：视频输入。

1 VIDEO1 或 Y1

2 VIDEO2 或 Y2

3 VIDEO3 或 Y3

4 VIDEO4 或 C1

5 VIDEO5 或 C2

6～10 地线

11 视频输出

12～14 地线

15 VIDEO6 或 C3

J3：视频输出。板上标示：VIDEO-OUT。

6 路视频输入转接插头：

1 VIDEO1 或 Y1

2 VIDEO2 或 Y2

3 VIDEO3 或 Y3

4 VIDEO4 或 C1

5 VIDEO5 或 C2

6 VIDEO6 或 C3

⑤ 安装图像卡。

a. 安装图像卡设备驱动程序。

b. 安装图像卡演示程序。

c. 安装图像卡软件开发包。

⑥ 图像卡运行。采集图像到屏幕、文件和打印操作、控制图像卡、分配静态内存、采集图像到内存中，方法与注意事项见"DH-CG400 使用说明书"。

⑦ 用 VC++、VB 等处理图像卡采集到的图像和视频文件。

⑧ 用 MATLAB 软件的图像处理工具箱（Image Toolbox）处理图像卡采集到的图片和视频文件。

（3）运动控制卡

采用哈工大博实公司研发的基于 PCI 总线的、以 PCL6045B 运动控制芯片为核心的运动控制卡——MAC-3002SSP4，如图 7-35 所示。

MAC-3002SSP4 是基于 PCI 高速总线的 4 轴高性能运动控制卡，可以控制步进电动机或伺服电动机（脉冲串输入型），采用专用控制芯片为核心器件，最高 6.4MHz 脉冲输出频率，可控制 2～4 轴直线插补以及任意两轴之间的圆弧插补，可与各种类型的驱动器连接，构成高精度位置控制系统或调速系统。

① 性能指标。

• 适合于步进电动机或伺服电动机（脉冲串输入型）。

• 采用 1～4 轴独立或联动控制。

• 工作模式有位置、速度、回原点和手动四种。

• 脉冲输出为 CP/DIR 脉冲方向方式、CW/CCW 双脉冲方式或 90°相位差方式。

• 采用 2～4 轴直线插补以及任意两轴之间的圆弧插补。

• 具有线性或 S 曲线加/减速功能。

• 每轴有两个限位开关、一个减速开关、一个零位开关输入（光电隔离）。

- 在进给过程中可以改变进给速度（在执行恒定合成速度的线性控制时，S 曲线加减速过程中不能改变进给速度）。
- 在运动中改变目标位置。
- 减振功能：刚好在每次停止前往反向和正向各增加一个脉冲，可以减少停止前的振动。
- 间隙补偿功能：在每次改变进给方向时对进给量加以校正，以降低或消除传动机构间隙对位置控制精度的影响，在进行圆弧插补时，不能进行间隙补偿。
- 打滑校正功能：在写入一条指令之前执行，与进给方向无关，对进给量进行校正。
- 同时启动功能：4 轴可同时启动或多块控制卡同时启动。
- 同时停止功能：4 轴可同时停止或多块控制卡同时停止，可以由一条指令、一个外部信号或任何轴的错误停止而同时停止。
- 手轮脉冲输入功能：通过应用手轮脉冲信号（PA/PB），可以直接转动马达，输入信号模式可以是 90°相差信号（解码方式可以是 1 倍、2 倍或 4 倍）或者双脉冲信号（在 PA 上输入脉冲或者在 PB 上输入脉冲）。
- 空转脉冲输出功能：此功能在高速启动加速操作之前以自启动频率（FL）输出一个预定个数的脉冲串，在加速过程中，如果初始速度设置得较高，此功能可以有效地防止丢步。
- 失步检测功能：内部的偏差计数器可以对输出脉冲数和反馈编码器信号之差进行计数，通过这个偏差计数器可以进行失步检测或判断运动是否到位。
- 软件限位功能：可以用两个比较器设定软件限位，机械位置达到软件限位值时，立即停止或减速，停止脉冲输出，停止后，这些轴只能向与以前运动方向相反的方向运动。
- 比较器：每个轴有 5 个比较器，它们可以用来比较目标值和内部计数值，用来做比较的计数器可以在 COUNTER1（指令位置计数器）、COUNTER2（机械位置计数器）、COUNTER3（偏差计数器）和 COUNTER4（通用计数器）之间进行选择，比较器 1 和 2 还可用作软件限位（+SL、-SL）。
- 设置板卡号 ID，同一计算机系统中最多可插 16 块卡。
- 16 路光电隔离数字输出通道，每个通道可吸收电流 200mA。
- 16 路光电隔离数字输入通道。

② 安装 MAC-3002SSP4 控制卡及驱动程序。

③ MAC-3002SSP4 控制卡的运动控制系统构架。

MAC-3002SSP4 控制卡的运动控制系统构架如图 7-33 所示。

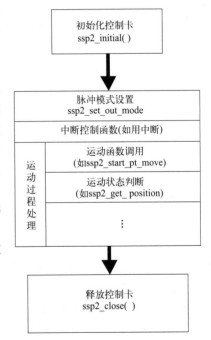

图 8-82　用户编写的应用软件的典型流程

④ 用户编写应用软件的典型流程。用户编写的应用软件的典型流程如图 8-82 所示。

⑤ Visual C++ 6.0 环境下的软件开发。先确保 MAC-3002SSP4 运动控制卡已经插入计算机插槽中，安装好驱动程序、MAC2SSP 测试软件和 VC，在调用 MAC-3002SSP4 运动函数之前，做好下面几件事情。

- 启动 MAC2SSP 测试软件，进行所需要功能的简单测试，如单轴定长运动，以确定 MAC-3002SSP4 运动控制平台已经正常工作。
- 运行 VC 并建立一工程，将工程命名为 vcmac（注意：此工程名可以自己指定），路径为 d:\。
- 将 MAC2SSPv×××.lib（其中×××为版本号）和 MAC2SSPv×××.h 文件复制到该目录下，此文件在 MAC3002SSP4 \ DLL 目录下。
- 将运动函数链接到工程项目中，将 MAC2SSPv×××.lib 加入工程中，在调用运动函数的文件头部代码中加入 ♯include "MAC2SSPv×××.h" 语句。
- 运动函数的调用。

当将运动函数链接到项目中后，你就可以像调用其他 API 函数一样调用运动函数，每个函数的具体功能请参考软件使用手册"第七章 运动函数说明"，当然，还可以打开头文件 MAC2SSPv×××.h 了解每个函数的具体定义。

⑥ Visual Basic 6.0 环境下的软件开发。先确保 MAC-3002SSP4 运动控制卡已经插入计算机插槽中，安装好驱动程序 MAC-3002SSP4 测试软件和 VB。在调用 MAC-3002SSP4 运动函数之前，做好下面几件事情。

- 启动 MAC-3002SSP4 测试软件，进行所需要功能的简单测试，如单轴定长运动，以确定 MAC-3002SSP4 运动控制平台已经正常工作。
- 建立自己的工作目录，如 d:\vbMacsp4（注意：此目录名可以自己指定）。
- 将 MAC2SSPv×××.bas 文件复制到该目录下，此文件在 MAC3002SSP4 \ DLL 安装目录下可以找到。
- 运行 VB 并建立一个工程，然后在 vbMacsp4 目录中保存此新建的工程。
- 将运动函数库链接到工程项目中。
在 VB 编译器的"工程（P）"菜单中选择"添加模块"。
选择"现存"；
选择"MAC2SSPv×××.bas"；
选择"确定"。
- 运动函数的调用。

当将运动函数链接到工程项目中后，就可以像调用其他 API 函数一样直接调用运动函数，每个函数的具体功能，请参考软件使用手册"第七章 函数说明"，当然还可以打开模块文件 MAC2SSPv×××.bas 了解每个函数的具体定义。

（4）关节伺服控制系统

整个机器人视觉伺服控制系统架构如图 7-32 所示，第一至第四关节用于驱动电动机。

8.7.2　博实四自由度 SCARA 机器人视觉伺服控制系统控制程序的开发设计

（1）设定任务

我们把 6 个彩色的圆柱体从一个位置移到另一个位置，按颜色匹配圆柱和孔。首先把 6 个彩色圆柱体从 6 个彩色孔中拔出来（图 8-83），放到另外 6 个彩色孔中，蓝色放蓝色孔里，绿色放绿色孔里，红色放红色孔里。然后再放回来，仍然是按相应颜色放置。要求用摄像头识别颜色、形状和尺寸，机器人根据摄像头识别的结果完成相应的操作。

（2）程序设计过程

① 建立坐系，即在基座上建立参考坐标系，在机器人的各个连杆上建立连体坐标系，在手爪上建立手爪坐标系。

② 测量出所有彩色孔的中心线与白色方块上表面的交点在基座参考坐标系下的坐标。

③ 以这些交点处的坐标为基础设定操作手在这些点处插孔和拔孔的位姿矩阵。

④ 求出操作手在机器人复位时的位姿矩阵。

⑤ 建立该机器人的运动学方程。

⑥ 求出该机器人的逆运动学方程。

⑦ 求出机器手爪在复位位置、孔中心线与白方块上表面的交点处对应的位姿矩阵所对应的逆运动学解，即求出机器人手爪在这些位置处对应的关节变量。

⑧ 对完成的搬运任务进行轨迹规划。手爪每一轨迹上的起点、终点、中间点、对应的关节变量。

⑨ 设计运动控制过程。

• 一开始先复位。

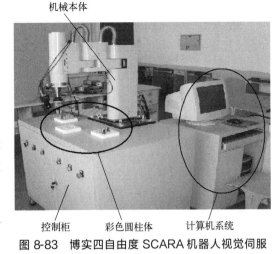

图 8-83　博实四自由度 SCARA 机器人视觉伺服控制系统外观组成

• 机械手带着摄像头在孔和圆柱的上方巡视一遍，采集孔和圆柱的色彩，用 VC＋＋编程，调用大恒 DH-CG400 图像处理卡库函数，实时处理色彩，识别色彩。

• 启动零件搬运过程。每次一个，往复 12 次。按照复位，按一定的轨迹、顺序和颜色取工件（圆柱体），按一定的轨迹和顺序放置工件、复位。用 VC＋＋调用 MAC-3002SSP4 运动控制卡的运动控制函数实现。

（3）详细的视觉伺服控制流程

SCARA 机器人视觉伺服控制流程如图 8-84 所示。

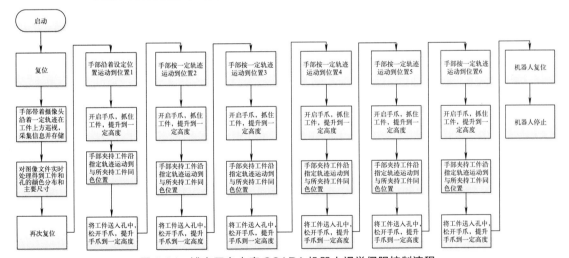

图 8-84　博实四自由度 SCARA 机器人视觉伺服控制流程

本 章 小 结

① 叙述了机器人视觉伺服系统的组成、类型与工作过程。

② 叙述了机器人视觉系统的组成与图像采集处理过程。

③ 叙述了机器人视觉图像处理的对象、目的、基本理论与方法。

④ 叙述了机器人视觉图像分析与识别的概念、常用方法以及特征识别、模板匹配问题。

⑤ 介绍了机器人视觉伺服系统中的两个关键问题：标定与定位问题。

⑥ 介绍了机器人视觉图像处理与分析识别中的常用软件。

⑦ 介绍了博实四自由度 SCARA 机器人视觉伺服系统的视觉系统、机器人控制系统与视觉伺服系统的开发流程。

思考与练习题

1. 叙述机器人视觉伺服系统的组成。

2. 叙述机器人视觉伺服系统的类型。

3. 叙述机器人视觉伺服系统的工作过程。

4. 叙述机器人视觉系统的组成。

5. 叙述机器人视觉系统的图像采集处理过程。

6. 机器人视觉图像处理的对象和目的是什么？

7. 叙述机器人视觉图像处理的基本理论与方法。

8. 叙述机器人视觉图像分析与识别的概念。

9. 叙述机器人视觉图像分析与识别的常用方法。

10. 什么是机器人视觉图像分析与识别的特征识别？

11. 什么是机器人视觉图像分析与识别的模板匹配？

12. 什么是机器人视觉伺服系统中的标定？

13. 什么是机器人视觉伺服系统中的定位？

14. 视觉图像处理与分析识别中的常用软件有哪些？

15. 叙述博实四自由度 SCARA 机器人视觉伺服系统的开发流程。

参 考 文 献

［1］ 秦襄培. MATLAB 图像处理与界面编程宝典［M］. 北京：电子工业出版社，2009.

［2］ 赵小川，何影，唐弘毅. MATLAB 计算机视觉实战［M］. 北京：清华大学出版社，2018.

［3］ David A. Forsyth & Jean Ponce. 计算机视觉——一种现代方法［M］. 2 版，高永强等译. 北京：电子工业出版社，2017.

［4］ Saeed B. Biku. 机器人学导论：分析、系统及应用［M］. 孙富春，朱纪洪，刘国栋等译. 北京：电子工业出版社，2004.

第9章

机器人编程

9.1 概述

9.1.1 机器人编程的意义

机器人是一种可编程的机械电子装置，它每执行一项任务就需要相应的控制程序和数据，就需要编程。

9.1.2 机器人编程系统应实现的功能

① 能够建立参考坐标系，具有对环境的建模功能。
② 能够描述机器人的作业。
③ 能够描述机器人的运动。
④ 允许用户规定执行流程。

机器人编程系统功能实现要有良好的编程环境，需要人机接口和综合传感信息。

9.1.3 机器人编程类型

① 示教再现。
② 机器人语言。
③ 离线编程。

9.2 示教编程

9.2.1 示教编程的类型

9.2.1.1 手把手示教

手把手示教是指由熟练的技术人员，抓住机器人完成赋予机器人的任务，在此过程中，轨迹记录器记录各关节的位置、速度、加速度。当机器人独立执行任务时，由关节伺服驱动控制系统再现记录器记录的轨迹，如图 9-1 所示。

9.2.1.2 示教盒示教

（1）典型示教盒各部分的名称

三菱 RV-M1 机器人的示教盒各部分的名称如图 7-27 所示，包括连接器、电缆、ON/OFF 开关、急停开关、LED 指示灯、

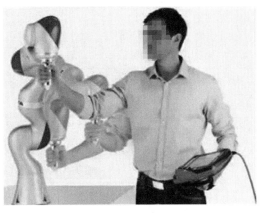

图 9-1 手把手示教

各种控制键。

（2）各种示教盒

各种工业机器人的示教盒如图9-2所示。

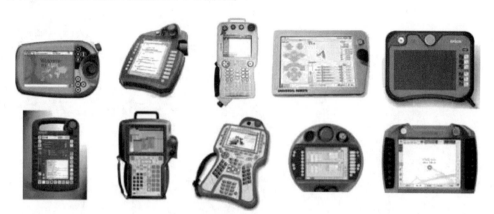

图9-2　各种工业机器人的示教盒

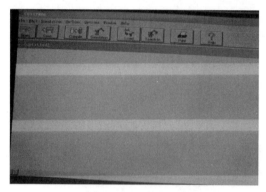

图9-3　三菱RV-M1机器人的示教软件

9.2.1.3　计算机软件示教

三菱RV-M1机器人的编程与示教软件为COSIPROG，如图9-3所示。

9.2.1.4　其他示教编程途径

（1）按钮指示灯操作面板

按钮指示灯式示教编程面板如图7-43所示。

（2）触摸屏式示教再现编程界面

触摸屏式机器人示教操作面板如图9-4所示。

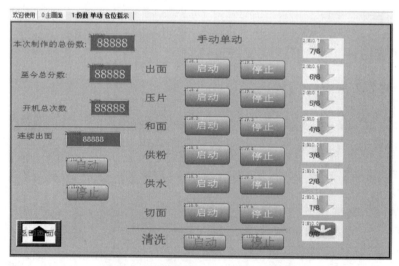

图9-4　触摸屏式机器人示教操作面板

（3）组态软件界面

组态王实现的码垛机器人示教操作界面如图9-5所示。

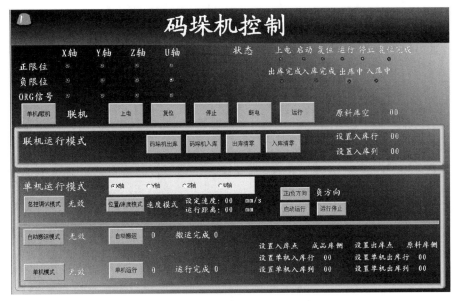

图 9-5　组态王实现的码垛机器人示教操作界面

9.2.2　示教编程的过程

复位：令各轴回到零位。

示教：令各轴运动，让机器人手部走过各中间位置。

记录：记录起点、终点及各中间点处各关节的位置及速度，形成关节运动数据文件。

再现（回放）：依据关节运动数据文件使机器人从起点经中间点到达终点，完成作业。

9.2.3　示教装置或软件应具备的基本功能

① 按 ON/OFF 开关打开或关闭示教装置。

② 具有急停按钮。

③ 具有指挥机器人各轴运动的按钮。

④ 具有末端手爪开合按钮。

⑤ 具有记录或保存各关节位置和速度、末端手爪开合状态的按钮。示教盒、示教面板、触摸屏等应能记录位置号。示教软件应能形成数据文件。

⑥ 具有复位按钮。

⑦ 具有指挥机器人到达指定位置的功能键。

⑧ 具有简单的数字面板。

9.3　机器人语言

9.3.1　机器人语言的类型

机器人语言（robot language）是通过符号来描述机器人动作的。通过机器人语言，操作者对机器人动作进行描述，进而完成各种操作任务。按照语言智能程度的高低，机器人语言可分为以下三类。

动作级编程语言：用指令来描述机器人的动作，以机器人的动作为中心，描述末端手爪从一个位置到另一个位置。动作级语言的代表是 VAL。

对象级编程语言：对象级编程语言着眼于对象物的状态变化，以描述操作与物体之间的关系为中心。对象级编程语言的代表是 AML、AUTOPASS 等。

任务级编程语言：直接下达任务，不管动作细节，动作细节由机器人自动生成。有点像自动编程的概念，即只给出工作的目的，自动生成可实现的程序，它与自然语言非常相近，而且使用方便，但尚未进入实用阶段。

9.3.2 机器人语言的发展过程

9.3.2.1 VAL

（1）VAL 的特点

VAL 语言是美国 Unimation 公司于 1979 年推出的一种机器人编程语言，主要用在 PU-MA 和 Unimation 等型机器人上，是一种专用的动作级编程语言。VAL 是在 BASIC 语言的基础上发展起来的，所以与 BASIC 语言的结构很相似。在 VAL 的基础上，Unimation 公司推出了 VAL Ⅱ。

VAL 可应用于由上下两级计算机控制的机器人系统。上位机为 LSI-11/23，编程在上位机中进行，上位机进行系统的管理；下位机为 6503 微处理器，主要控制各关节的实时运动。编程时可以用 VAL 和 6503 汇编语言混合编程。

VAL 命令简单、清晰易懂，描述机器人作业动作及与上位机的通信均较为方便，实时功能强；可以在在线和离线两种状态下编程，适用于多种计算机控制的机器人；能够迅速地计算出不同坐标系下复杂运动的连续轨迹，能连续生成机器人的控制信号，可以与操作者交互地在线修改程序和生成程序；VAL 语言包含一些子程序库，通过调用各种不同的子程序可很快地编写复杂的操作控制程序；能与外部存储器进行快速数据传输以保存程序和数据。

VAL 系统包括文本编辑、系统命令和编程语言三个部分。

在文本编辑状态下可以通过键盘输入文本程序，也可通过示教盒在示教方式下输入程序。在输入过程中可修改、编辑、生成程序，最后保存到存储器中。在此状态下也可以调用已存在的程序。

系统命令包括位置定义、程序和数据列表、程序和数据存储、系统状态设置和控制、系统开关控制、系统诊断和修改。

编程语言把一条条程序语句转换成指令执行。

（2）VAL 的指令

VAL 包括监控指令和程序指令两种。各类指令的具体形式及功能如下。

1）监控指令

① 位置及姿态定义指令。

• POINT 指令：对终端位置、姿态的齐次变换或以关节位置表示的精确点位赋值。其格式有两种：

POINT＜变量＞［＝＜变量 2＞…＜变量 n＞］

或 POINT＜精确点＞［＝＜精确点 2＞］

例如：

POINT PICK1＝PICK2

指令的功能是设置变量 PICK1 的值等于 PICK2 的值。

又如：

POINT ♯PARK

指令的功能是准备定义或修改精确点 PARK。

• DPOINT 指令：删除包括精确点或变量在内的任意数量的位置变量。

- HERE 指令：此指令使变量或精确点的值等于当前机器人的位置。

例如：

HERE PLACK

指令的功能是定义变量 PLACK 的值等于当前机器人的位置。

- WHERE 指令：此指令用来显示机器人在直角坐标空间中的当前位置和关节变量值。
- BASE 指令：用来设置参考坐标系，系统规定参考系原点在关节 1 和关节 2 轴线的交点处，方向沿固定轴的方向。

格式：

BASE[<dX>]，[<dY>]，[<dZ>]，[<Z 向旋转方向>]

例如：

BASE 300，－50，30

指令的功能是重新定义基准坐标系的位置，它从初始位置向 X 方向移 300，沿 Y 的负方向移 50，再绕 Z 轴旋转了 $30°$。

- TOOLI 指令：此指令的功能是对工具终端相对工具支承面的位置和姿态赋值。

② 程序编辑指令。

- EDIT 指令：此指令允许用户建立或修改一个指定名字的程序，可以指定被编辑程序的起始行号。

格式：

EDIT [<程序名>]，[<行号>]

如果没有指定行号，则从程序的第一行开始编辑；如果没有指定程序名，则上次最后编辑的程序被响应。

用 EDIT 指令进入编辑状态后，可以用 C、D、E、I、P、T 等命令来进一步编辑。

C 命令：改变编辑的程序，用一个新的程序代替。

D 命令：删除从当前行算起的 n 行程序，n 缺省时为删除当前行。

E 命令：退出编辑，返回监控模式。

I 命令：将当前指令下移一行，以便插入一条指令。

P 命令：显示从当前行往下 n 行的程序文本内容。

T 命令：用于初始化关节插值程序示教模式。在该模式下，按一次示教盒上的 "RE-CODE" 按钮，就将 MOVE 指令插到程序中。

③ 列表指令。

- DIRECTORY 指令：此指令的功能是显示存储器中的全部用户程序名。
- LISTL 指令：功能是显示任意个位置变量值。
- LISTP 指令：功能是显示任意个用户的全部程序。

④ 存储指令。

- FORMAT 指令：执行磁盘格式化。
- STOREP 指令：功能是在指定的磁盘文件内存储指定的程序。
- STOREL 指令：此指令用于存储用户程序中注明的全部位置变量名和变量值。
- LISTF 指令：指令的功能是显示磁盘中当前输入文件的目录。
- LOADP 指令：功能是将文件中的程序送入内存。
- LOADL 指令：功能是将文件中指定的位置变量送入内存。
- DELETE 指令：此指令是撤销磁盘中指定的文件。
- COMPRESS 指令：只用来压缩磁盘空间。

- ERASE 指令：擦除磁盘内容并初始化。

⑤ 控制程序执行指令。

- ABORT 指令：执行此指令后紧急停止（紧停）。
- DO 指令：执行单步指令。
- EXECUTE 指令：此命令执行用户指定的程序 n 次，n 可以从 -32768 到 32767，当 n 被省略时，程序执行一次。
- NEXT 指令：此指令控制程序在单步方式下执行。
- PROCEED 指令：此指令用于实现在某一步暂停、急停或运行错误后，自下一步起继续执行程序。
- RETRY 指令：指令的功能是在某一步出现运行错误后，仍自那一步重新运行程序。
- SPEED 指令：指令的功能是指定程序控制下的机器人的运动速度，其值为 $0.01 \sim 327.67$，一般正常速度为 100。

⑥ 系统状态控制指令。

- CALIB 指令：此指令用于校准关节位置传感器。
- STATUS 指令：用于显示用户程序的状态。
- FREE 指令：用于显示当前未使用的存储器容量。
- ENABL 指令：用于开、关系统硬件。
- ZERO 指令：此指令的功能是清除全部用户程序和定义的位置，重新初始化。
- DONE：此指令用于停止监控程序，进入硬件调试状态。

2）程序指令

① 运动指令。

运动指令包括 GO、MOVE、MOVEI、MOVES、DRAW、APPRO、APPROS、DEPART、DRIVE、READY、OPEN、OPENI、CLOSE、CLOSEI、RELAX、GRASP 及 DELAY 等。

这些指令大部分具有使机器人按照特定的方式从一个位姿运动到另一个位姿的功能，部分指令控制机器人手爪的开合。例如：

MOVE ♯PICK!

表示机器人由关节插值运动到精确 PICK 所定义的位置。"!"表示位置变量已有自己的值。

MOVEI＜位置＞，＜手开度＞

功能是生成关节插值运动使机器人到达位置变量所给定的位姿，运动中若手爪为伺服控制，则手爪由闭合改变到手开度变量给定的值。

又如：

OPEN ［＜手开度＞］

表示使机器人手爪打开到指定的开度。

② 机器人位姿控制指令。

这些指令包括 RIGHTY、LEFTY、ABOVE、BELOW、FLIP 及 NOFLIP 等。

③ 赋值指令。

赋值指令有 SETI、TYPEI、HERE、SET、SHIFT、TOOL、INVERSE 及 FRAME。

④ 控制指令。

控制指令有 GOTO、GOSUB、RETURN、IF、IFSIG、REACT、REACTI、IGNORE、SIGNAL、WAIT、PAUSE 及 STOP。

其中 GOTO、GOSUB 实现程序的无条件转移，而 IF 指令执行有条件转移。IF 指令的

格式为

IF<整型变量 1> <关系式> <整型变量 2> <关系式> THEN <标识符>

该指令用于比较两个整型变量的值，如果关系状态为真，程序转到标识符指定的行去执行，否则接着执行下一行。关系表达式有 EQ（等于）、NE（不等于）、LT（小于）、GT（大于）、LE（小于或等于）及 GE（大于或等于）。

⑤ 开关量赋值指令。

指令包括 SPEED、COARSE、FINE、NONULL、NULL、INTOFF 及 INTON。

⑥ 其他指令。

其他指令包括 REMARK 及 TYPE。

9.3.2.2　SIGLA 语言

SIGLA 语言是一种仅用于直角坐标式 SIGMA 装配型机器人的运动控制的编程语言，是 20 世纪 70 年代后期由意大利 Olivetti 公司研制的一种简单的非文本语言。

这种语言主要用于装配任务的控制，它可以把装配任务划分为一些装配子任务，如取旋具、在螺钉上料器上取螺钉、搬运螺钉、定位螺钉、装入螺钉、紧固螺钉等。编程时预先编制子程序，然后用子程序调用的方式来完成程序的编辑。

9.3.2.3　IML

IML 是一种着眼于末端执行器的动作级语言，由日本九州大学开发。IML 的特点是编程简单，能实现人机对话，适合于现场操作，许多复杂动作可由简单的指令来实现，易被操作者掌握。

IML 用直角坐标系描述机器人和目标物的位置和姿态。坐标系分为两种：一种是机座坐标系；另一种是固连在机器人作业空间上的工作坐标系。IML 以指令形式编程，可以表示机器人的工作点、运动轨迹、目标物的位置及姿态等信息。往返作业可不用循环语句描述，示教的轨迹能定义成指令插到语句中，还能完成某些力的施加。

IML 的主要指令有运动指令 MOVE，速度指令 SPEED，停止指令 STOP，手爪开合指令 OPEN 及 CLOSE，坐标系定义指令 COORD，轨迹定义指令 TRAJ，位置定义指令 HERE，程序控制指令 IF⋯THEN、FOR EACH、CASE 及 DEFINE 等。

9.3.2.4　AL

（1）AL 概述

AL 是 20 世纪 70 年代中期美国斯坦福大学人工智能研究所开发研制的一种机器人语言，它是在 WAVE 的基础上开发出来的，也是一种动作级编程语言，但兼有对象级编程语言的某些特征，应用于装配作业。它的结构及特点类似于 PASCAL，可以编译成机器语言在实时控制机上运行，具有实时编译语言的结构和特征，如可以进行同步操作、条件操作等。AL 设计的原始目的是用于具有传感器信息反馈的多台机器人或机械手的并行或协调控制编程。

运行 AL 的硬件环境包括主、从两级计算机。主机为 PDP-10，主机内的管理器负责管理协调各部分的工作，编译器负责对 AL 的指令进行编译并检查程序，实时接口负责主、从机之间的连接，装载器负责分配程序。从机为 PDP-11/45。

主机的功能是对 AL 进行编译，对机器人的动作进行规划；从机接收主机发出的动作规划命令，进行轨迹及关节参数的实时计算，最后对机器人发出具体的动作指令。

（2）AL 的编程格式

① 程序由 BEGIN 开始，由 END 结束。

② 语句与语句之间用分号隔开。

③ 变量先定义并说明其类型，后使用。变量名以英文字母开头，由字母、数字和下划线组成，字母大、小写不分。

④ 程序的注释用大括号括起来。

⑤ 变量赋值语句中，如所赋的内容为表达式，则先计算表达式的值，再把该值赋给等式左边的变量。

（3）AL 中数据的类型

① 标量（scalar）。标量可以是时间、距离、角度等，可以进行加、减、乘、除和指数运算，也可以进行三角函数、自然对数和指数换算。

② 向量（vector）。与数学中的向量类似，可以由若干个量纲相同的标量来构造一个向量。

③ 旋转（rot）。用来描述一个轴的旋转或绕某个轴的旋转以表示姿态。用 rot 变量表示旋转变量时带有两个参数：一个代表旋转轴的简单矢量；另一个表示旋转角度。

④ 坐标系（frame）。用来建立坐标系，变量的值表示物体固连坐标系与空间作业的参考坐标系之间的相对位置与姿态。

⑤ 变换（trans）。用来进行坐标变换，具有旋转和向量两个参数，执行时先旋转再平移。

（4）AL 的语句介绍

① MOVE 语句。

MOVE 语句用来描述机器人手爪的运动，如手爪从一个位置运动到另一个位置。MOVE 语句的格式为

MOVE<HAND> TO <目的地>

② 手爪控制语句。

• OPEN：手爪打开。

• CLOSE：手爪闭合。

语句的格式为

OPEN <HAND> TO <SVAL>

CLOSE <HAND> TO <SVAL>

其中，SVAL 为开度距离值，在程序中已预先指定。

③ 控制语句。

与 PASCAL 类似，控制语句有下面几种。

• IF <条件> THEN <语句> ELSE <语句>

• WHILE <条件> DO <语句>

• CASE <语句>

• DO <语句> UNTIL <条件>

• FOR…STEP…UNTIL…

④ AFFIX 和 UNFIX 语句。

在装配过程中经常出现将一个物体粘到另一个物体上或一个物体从另一个物体上剥离的操作。语句 AFFIX 为两物体结合的操作，语句 AFFIX 为两物体分离的操作。

例如：BEAM_BORE 和 BEAM 分别为两个坐标系，执行语句"AFFIX BEAM_BORE TO BEAM"后，两个坐标系就附着在一起了，即一个坐标系的运动将引起另一个坐标系做同样运动。执行下面的语句

UNFIX BEAM_BORE FROM BEAM

两个坐标系的附着关系即被解除。

⑤ 力觉的处理。

在 MOVE 语句中，条件监控子语句用于实现根据传感器信息来完成一定的动作。

条件监控子语句格式为

ON ＜条件＞ DO ＜动作＞

例如：

MOVE BARM TO ⊕−0.1 * INCHES ON FORCE（Z）＞10 * OUNCES DO STOP

表示在当前位置沿 Z 轴向下移动 0.1 英寸（1 英寸＝2.54 厘米），如果感觉 Z 轴方向的力超过 10 盎司力（1 盎司力＝0.278 牛顿），则立即命令机械手停止运动。

机器人语言的发展过程如图 9-6 所示。

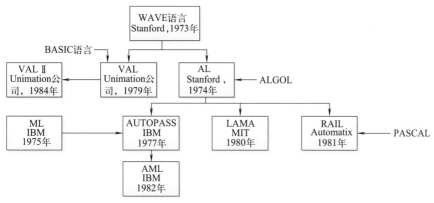

图 9-6　机器人语言的发展过程

9.3.3　机器人语言系统的结构和基本功能

（1）机器人语言系统的结构

机器人语言系统包括语言本身和处理系统（实现）。它有三个基本操作状态：监控状态、编辑状态、执行状态。

（2）机器人编程语言的基本功能

机器人编程语言的基本功能包括运算、决策、通信、机器人运动、工具指令、传感器数据处理。

机器人语言系统结构如图 9-7 所示。

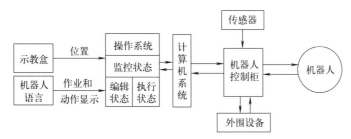

图 9-7　机器人语言系统结构

9.4　机器人离线编程

9.4.1　什么是机器人离线编程

机器人离线编程是指利用计算机图形学的结果，建立机器人及工作环境的模型，利用一些规划算法，通过对图形的控制和操作，在离线的情况下进行轨迹规划和编程。

9.4.2 离线编程与示教编程的对比

离线编程与示教编程的对比见表 9-1。

表 9-1 两种机器人编程的比较

离 线 编 程	示 教 编 程
需要机器人系统和工作环境的图形模型	需要实际机器人系统和工作环境
编程不影响机器人工作	编程时机器人停止工作
通过仿真试验程序	在实际系统上试验程序
可用 CAD 方法,进行最佳轨迹规划	编程的质量取决于编程者的经验
可实现复杂运动轨迹的编程	很难实现复杂的机器人运动轨迹

9.4.3 机器人离线编程系统的结构

机器人离线编程系统结构框图如图 9-8 所示。

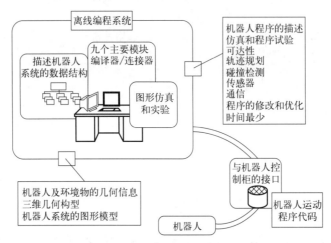

图 9-8 机器人离线编程系统结构框图

9.4.4 机器人离线编程的主要内容

机器人离线编程的主要内容包括用户接口、机器人系统的三维构型、运动学计算、动力学仿真、轨迹规划、传感器的仿真、通信接口、误差校正。

9.5 RV-M1 机器人的编程

9.5.1 RV-M1 机器人编程系统的硬件构成

RV-M1 机器人编程系统的硬件构成如图 9-9 所示。

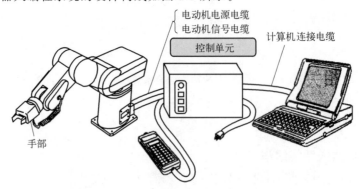

图 9-9 RV-M1 机器人编程系统的硬件构成

RV-M1 机器人的控制箱如图 9-10 所示。

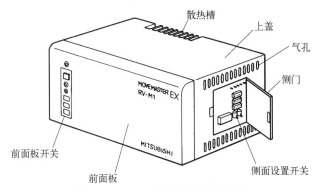

图 9-10 RV-M1 机器人的控制箱

9.5.2 RV-M1 机器人编程系统的软件构成

COSIPROG：在线编程/示教软件。

COSIMIR：离线编程和仿真软件。

9.5.3 在线示教编程的操作顺序

① 检查周围的环境，确保无人和无关的物体不在机器人的操作空间内。

② 从侧面打开控制箱的小门，把控制模式 ST1 开关扳到上位（以控制箱为中心的控制模式），程序模式 ST2 开关扳到上位（运行 EPROM 中的程序和数据）。

③ 开启控制箱后面的电源开关。

④ 打开示教盒左上角的开关（扳到 ON 位）。

⑤ 按下示教盒上的 NST 按钮、ENT 按钮，让机械臂复位。

⑥ 然后可以在示教盒上示教编程。若在个人计算机上用 COSIPROG 示教编程，需关上示教盒上的开关（扳到 OFF 位）。

离线编程和仿真无须以上步骤，直接在个人计算机上运行离线编程软件（COSIMIR）即可。

9.5.4 示教盒上各个按钮开关的介绍

RV-M1 工业机器人示教盒如图 7-27 所示。

（1）示教盒上的按钮开关功能介绍

① ON/OFF（电源开关）。用于选择示教盒上的按钮是否有效。当用示教盒操作机器人时，把这个开关扳到 ON 位置，而当用来自 PC 的指令操作机器人时，把这个开关扳到 OFF 位置。按错的键可用开关 OFF 清除。

② EMG.STOP（紧急停止开关）。用于机器人紧急停止的按钮开关（当这个开关压下时，信号是自锁的）。当这个开关压下时，机器人立即停止，错误指示灯 LED 闪烁（错误模式 I），驱动单元边门内侧的 LED4 也闪烁。

③ INC+ENT。移动机器人到一个比当前位置号更大的位置。为了移动机器人通过一系列直角坐标序列，请重复这样的输入操作。（参见指令：IP）

④ DEC+ENT。移动机器人到一个比当前位置号更小的位置。为了移动机器人通过一系列直角坐标序列，请重复这样的输入操作。（参见指令：DP）

⑤ P.S+Number+ENT。定义机器人当前位置坐标为一个指定的位置号，如果一个号被分配到两个不同的位置，那么后定义的优先有效。（参见指令：HE）

⑥ P.C+Number+ENT。撤销位置号。（参见指令：PC）

⑦ NST+ENT。令机器人回到原点。（参见指令：NT）

⑧ ORG+ENT。移动机器人到直角坐标系统的参考位置。（参见指令：OG）

⑨ TRN+ENT。传送用户 EPROM 中的程序和数据到驱动单元的 RAM 中。（参见指令：TR）

⑩ WRT+ENT。把驱动单元 RAM 中的程序和数据传送到用户 EPROM 中。（参见指令：CR）

⑪ MOV+Number+ENT。移动机器人手部到一个指定位置，移动速度等于 SP4。（参见指令：MO）

⑫ STEP+Number+ENT。从指定行开始逐行执行程序。为了使程序逐步执行，重复键入顺序。注意，此时不必输入数字。在如此逐步执行程序时，如果有错误发生，将引起错误Ⅱ。

⑬ PTP。选择人工关节操作。当该键按下时，任何关节键的操作都会产生相应关节的运动。在初始条件下，当示教盒置 ON 时，自动设置为 PTP 状态。

⑭ XYZ。选择直角坐标关节操作。当这个键按下时，任何关节键的操作都会引起直角坐标系中一个轴的运动。

⑮ TOOL。选择工具关节操作。当这个键按下时，任何关节键的操作都会引起工具坐标系中一个轴的运动（如沿手部方向的前进和后退运动）。

⑯ ENT。完成从③～⑫任何键的输入，以使相应的操作有效。

⑰ X+/B+。手部的末端在直角坐标系的 X+（从机器人前面看时，左边）方向移动；向正方向（从机器人上部看时，顺时针方向）转动腰部。

⑱ X-/B-。手部的末端在直角坐标系的 X-（从机器人前面看时，右边）方向移动；向负方向（从机器人上部看时，逆时针方向）转动腰部。

⑲ Y+/S+。手部的末端在直角坐标系的 Y+（向机器人前边）方向移动；向正方向（向上）转动肩部。

⑳ Y-/S-。手部的末端在直角坐标系的 Y-（向机器人后边）方向移动；向负方向（向下）转动肩部。

㉑ Z+/E+/4。手部的末端在直角坐标系的 Z+（垂直向上）方向移动；向正方向（向上）转动肘部，在工具坐标中前进手部；该键也代表数字 4。

㉒ Z-/E-/9。手部的末端在直角坐标系的 Z-（垂直向下）方向移动；向负方向（向下）转动肘部，在工具坐标中缩进手部；该键也代表数字 9。

㉓ P+/3。转动手部的末端，保持它的由 TL 指令指定的当前位置，向直角坐标系的正方向（向上）移动，在直角坐标正方向弯曲腕部（向上）；该键也代表数字 3。

㉔ P-/8。转动手部的末端，保持它的由 TL 指令指定的当前位置，向直角坐标系的负方向（向下）移动，在直角坐标负方向弯曲腕部（向下）；该键也代表数字 8。

㉕ R+/2。向正方向转动腕部（向手部安装面看，顺时针方向）；该键也代表数字 2。

㉖ R-/7。向负方向转动腕部（向手部安装面看，逆时针方向）；该键也代表数字 7。

㉗ OPTION+/1。向正方向移动操作轴，该键也代表数字 1。

㉘ OPTION-/6。向负方向移动操作轴，该键也代表数字 6。

㉙ O/0。张开手爪夹持器，该键也代表数字 0。

㉚ C/5。闭合手爪夹持器，该键也代表数字 5。

（2）示教盒编程应用举例

① 用示教盒定义空间位置。

机器人工作空间的每一个位置都可以定义为一个位置号，这些位置号可以是连续的，也可以是间断的。用示教盒可以定义位置号，也可以取消位置号。

定义位置号：P.C 按钮＋位置号＋回车键。

取消位置号：P.S 按钮＋位置号＋回车键。

② 执行器开合。

手爪张开用 O，手爪闭合用 C。

③ 指挥各轴单独运动。

用 X＋、X－、Y＋、Y－、Z＋、Z－、P＋、P－、R＋、R－这些按键指挥各轴向正反向移动。

9.5.5　在线编程软件——COSIPROG

在线编程软件 COSIPROG 的首界面如图 7-30 所示。

（1）利用该软件示教

① 关闭示教盒。

② 进入 COSIPROG 软件，单击"Simulation"按钮进入软件示教状态页面。可以用鼠标单击指挥各个轴运动；可以调整移动的速度；到期望位置处时，可将该位置对应的各轴关节变量值记录下来，形成位置号和数据文件，在程序中可以使用这些位置号。

（2）COSIPROG 软件示教状态

进入 COSIPROG 软件示教状态如图 9-11 所示。

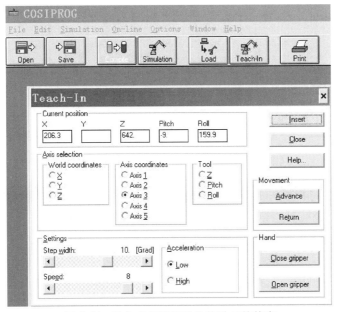

图 9-11　进入 COSIPROG 软件示教状态

COSIPROG 软件 Teach-in 界面操作如图 9-12 所示。

（3）数据文件的形式

① 在 COSIPROG 软件中可以打开、新建和修改数据文件。数据文件的扩展名为 *.pos。

② RV-M1 机器人数据文件的形式为位置号＋轴 1 关节变量＋轴 2 关节变量＋轴 3 关节变量＋轴 4 关节变量＋轴 5 关节变量＋注释，如图 9-13 所示。

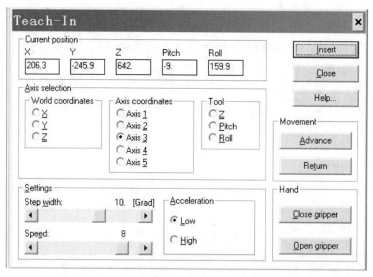

图 9-12 COSIPROG 软件 Teach-in 界面操作

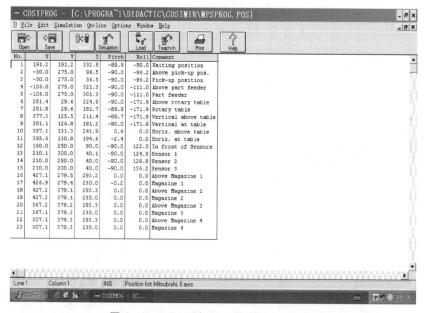

图 9-13 RV-M1 机器人数据文件的形式

（4）程序文件形式

RV-M1 机器人程序文件的形式如图 9-14 所示。

（5）程序的下载和执行过程

如图 7-30 所示，下载和执行过程如下。

① 打开已经编制好的扩展名为 .mrl 的程序文件，用鼠标单击图 7-30 中的 Load 按钮，即可将编好打开的程序下载到机器人控制器。

② 打开已经示教好的、文件名与程序文件名相同的、扩展名为 .pos 的数据文件，用鼠标单击图 7-30 中的 Load 按钮，即可将该数据文件下载到机器人控制器。

③ 待相同文件名的程序文件和数据文件均已下载到控制器后，再单击"确认"让机器人运行，之后就可以看到程序和数据的运行结果。

图 9-14　RV-M1 机器人程序文件的形式

9.5.6　离线编程与仿真软件——COSIMIR

离线编程与仿真软件 COSIMIR 的初始界面如图 7-31 所示。

（1）离线编程环境的选择

选择机器人的离线编程环境如图 9-15 所示。

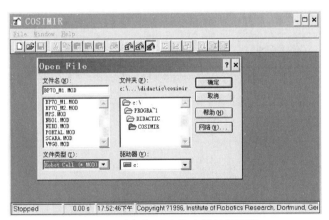

图 9-15　选择机器人的离线编程环境

进入机器人的离线编程环境如图 9-16 所示。

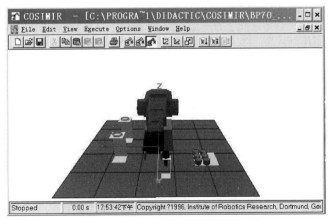

图 9-16　进入机器人的离线编程环境

（2）机器人程序和位置文件的调入

机器人程序文件的调入如图 9-17 所示。

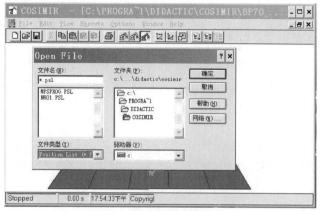

图 9-17　机器人程序文件的调入

机器人位置文件的调入如图 9-18 所示。

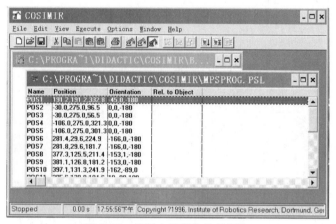

图 9-18　机器人位置文件的调入

（3）离线仿真

离线仿真如图 9-19 所示。

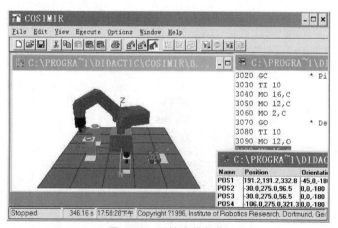

图 9-19　开始离线仿真

9.5.7　三菱 RV-M1 机器人的指令系统

三菱 RV-M1 机器人的指令系统中包含以下 6 类指令。

① 位置/运动控制类指令（24 条指令）。这些指令牵涉机器人的位置和运动。包括定义、代替、分配和计算位置数据，影响关节和线性插补、连续轨迹运动，以及设定速度、原点和托盘等指令。

② 程序控制类指令（19 条指令）。这些指令用于控制程序的流程。这类指令包括子程序、循环、跳转，也包括计数操作、外部信号引起的中断操作等指令。

③ 手部操作指令（4 条指令）。这些指令用于控制手部，也可用于电动操作手的操作，包括设定抓紧力以及手爪闭合和张开时间的指令。

④ I/O 控制指令（6 条指令）。这些指令包括通过普通 I/O 口的数据输入和输出，输入和输出数据可以同步或异步交换，数据可以按位或者并行（多位）进行交换等指令。

⑤ RS-232C 读指令（6 条指令）。这些指令允许个人计算机读取机器人内存的数据。可以读取的数据包括位置数据、程序数据、计数器的数值、外部输入数据、错误模式、当前的位置。

⑥ 杂类指令（4 条指令）。这些指令包括错误复位指令、用户程序和位置的读写指令、注释的写指令。

（1）位置/运动控制类指令

- DP（decrement position，减量位置）：向小一号位置移动。
- DW（draw，走直线）：移动一个在笛卡儿坐标空间指定的距离。
- HE（here，这儿）：指定当前位置。
- HO（home）：设定笛卡儿坐标系原点。
- IP（increment position，增量位置）：移动到大一位置号。
- MA（move approach）：移动到指定增量位置。
- MC（move continuous）：移动连续通过中间点。
- MJ（move joint）：每个关节转动指定角度。
- MO（move）：通过关节插补移动到指定位置。
- MP（move position）：移动一个指定坐标位置。
- MS（move straight）：通过直线插补移动到指定位置。
- MT（move tool）：移动一个以工具方向指定的增量距离。
- NT（nest）：机器人返回原点。
- OG（origin）：移动到笛卡儿坐标系原点。
- PA（pallet assign）：定义指定托盘的行列网格位置号。
- PC（position clear）：清除一个指定的位置号。
- PD（position define）：定义一个指定的位置号。
- PL（position load）：分配一个指定位置数据到另一个指定位置。
- PT（pallet）：计算指定托盘上的网格点坐标。
- PX（position exchange）：交换两个点的位置坐标。
- SF（shift）：移动一个指定位置的坐标。
- SP（speed）：设定操作速度和加减速时间。
- TI（timer）：停止运动指定的时间。
- TL（tool）：指定工具长度。

（2）程序控制类指令

- CP（compare counter）：加载计数值到比较寄存器。

- DA（disable act）：通过外部信号禁止中断。
- DC（decrement counter）：从指定计数器中减 1。
- DL（delete line）：删除程序的指定部分。
- EA（enable act）：允许一个外部信号引起的中断。
- ED（end）：结束程序。
- EQ（IF equal）：如果比较寄存器的值等于指定值，则跳转。
- GS（go sub）：执行一个指定的子程序。
- GT（go to）：跳转到程序的指定行。
- IC（increment counter）：计数器增 1。
- LG（if larger）：如果比较寄存器的值大于指定值，则跳转。
- NE（if not equal）：如果比较寄存器的值不等于指定值，则跳转。
- NW（new）：删除所有程序和位置数据。
- NX（next）：制定程序中一个循环的范围。
- RC（repeat cycle）：制定循环重复次数。
- RN（run）：执行程序的制定部分。
- RT（return）：子程序返回。
- SC（set counter）：设定计数器值。
- SM（if small）：如果比较寄存器的值小于指定值，则跳转。

（3）手部操作指令
- GC（grip close）：手爪闭合。
- GF（grip flag）：抓取标志。
- GO（grip open）：手爪张开。
- GP（grip pressure）：定义手爪闭合或张开时的抓取力或时间。

（4）I/O 控制指令
- ID（input direct）：接收外部信号。
- IN（input）：同步接收外部信号。
- OB（output bit）：设定指定位的输出状态。
- OD（output direct）：输出指定数据。
- OT（output）：同步输出指定数据。
- TB（test bit）：根据指定的外部信号位的状态而跳转。

（5）RS-232C 读指令
- CR（counter read）：读指定计数器的数据。
- DR（data read）：读外部输入口的数据。
- ER（error read）：读错误状态。
- LR（line read）：读指定程序行。
- PR（position read）：读指定位置的坐标。
- WH（where）：读当前位置的坐标。

（6）杂类指令
- RS（reset）：复位程序和错误。
- TR（transfer）：传送 EPROM 数据到 RAM。
- WR（write）：传送 RAM 数据到 EPROM。
- ′（comment）：写注释。

9.5.8　三菱 RV-M1 机器人样例程序一

机器人把工件从位置 1 搬运到位置 2，如图 9-20 所示。

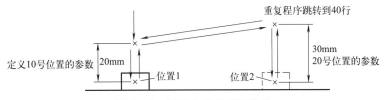

图 9-20 机器人简单搬运作业

程序清单:

10 PD 10，0，0，20，0，0	; 定义位置 1 和位置 10
20 PD 20，0，0，30，0，0	; 定义位置 2 和位置 20
30 SP 7	; 设定速度等级为 7 级
40 MA 1，10，O	; 移动机器人手爪到位置 10，手爪张开
50 MO 1，O	; 移动机器人手爪到位置 1，手爪张开
60 GC	; 手爪闭合，抓取工件
70 MA 1，10，C	; 手爪从位置 1 移动到位置 10，手爪闭合
80 MA 2，20，C	; 移动机器人手爪到位置 20，即位置 2 之上 30mm，手爪闭合
90 MO 2，C	; 移动机器人手爪到位置 2，手爪闭合
100 GO	; 张开手爪，放下工件
110 MA 2，20，O	; 移动机器人手爪到位置 2 上方 30mm，即位置 20
120 GT 40	; 返回执行 40 号语句

9.5.9　三菱 RV-M1 机器人样例程序二

机器人与外部 I/O 装置的连接。

通过 8 个外部 I/O 开关，程序允许机器人在 8 个工作中选择一个，通过 8 个 LED 来显示正在执行的工作。

电路接线图：机器人与外部 I/O 装置的连接如图 9-21 所示。

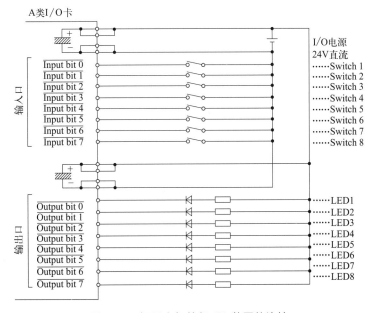

图 9-21　机器人与外部 I/O 装置的连接

程序框图：程序框图如图 9-22 所示。

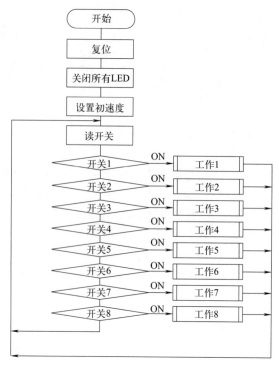

图 9-22 程序框图

程序清单：

主程序：

10 NT ；回原点

15 OD 0 ；关闭所有 LED

20 SP 5；设置初速度

25 ID；输入

30 TB ＋0，100；当开关 1 打开时转到 100 行

31 TB ＋1，200；当开关 2 打开时转到 200 行

32 TB ＋2，300；当开关 3 打开时转到 300 行

33 TB ＋3，400；当开关 4 打开时转到 400 行

34 TB ＋4，500；当开关 5 打开时转到 500 行

35 TB ＋5，600；当开关 6 打开时转到 600 行

36 TB ＋6，700；当开关 7 打开时转到 700 行

37 TB ＋7，800；当开关 8 打开时转到 800 行

38 GT 25；当所有开关关闭时转到 25 行

子程序：

100 OB ＋0；打开开关 1

105 MO 10；执行工作 1

……

198 OB －0；关闭开关 1

199 GT 25；返回 25 行

……

800 OB +7；打开开关 8

805 MO 10；执行任务 8

……

898 OB −7；关闭开关 8

899 GT 25；返回 25 行

9.6 博实四自由度 SCARA 机器人的编程

9.6.1 博实四自由度 SCARA 机器人编程系统组成

（1）硬件组成

博实四自由度 SCARA 机器人硬件由机器人本体、控制柜、计算机组成，如图 9-23 所示。

（2）软件组成

博实四自由度 SCARA 机器人软件由 RBT-4S01S——机器人控制系统、MAC-3002SSP4 系列伺服电动机运动控制卡调试系统、大恒图像处理系统组成，如图 9-24 所示。

图 9-23 博实四自由度 SCARA 机器人硬件系统组成

图 9-24 博实四自由度 SCARA 机器人的软件系统组成

（3）实现的功能

博实四自由度 SCARA 机器人可实现不同颜色的轴销的连续搬运工作。

9.6.2 RBT-4S01S——机器人控制系统软件功能

双击 ![icon] 图标进入控制系统主界面，如图 9-25 所示。该控制系统软件具有下列功能：运动测试（图 9-26）、正运动学分析（图 9-27）、逆运动学分析（图 9-28）、图形插补控制（图 9-29）、示教与 CCD 图像识别（图 9-30）。

9.6.3 MAC-3002SSP4 系列伺服电动机控制卡调试系统

MAC-3002SSP4 系列伺服电动机控制卡调试系统能够实现如下功能：X、Y、Z、U 四个轴的加减速方式、运动方式、停止方式、运动方向的调节，多轴运动的直线插补、圆弧插补的调节，如图 9-31～图 9-34 所示。

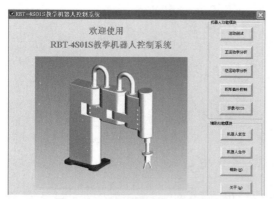

图 9-25 机器人控制系统主界面

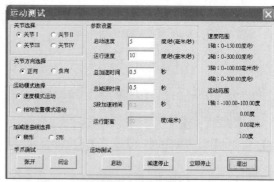

图 9-26 运动测试

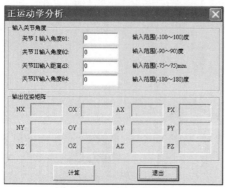

图 9-27 正运动学分析

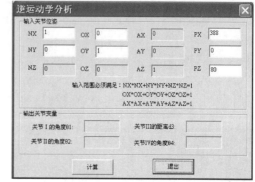

图 9-28 逆运动学分析

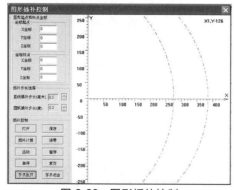

图 9-29 图形插补控制

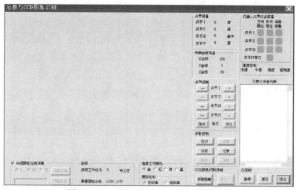

图 9-30 示教与 CCD 图像识别

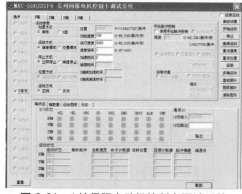

图 9-31 4 轴伺服电动机控制卡调试系统

图 9-32 伺服设置

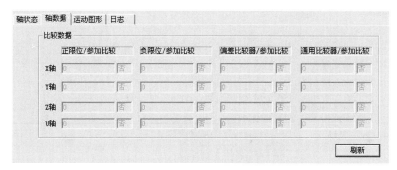

图 9-33 各轴限位与偏差设置

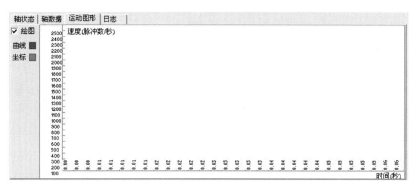

图 9-34 多轴联动运动控制图形

9.6.4 机器人示教再现的过程

① 打开计算机系统，双击 RBT-4S01S——机器人控制系统软件图标，进入机器人控制系统主界面。

② 打开控制柜电源开关，按下启动按钮，机器人各轴伺服驱动电动机及驱动器均上电，各关节控制系统均进入等待控制器发来控制脉冲序列命令状态。

③ 双击 MAC-3002SSP4 系列伺服电动机控制卡调试系统图标，进入伺服电动机调试状态，对各轴伺服电动机进行调试，调试它们的加减速时间、运动方式、停止方式、多轴联合运动插补方式等。

④ 单击 RBT-4S01S 机器人控制系统主界面中的"机器人复位"按钮，让机器人复位，这是机器人示教再现之前必须完成的工作。

⑤ 单击 RBT-4S01S 机器人控制系统主界面中的"示教与 CCD"按钮完成示教。

本 章 小 结

① 概述了机器人编程的意义和类型。

② 概述了机器人编程的类型、过程和基本功能。

③ 介绍了机器人语言的发展过程、类型、结构和基本功能。

④ 介绍了机器人离线编程系统的结构、特点和主要内容。

⑤ 介绍了 RV-M1 机器人和博实四自由度 SCARA 机器人的编程系统。

思考与练习题

1. 为什么需要机器人编程？

2. 机器人编程方法有哪些？

3. 什么是机器人的示教？

4. 什么是机器人在线编程？

5. 什么是机器人离线编程？

6. 试述机器人示教编程的过程及特点。

7. 按机器人作业水平的程度分，机器人编程语言有哪几种？各有什么特点？

8. 机器人编程语言系统的基本功能是什么？

9. VAL 的编程特点是什么？试举其中的几个编程命令加以说明。

10. AL 运行的硬件环境是什么？编程时有什么特点？

11. 机器人离线编程的特点及功能是什么？

参 考 文 献

［1］ 杨辰光，李智军，许扬. 机器人仿真与编程技术［M］. 北京：清华大学出版社，2018.

［2］ 李国利. 工业机器人编程及应用技术［M］. 北京：机械工业出版社，2021.

［3］ 韩召，张海鹏，于会敏. 工业机器人编程［M］. 北京：清华大学出版社，2022.

第3篇

工业机器人实战与应用篇

第10章

工业机器人设计实战

10.1 工业机器人设计概述

10.1.1 什么是设计

设计就是选择、计算与创新的过程。

选择：尽量用标准件；能选择现有的就选择现有的。

计算：通过计算确定选择依据，不管是选零件还是选部件。

创新：当确定现有零部件不能满足要求时，就要创新设计零部件以满足总体要求。

10.1.2 工业机器人设计思想

① 工业机器人是一个机电一体化（机械电子）（mechatronics）系统。

② 工业机器人是一个嵌入式物联网控制系统。

③ 工业机器人是一个万能制造机：一套相近的机械结构，加上不同的程序可以实现很多专用结构可以实现的功能和运动轨迹，所以工业机器人的设计可以具体到这样的机械系统设计和控制系统设计。

④ 工业机器人设计分为以下几个层次，每个层次有不同的设计方法。

a. 机械本体层。机械本体层主要考虑采用串联还是并联、连杆还是关节、驱动或者传动、传感器怎么分布、采用哪些性能指标、工作空间怎么安排以及运动学、动力学等问题。

b. 控制系统层。控制系统层主要考虑采用哪些功能、怎么安排人机界面、传感检测怎么实现、需要哪些控制器、采用哪些嵌入式硬件与软件、如何实现通信与网络连接等问题。

c. 视觉系统层。视觉系统层主要考虑视觉系统要实现哪些任务，视觉系统由哪些元器件组成，采用哪些灯光、摄像机、图像采集卡、图像处理与识别软件，怎么实现视觉系统与机器人系统的合作，视觉伺服系统的开发环境等问题。

d. 编程系统层。编程系统层主要考虑采用什么样的编程方法（示教盒、在线编程还是离线编程），需不需要标准的编程语言支持，编程界面是 LED 面板、触摸屏、计算软件还是组态画面等问题。

e. 单独机器人系统层。单独机器人系统层主要考虑应用场景是什么（焊接、搬运、喷涂还是装配），周边设备是什么，用什么样的机器人系统，如何控制与协调机器人与周边设备等问题。

f. 机器人工作站层。机器人工作站层主要考虑选用什么机器人工作站，机器人工作站在生产线中处于什么位置，如何协调机器人工作站与生产线中其他设备之间的工作等问题。

10.1.3 机械电子系统的设计特点

（1）机械电子系统设计的缺点

传统设计方法主要是串行设计，它具有以下缺点：软件开发项目撤销率达 31%；项目完成时间超预期 222%；只有 16% 的软件项目按时在预算内完成。

机械电子系统设计方法是并行设计，在下列方面具有优越性。

交付：时间、成本、手段。

可靠性：失败率、材料、误差。

可维护性：模块化设计。

服务能力：系统故障诊断、预测以及模块设计。

升级换代：留有升级空间。

回收：危险材料的去除和回收。

（2）机械电子系统的设计过程

机械电子系统的设计过程如图 10-1 所示。

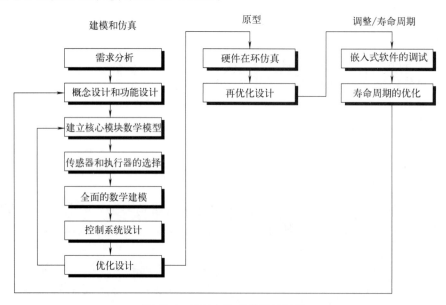

图 10-1　机械电子系统设计过程

（3）机械电子系统的设计思想

① 并行设计。在设计阶段摒弃先进行机械设计，然后再进行电气设计，最后再进行控制系统分析与综合的设计思路，在一开始就通盘考虑，哪些功能由机械来实现、哪些功能由电子来实现、哪些功能由电气来实现、哪些功能由硬件来实现、哪些功能由软件来实现等问题，采用并行设计思想，提高系统功能，同时也提高设计效率。这是机械电子系统设计与传统机电系统设计的本质区别，是一种全新的设计思想。

② 优化设计。在机械电子系统设计过程中，始终秉承最优的理念，即在用液压、气动、电气、电子、软件程序均可实现同一功能（如凸轮、调速器等）的情况下，要坚持用功能最多、重量最轻、体积最小、最节约材料、能耗最低的设计。

③ 硬件程序化。PID 电路改用数字 PID；软件滤波抗干扰代替硬件电路；电子凸轮代替机械凸轮；电子调速代替纯机械调速。

（4）机械电子系统的组成

机械电子系统由以下几个部分组成：信息系统、机械系统、电气系统、传感器、执行器、转换器、计算机信息与控制系统，如图 10-2 所示。例如机器人、数控机床、汽车电子系统。

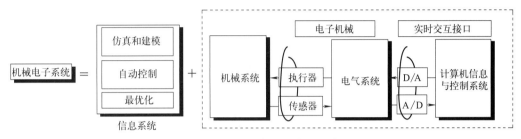

图 10-2　机械电子系统的组成

（5）机械电子系统设计的内容

机械电子系统设计的内容包括：功能设计与划分；机械系统设计；控制系统设计；机械与控制的协调要达到机械电子系统的功能要求。

10.1.4　嵌入式物联网控制系统设计

10.1.4.1　嵌入式物联网系统的基本概念

（1）嵌入式系统的概念

① 定义。嵌入式系统是以应用为中心，以计算机技术为基础，软硬件可裁剪，适应系统对功能、可靠性、成本、体积、功耗的严格要求的专用计算机系统。

② 嵌入式系统发展的四个阶段。包括无操作系统阶段、简单操作系统阶段、实时操作系统阶段、面向 Internet 阶段。

③ 知识产权核（P 核）。P 核是具有知识产权、功能具体、接口规范、可在多个集成电路设计中重复使用的功能模块，是实现系统级芯片（SoC）的基本构件。P 核模块有行为、结构和物理三级不同程度的设计，按照描述功能行为的不同可以分为软核、固核、硬核三类。

（2）嵌入式系统的组成

嵌入式系统包含硬件层、中间层、系统软件层和应用软件层。

嵌入式核心模块＝微处理器＋电源电路＋时钟电路＋存储器

Cache 位于主存和嵌入式微处理器内核之间，Cache 中存放了最近一段时间微处理器使用最多的程序代码和数据。它主要用于减小存储器给微处理器内核造成的存储器访问瓶颈问题，加快处理速度。

① 硬件层。包括嵌入式微处理器、存储器、通用设备接口和 I/O 接口。

② 中间层（也称硬件抽象层 HAL 或者板级支持包 BSP）。它将系统上层软件和底层硬件分离开来，使系统上层软件开发人员无须关心底层硬件的具体情况，根据 BSP 层提供的接口开发即可。

BSP 具有硬件相关性和操作系统相关性。设计一个完整的 BSP 需要完成两部分工作。

a. 嵌入式系统的硬件初始化和 BSP 功能实现。

· 片级初始化：纯硬件的初始化过程，把嵌入式微处理器从上电的默认状态逐步设置成系统所要求的工作状态。

· 板级初始化：包含软、硬件两部分初始化在内的初始化过程，为随后的系统初始化和应用程序建立硬件和软件的运行环境。

· 系统级初始化：以软件为主的初始化过程，进行操作系统的初始化。

b. 设计与硬件相关的设备驱动。

③ 系统软件层。由 RTOS、文件系统、GUI、网络系统及通用组件模块组成。RTOS 是嵌入式应用软件的基础和开发平台。

④ 应用软件层。由基于实时系统开发的应用程序组成。

（3）嵌入式微处理器的体系结构

① 冯·诺依曼结构。程序和数据共用一个存储空间，程序存储地址和数据存储地址指向同一个存储器的不同物理位置，采用单一的地址及数据总线，程序和数据的宽度相同。例如 8086、ARM7、MIPS。

② 哈佛结构。程序和数据是两个相互独立的存储器，每个存储器独立编址、独立访问，是一种将程序存储和数据存储分开的存储器结构。例如 AVR、ARM9、ARM10。

③ CISC 与 RISC 的特点比较。

计算机执行程序所需要的时间 P 可以用下面公式计算。

$$P = I \times \mathrm{CPI} \times T \tag{10-1}$$

式中，I 为高级语言程序编译后在机器上运行的指令数；CPI 为执行每条指令所需要的平均周期数；T 为每个机器周期的时间。

④ 流水线的思想。在 CPU 中把一条指令的串行执行过程变为若干指令的子过程在 CPU 中重叠执行。

⑤ 流水线的指标。

· 吞吐率：单位时间里流水线处理机流出的结果数。如果流水线的子过程所用时间不一样，吞吐率应为最长子过程的倒数。

· 建立时间：流水线从开始工作到出现最大吞吐率的时间。若 m 个子过程所用时间一样，均为 t，则建立时间 $T = mt$。

⑥ 信息存储的字节顺序。

a. 存储器单位：字节（8 位）。

b. 字长决定了微处理器的寻址能力，即虚拟地址空间的大小。

c. 32 位微处理器的虚拟地址空间为 32 位，即 4GB。

d. 小端字节顺序：低字节在内存低地址处，高字节在内存高地址处。

e. 大端字节顺序：高字节在内存低地址处，低字节在内存高地址处。

f. 网络设备的存储顺序问题取决于 OS 模型底层中的数据链路层。

（4）总线电路及信号驱动

总线是各种信号线的集合，是嵌入式系统中各部件之间传送数据、地址和控制信息的公共通路。在同一时刻，每条通路上能够传送一位二进制信号。按照总线所传送的信息类型，可以分为数据总线（DB）、地址总线（AB）和控制总线（CB）。

总线的主要参数如下。

总线带宽：一定时间内总线上可以传送的数据量，一般用 Mb/s（Mbps）表示。

总线宽度：总线能同时传送的数据位数（bit），即人们常说的 32 位、64 位等是指总线宽度，也叫总线位宽。总线的位宽越宽，总线每秒数据传送量越大，也就是总线带宽越宽。

总线频率：工作时钟频率以 MHz 为单位，工作频率越高，则总线工作速率越快，也即总线带宽越宽。

总线带宽＝总线位宽×总线频率/8，单位是 Mb/s。

常用总线：ISA 总线、PCI 总线、IIC 总线、SPI 总线、PC104 总线和 CAN 总线等。

只有具有三态输出的设备才能够连接到数据总线上，常用的三态门为输出缓冲器。

当总线上所接的负载超过总线的负载能力时，必须在总线和负载之间加接缓冲器或驱动器，最常用的是三态缓冲器，其作用是驱动和隔离。

采用总线复用技术可以实现数据总线和地址总线的共用，但会带来两个问题。

① 需要增加外部电路对总线信号进行复用解耦，例如地址锁存器。

② 复用总线的效率相对非复用总线系统低。

两类总线通信协议：同步方式、异步方式。

对总线仲裁问题的解决是以优先级（优先权）的概念为基础。

（5）嵌入式系统的度量项目

① 性能指标。分为部件性能指标和综合性能指标，主要包括吞吐率、实时性和各种利用率。

② 可靠性与安全性。可靠性是嵌入式系统最重要、最突出的基本要求，是一个嵌入式系统能正常工作的保证，一般用平均故障间隔时间 MTBF 来度量。

③ 可维护性。一般用平均修复时间 MTTR 表示。

④ 可用性。

⑤ 功耗。

⑥ 环境适应性。

⑦ 通用性。

⑧ 保密性。

⑨ 可扩展性。

⑩ 性价比。性价比中的价格，除直接购买嵌入式系统的价格外，还应包含安装费用、若干年的运行维修费用和软件租用费。

（6）嵌入式系统的评价方法：测量法和模型法

测量法是最直接、最基本的方法，需要解决两个问题。

① 根据研究的目的，确定要测量的系统参数。

② 选择测量的工具和方式。

测量的方式有两种：采样方式和事件跟踪方式。

模型法分为分析模型法和模拟模型法。分析模型法是用一些数学方程去刻画系统的模型；而模拟模型法是用模拟程序的运行去动态表达嵌入式系统的状态，从而进行系统统计分析，以得出性能指标。

分析模型法中使用最多的是排队模型，它包括输入流、排队规则和服务机构 3 个部分。

使用模型对系统进行评价需要解决设计模型、解模型、校准和证实模型 3 个问题。

（7）Flash 存储器

Flash 存储器（简称 Flash）是一种非易失性存储器，根据结构的不同可以将其分为 NOR Flash 和 NAND Flash 两种。

① Flash 存储器的特点如下。

区块结构：在物理上分成若干个区块，区块之间相互独立。

先擦后写：Flash 的写操作只能将数据位从 1 写成 0，不能从 0 写成 1，所以在对存储器进行写入之前必须先执行擦除操作，将预写入的数据位初始化为 1。擦除操作的最小单位是一个区块，而不是单个字节。

操作指令：执行写操作时，必须输入一串特殊指令（NOR Flash）或者完成一段时序（NAND Flash）才能将数据写入。

位反转：由于 Flash 的固有特性，在读写过程中偶尔会产生一位或几位的数据错误。位反转无法避免，只能通过其他方法对结果进行事后处理。

坏块：区块一旦损坏，将无法进行修复。对已损坏的区块操作，其结果不可预测。

② NOR Flash 的特点。应用程序可以直接在闪存内运行，不需要把代码读到系统 RAM 中运行。NOR Flash 的传输效率很高，在 1~4MB 的小容量时具有很高的成本效益，但是很慢的写入和擦除速率大幅影响了它的性能。

③ NAND Flash 的特点。NAND 结构能提供极高的密度单元，可以达到高存储密度，并且写入和擦除的速率也很快，这也是为何所有的 U 盘都使用 NAND Flash 作为存储介质的原因。应用 NAND Flash 的困难在于闪存需要特殊的系统接口。

④ NOR Flash 与 NAND Flash 的区别。

a. NOR Flash 的读速率比 NAND Flash 稍快一些。

b. NAND Flash 的擦除和写入速率比 NOR Flash 快很多。

c. NAND Flash 的随机读取能力差，适合大量数据的连续读取。

d. NOR Flash 带有 SRAM 接口，有足够的地址来寻址，可以很容易地存取其内部的任一个字节。NAND Flash 的地址、数据和指令共用 8 位总线（有些公司的产品使用 16 位），每次读写都要使用复杂的 I/O 接口串行地存取数据。

e. NOR Flash 的容量一般较小，通常为 1~8MB；NAND Flash 只用在 8MB 以上的产品中。因此，NOR Flash 只能应用在代码存储中，NAND Flash 适用于数据存储。

f. NAND Flash 中每个块的最大擦写次数是 100 万次，而 NOR Flash 是 10 万次。

g. NOR Flash 可以像其他内存那样连接，非常直接地使用，并可以在上面直接运行代码。NAND Flash 需要特殊的 I/O 接口，在使用的时候，必须先写入驱动程序，才能继续执行其他操作。设计师绝不能向坏块写入，这就意味着在 NAND Flash 上自始至终必须进行虚拟映像。

h. NOR Flash 用于对数据可靠性要求较高的代码存储、通信产品、网络处理等领域，被称为代码闪存；NAND Flash 则用于对存储容量要求较高的存储卡、U 盘等领域，被称为数据闪存。

（8）键盘接口

① 键盘的两种形式：线性键盘和矩阵键盘。

② 识别键盘上的闭合键通常有两种方法：行扫描法和行反转法。

行扫描法是矩阵键盘按键常用的识别方法，此方法分为两步进行。

a. 识别键盘哪一列的按键被按下。让所有行线均为低电平，查询各列线电平是否为低，如果有列线为低，则说明该列有按键被按下，否则说明无按键按下。

b. 如果某列有按键按下，识别键盘是哪一行按下。逐行置低电平，并置其余各行为高电平，查询各列的变化，如果列电平变为低电平，则可确定此行此列交叉点处按键被按下。

（9）显示接口

LCD 的基本原理：通过给不同的液晶单元供电，控制其光线是否通过，从而达到显示的目的。

LCD 的光源提供方式有两种：投射式和反射式。笔记本电脑的 LCD 显示器为投射式，屏的背后有一个光源，因此不需要外界环境光源。一般微控制器上使用的 LCD 为反射式，需要外界提供电源，靠反射光来工作。电致发光（EL）是给液晶屏提供光源的一种方式。

按照液晶驱动方式分类，常见的 LCD 可以分为扭曲向列型（TN）、超扭曲向列型（STN）和薄膜晶体管型（TFT）3 类。

市面上出售的 LCD 有两种类型：带有驱动电路的 LCD 显示模块，采用总线方式驱动；没有驱动电路的 LCD 显示器，使用控制器扫描方式。

通常 LCD 控制器工作的时候，通过 DMA 请求总线，直接通过 SDRAM 控制器读取 SDRAM 中指定地址（显示缓冲区）的数据，此数据经过 LCD 控制器转换成液晶屏扫描数据格式，直接驱动液晶显示器。

VGA 接口本质上是一个模拟接口，一般采用统一的 15 引脚接口，包括 2 个 NC 信号、3 根显示器数据总线、5 个 GND 信号、3 个 RGB 色彩分量、1 个行同步信号和 1 个场同步信号。其色彩分量采用的电平标准为 EIA 定义的 RS343 标准。

（10）触摸屏接口

按工作原理，触摸屏可以分为表面声波屏、电容屏、电阻屏和红外屏几种。

触摸屏的控制采用专业芯片，例如 ADS7843。

（11）音频接口

基本原理：麦克风输入的数据经音频解码器解码完成 A/D 转换，解码后的音频数据通过音频控制器送入 DSP 或 CPU 进行相应的处理，然后数据经音频控制器发送给音频编码器，经编码完成 D/A 转换后由扬声器输出。

数字音频的格式有多种，最常用的是下面三种。

① 脉冲编码调制（PCM）：它是 CD 或 DVD 采用的数据格式。其采样频率为 44.1kHz。精度为 16 位时，PCM 音频数据传输速率为 1.41Mb/s；精度为 32 位时，PCM 音频数据传输速率为 2.42Mb/s。一张 700MB 的 CD 可以保存大约 60min 的 16 位 PCM 数据格式的音乐。

② MPEG Audio Layer 3（MP3）：MP3 播放器采用的音频格式。立体声 MP3 数据传输速率为 112～128kb/s。

③ ATSC 数字音频压缩标准（AC3）：数字 TV、HDTV 和电影数字音频的编码标准。立体声 AC3 编码后的数据传输速率为 192kb/s。

S 总线是音频数据编码或解码常用的串行音频数字接口。S 总线只处理声音数据，其他控制信号则需要单独传输。IS 使用了 3 根串行总线：数据线 SD、字段选择线 WS、时钟信号线 SCK。

当接收方和发送方的数据字段宽度不一样时，发送方不考虑接收方的数据字段宽度。如果发送方发送的数据字段小于系统字段宽度，就在低位补 0；如果发送方的数据字段宽度大于接收方的宽度，则超过 LSB 的部分被截断。字段选择线 WS 用来选择左右声道，WS＝0 表示选择左声道；WS＝1 表示选择右声道。此外，WS 能让接收设备存储前一个字节的同时准备接收下一个字节。

（12）PCI 接口

PCI 接口是地址、数据多路复用的高性能 32 位和 64 位总线接口，是微处理器与外围控制部件、外围附加板之间的互连接口。

从数据宽度上看，PCI 接口定义了 32 位数据总线，且可扩展为 64 位。从传输频率上分，有 33MHz 和 66MHz 两种。

与 ISA 总线相比，PCI 总线接口的地址总线与数据总线分时复用，支持即插即用、中断共享等功能。

（13）USB 接口

① USB 总线的主要特点如下。

a. 使用简单，即插即用。

b. 每个 USB 系统中都有主机，USB 网络中最多可以连接 127 个设备。

c. 应用范围广，支持多个设备同时操作。

d. 低成本的电缆和连接器，使用统一的 4 引脚插头。

e. 较强的纠错能力。

f. 较低的协议开销带来了高的总线性能，且适合于低成本外设的开发。

g. 支持主机与设备之间的多数据流和多消息流传输，且支持同步和异步传输类型。

h. 总线供电，能为设备提供 5V/100mA 的供电。

② USB 系统由 3 部分来描述：USB 主机、USB 设备和 USB 互连。

③ USB 总线支持的数据传输速率有 3 种：高速信令位传输速率为 480Mb/s；全速信令位传输速率为 12Mb/s；低速信令位传输速率为 1.5Mb/s。

④ USB 总线电缆有 4 根线：一对双绞信号线和一对电源线。

⑤ USB 是一种查询总线，由主控制器启动所有的数据传输。USB 上所挂接的外设通过由主机调度的、基于令牌的协议来共享 USB 带宽。

⑥ 大部分总线事务涉及 3 个包的传输。

a. 令牌包。指示总线上要执行什么事务、欲寻址的 USB 设备及数据传送方向。

b. 数据包。传输数据或指示它没有数据要传输。

c. 握手包。指示传输是否成功。

⑦ 主机与设备端点之间的 USB 数据传输模型被称作管道。管道有流和消息两种类型。消息数据具有 USB 定义的结构，而流数据没有。

⑧ 事务调度表允许对某些流管道进行流量控制，在硬件级，通过使用 NAK（否认）握手信号来调节数据传输速率，以防止缓冲区上溢或下溢产生。

⑨ USB 设备最大的特点是即插即用。

⑩ 工作原理：USB 设备插入 USB 端点时，主机通过默认地址 0 与设备的端点 0 进行通信。在这个过程中，主机发出一系列试图得到描述符的标准请求，通过这些请求，主机得到所有其感兴趣的设备信息，从而知道设备的情况以及该如何与设备通信。随后主机通过发出 Set Address 请求为设备设置一个唯一的地址。以后主机就通过为设备设置好的地址与设备通信，而不再使用默认地址 0。

（14）SPI 接口

SPI 就是一个同步协议接口，所有的传输都参照一个同步时钟，这个同步时钟由主机产生，接收数据的外设使用同步时钟来对串行比特流的接收进行同步化。

在多个设备连接到主机的同一个 SPI 接口时，主机通过从设备的片选引脚来选择。

SPI 主要使用 4 个信号：主机输出/从机输入（MOSI），主机输入/从机输出（MISO）、串行时钟 SCLK 和外设片选 CS。

主机和外设都包含一个串行移位寄存器，主机通过向它的 SP 串行寄存器写入一个字节来发起一次数据传输。寄存器通过 MOSI 信号线将字节传送给外设，外设也将自己移位寄存器中的内容通过 MISO 信号线返回给主机，这样，两个移位寄存器中的内容就被交换了。

外设的写操作和读操作是同步完成的，因此 SPI 成为一个很有效的协议。

如果只是进行写操作，主机只需忽略收到的字节；反过来，如果主机要读取外设的一个字节，就必须发送一个空字节来引发从机的传输。

（15）IIC 总线接口

IIC 总线是具备总线仲裁和高低速设备同步等功能的高性能多主机总线。

IIC 总线上需要两条线：串行数据线 SDA 和串行时钟线 SCL。

总线上的每个器件都有唯一的地址以供识别，而且各器件都可以作为一个发送器或者接收器（由器件的功能决定）。

IIC 总线有 4 种操作模式：主发送、主接收、从发送、从接收。

IIC 在传送数据过程中有 3 种类型的信号。

① 开始信号：SCL 为低电平时，SDA 由高向低跳变。

② 结束信号：SCL 为低电平时，SDA 由低向高跳变。

③ 应答信号：接收方在收到 8 位数据后，在第 9 个脉冲向发送方发出特定的低电平。

主器件发送一个开始信号后，它还会立即送出一个从地址，来通知将与它进行数据通信的从器件。1 个字节的地址包括 7 位地址信息和 1 位传输方向指示位。如果第 7 位为 0，表示要进行一个写操作；如果为 1，表示要进行一个读操作。

SDA 线上传输的每个字节长度都是 8 位，每次传输字节的数量是没有限制的。在开始信号后面的第一个字节是地址域，之后每个传输字节后面都有一个应答位（ACK），传输中串行数据的 MSB（字节高位）首先发送。

如果数据接收方无法再接收更多的数据，它可以通过将 SCL 保持低电平来中断传输，这样可以迫使数据发送方等待，直到 SCL 被重新释放。这样可以达到高低速设备同步。

IIC 总线的工作过程：SDA 和 SCL 都是双向的。空闲的时候，SDA 和 SCL 都是高电平，只有 SDA 变为低电平，接着 SCL 再变为低电平，IIC 总线的数据传输才开始。SDA 线上被传输的每一位在 SCL 的上升沿被采样，该位必须一直保持有效，直到 SCL 再次变为低电平，然后 SDA 就在 SCL 再次变为高电平之前传输下一个位。最后，SCL 变回高电平，接着 SDA 也变为高电平，表示数据传输结束。

（16）以太网接口

最常用的以太网协议是 IEEE802.3 标准。

传输编码：曼彻斯特编码和差分曼彻斯特编码。

① 曼彻斯特编码。每位中间有一个电平跳变，从高到低的跳变表示为 "0"，从低到高的跳变表示为 "1"。

② 差分曼彻斯特编码。每位中间有一个电平跳变，利用每个码元开始时有无跳变来表示 "0" 或 "1"，有跳变为 "0"，无跳变为 "1"。相比之下，曼彻斯特编码简单，差分曼彻斯特编码提供了更好的噪声抑制性能。

以太网数据传输特点如下。

① 所有数据位的传输由低位开始，传输的位流是曼彻斯特编码。

② 以太网是基于冲突检测的总线复用方法，由硬件自动执行。

③ 传输的数据长度：目的地址 DA＋源地址 SA＋类型字段 TYPE＋数据段 DATA＋填充位 PAD。最小为 60B，最大为 1514B。

④ 通常以太网卡可以接收 3 种地址数据：广播地址、多播地址、自己的地址。

⑤ 任何两个网卡的物理地址都不一样，是世界上唯一的，网卡地址由专门机构分配。

嵌入式以太网接口有两种实现方法。

① 嵌入式处理器＋网卡芯片（例如 RTL8019AS、CS8900 等）。

② 带有以太网接口的处理器。

以太网协议一个分层协议，分为物理层、数据链路层、网络层、传输层和应用层。每层实现一个明确的功能，对应一个或几个传输协议，每层相对于它的下层都作为一个独立的数据包来实现。

- 应用层：BSD 套接字。
- 传输层：TCP、UDP。
- 网络层：IP、ARP、ICMP、IGMP。
- 数据链路层：IEEE802.3 Ethernet MAC。
- 物理层：二进制比特流。

① ARP（地址解析协议）。

a. 网络层用 32 位的地址来标识不同的主机（即 P 地址），而链路层使用 48 位的物理地址（MAC）来标识不同的以太网或令牌网接口。

b. ARP 的功能是实现从 IP 地址到对应物理地址的转换。

② ICMP（网络控制报文协议）。

a. IP 层用它来与其他主机或路由器交换错误报文和其他重要控制信息。

b. ICMP 报文是在 IP 数据包内被传输的。

c. 网络诊断工具 ping 和 traceroute 其实就是 ICMP。

③ IP（网际协议）。

a. IP 工作在网络层，是 TCP/IP 协议簇中最为核心的协议。

b. 所有的 TCP、UDP、ICMP 及 IGMP 数据都以 IP 数据包格式传输。

c. TTL（生存时间字段）　指定了 IP 数据包的生存时间（数据包可以经过的路由器数）。

d. P 提供不可靠、无连接的数据包传送服务，高效、灵活。

④ TCP（传输控制协议）。TCP 是一个面向连接的可靠的传输层协议，它为两台主机提供高可靠性的端到端数据通信。

⑤ UDP（用户数据包协议）。UDP 是一种无连接不可靠的传输层协议，它不保证数据包能到达目的地，可靠性由应用层来提供。UDP 开销少，它和 TCP 相比更适合于应用在低端的嵌入式领域中。

⑥ 端口。TCP 和 UDP 采用 16 位端口号来识别上层的用户，即应用层协议，例如 FTP 服务的 TCP 端口号都是 21，Telnet 服务的 TCP 端口号都是 23，TFTP 服务的 UDP 端口号都是 69。

（17）CAN 总线接口

CAN（Control Area Network，控制器局域网）总线是一种多主方式的串行通信总线，是国际上应用最广泛的现场总线之一，最初被用于汽车的电子控制网络。一个由 CAN 总线构成的单一网络中，理想情况下可以挂接任意多个节点，实际应用中节点数受网络硬件的电气特性所限制。

总线信号使用差分电压传送。两条信号线被称为 CANH 和 CANL，静态时均为 2.5V 左右，此时状态表示逻辑 1，也可以叫作"隐性"。用 CANH 比 CANL 高表示逻辑 0，称为"显性"，此时，通常电压值为 CANH＝3.5V 和 CANL＝1.5V。当"显性"和"隐性"位同时发送的时候，最后总线数值将为"显性"，这种特性为 CAN 总线的仲裁奠定了基础。

CAN 总线的一个位时间可以分成 4 个部分：同步段、传播时间段、相位缓冲段 1 和相位缓冲段 2。

CAN 总线的数据帧有标准格式和扩展格式两种格式，包括帧起始、仲裁场、控制场、数据场、CRC 场、ACK 场和帧结束。

CAN 总线硬件接口包括 CAN 总线控制器和 CAN 收发器。CAN 总线控制器主要完成时序逻辑转换等工作，例如菲利普的 SJA1000。CAN 收发器是 CAN 总线的物理层芯片，实现 TTL 电平到 CAN 总线电平特性的转换，例如 TJA1050。

（18） xDSL 接口

① xDSL（数字用户线路）技术是在现有用户电话线两侧同时接入专用的 DSL 调制解调设备，在用户线上利用数字信号高频带宽较宽的特性直接采用数字信号传输，省去中间的 A/D 转换，突破了模拟信号传输极限速率为 56kb/s 的限制。

xDSL 技术主要分为对称和非对称两大类。对称 xDSL 更适合企业点对点连接应用，例如文件传输、视频会议等收发数据量大致相同的工作。

ASDL 是早些年发展的另一种宽带接入技术，是利用双绞铜线向用户提供两个方向上速率不对称的宽带信息业务。

ADSL 在一对电话线上同时传送一路高速下行数据、一路较低速率的上行数据、一路模拟电话。各信号之间采用频分复用方式占用不同频段，低频段传送话音，中间窄频段传送上行信道数据及控制信息，其余高频段传送下行信道数据、图像或高速数据。

（19）WLAN 接口

WLAN（Wireless Local Area Network）是利用无线通信技术在一定的局部范围内建立的，是计算机网络与无线通信技术相结合的产物，它以无线多址通道作为传输媒介，提供有线局域网的功能。

WLAN 的标准：主要是针对物理层和媒质访问控制层（MAC 层），涉及所有使用的无线频率范围、控制接口通信协议等技术规范与技术标准。

① IEEE802.11：定义了物理层和 MAC 层规范，工作在 2.4～2.4835GHz 频段，最高传输速率为 2Mb/s，是 IEEE 最初制定的一个无线局域网标准。

② IEEE802.11b：工作在 2.4～2.4835GHz 频段，最高传输速率为 11Mb/s，传输距离 50～150in。采用点对点模式和基本模式两种运行模式。在数据传输速率方面，可以根据实际情况在 11Mb/s、5.5Mb/s、2Mb/s、1Mb/s 之间自动切换。

③ IEEE802.11a：工作在 5.15～8.825GHz 频段，最高传输速率为 54～72Mb/s，传输距离 10～100m。

④ IEEE802.11g：混合标准，拥有 IEEE802.11a 的传输速率，安全性较 IEEE802.11b 好，采用两种调制方式，做到与 IEEE802.11a 和 IEEE802.11b 兼容。

WLAN 有两种网络类型：对等网络和基础机构网络。

（20）蓝牙接口

蓝牙技术的目的：使特定的移动电话、便携式计算机以及各种便携通信设备的主机之间实现近距离的资源共享。

蓝牙技术的实质内容是建立通用的无线空中接口及控制软件的公开标准。其工作频段为全球通用的 2.4GHzISM（即工业、科学、医学）频段，数据传输速率为 1Mb/s，采用时分双工方案来实现全双工传输，理想的连接范围为 10cm～10m。

蓝牙基带协议是电路交换和分组交换的结合。

蓝牙技术特点：

① 传输距离短，工作距离在 10m 以内。

② 采用跳频扩频技术。

③ 采用时分复用多路访问技术，有效地避免了"碰撞"和"隐藏终端"等问题。

④ 网络技术。

⑤ 语言支持。

⑥ 纠错技术，采用 FEC（前向纠错）方案。

蓝牙接口由 3 大单元组成：无线单元、基带单元、链路管理与控制单元。

（21）IEEE1394 总线接口

① IEEE1394 总线作为一种标准总线，可以在不同的工业设备之间架起一座沟通的桥梁，在一条总线上可以接入 63 个设备。

IEEE1394 的特点如下。

① 支持多种总线速度，适应不同应用要求。

② 即插即用，支持热插拔。

③ 支持同步和异步两种传输方式。

④ 支持点到点通信模式，IEEE1394 是多主总线。

⑤ 遵循 ANSI IEEE1212 标准，定义了 64 位的地址空间，可寻址 1024 条总线的 63 个节点，每个节点可包含 256TB 的内存空间。

⑥ 支持较远距离的传输。

⑦ 支持公平仲裁原则，为每一种传输方式保证足够的传输带宽。

⑧ 六线电缆具有电源线，可传输 8～40V 的直流电压。

IEEE1394 的协议栈由 3 层组成：物理层、链路层和事务层。另外，还有一个管理层。物理层和链路层由硬件构成，而事务层主要由软件实现。

① 物理层提供 IEEE1394 的电气和机械接口，功能是重组字节流并将它们发送到目的节点上去。

② 链路层提供了给事务层确认的数据服务，包括寻址、数据组帧和数据校验。

③ 事务层为应用提供服务。

④ 管理层定义了一个管理节点所使用的所有协议、服务以及进程。

（22）电源接口

DC-DC 转换器有三种类型。

① 线性稳压器。产生较输入电压低的电压。

② 开关稳压器。能升高电压、降低电压或翻转输入电压。

③ 充电泵。可以升高、降低或翻转输入电压，但电流驱动能力有限。

任何变压器的转换过程都不具有 100% 的效率，稳压器本身也使用电流（静态电流），这个电流来自输入电流。静态电流越大，稳压器功耗越大。

线性稳压器输入输出使用退耦电容来过滤，电容除有助于平稳电压以外，还有利于去除电源中的瞬间短时脉冲波形干扰。

电压与功耗之间的平方关系意味着理想高效的方法是在要求以较低电压的较低时钟速率执行代码，而不是先以最高的时钟速率执行代码，然后再转为空闲休眠。

电源通常被认为是整个系统的"心脏"，绝大多数电子设备 50%～80% 的节能潜力在于电源系统，研制开发新型开关电源是节能的主要举措之一。

降低功耗的设计技术如下。

① 采用低功耗器件，例如选用 CMOS 电路芯片。

② 采用高集成度专用器件，外部设备的选择也要尽量支持低功耗设计。

③ 动态调整处理器的时钟频率和电压，在允许的情况下尽量使用低频率器件。

④ 利用"节电"工作方式。

⑤ 合理处理器件空余引脚：

• 大多数数字电路的输出端在输出低电平时，其功耗远远大于输出高电平时的功耗，设计时应该注意控制低电平的输出时间，闲置时使其处于高电平输出状态。

• 多余的非门、与非门的输入端应接低电平，多余的与门、或门的输入端应接高电平。

• ROM 或 RAM 及其他有片选信号的器件，不要将"片选"引脚直接接地，避免器件长期被接通，而应该与"读写"信号相结合，只对其进行读写操作时才选通。

⑥ 实现电源管理，设计外部器件电源控制电路，控制"耗电大户"的供电情况。

10.1.4.2 嵌入式物联网控制系统设计

机器人要走智能控制之路，就要向信息物理系统方向发展。信息物理系统的实质是在被控制对象的实体之上加了一层嵌入式物联网系统。所以机器人控制系统的发展方向是嵌入式物联网控制系统。机器人嵌入式物联网控制系统的发展有三种模式。

叠加式：在原有机器人控制系统基础上叠加嵌入式物联网系统。

取代式：用具有机器人控制功能的嵌入式物联网控制系统取代并加强机器人原有控制系统。

混合式：增设的嵌入式物联网控制系统与原有控制系统相互结合，增加整个控制系统的功能。

嵌入式物联网控制系统的设计过程如下。

① 熟悉应用行业及控制对象，确定嵌入式物联网控制系统的功能。

② 传感检测系统设计。用什么摄像头、用什么 RFID、用什么红外传感器、用什么超声波传感器等。

③ 确定嵌入式物联网控制系统架构。

④ 选择确定嵌入式微处理器及周围基本电路，如总线接口、总线驱动等。

⑤ 确定存储器体系，选择 Flash、RAM、硬盘、光盘、CF 卡、SD 卡等。

⑥ 确定输入输出通道结构类型。选择 GPIO、A/D 转换器、D/A 转换器、键盘接口、显示器接口、触摸屏接口、音频接口、串行接口、并行接口。

⑦ 确定有线总线及通信接口，包括 PCI、USB、SPI、IIC、以太网、CAN 总线、xDSL 接口。

⑧ 确定无线通信协议与接口，包括 WLAN 接口、蓝牙接口、ZigBee 接口、IEEE1394 接口。

⑨ 确定电源接口。

⑩ 确定软件开发与应用平台。选择操作系统、开发软件，明确实现哪些功能，进行程序设计、开发、调试等。

某服务机器人的嵌入式物联网控制系统架构如图 10-3 所示。

10.1.5 工业机器人机械系统设计理念

工业机器人是一种"可编程制造机""万能制造机"，最初出现的时候就是这样一个概念。机器人可以像人一样干任何事情，不过在干任何事情之前都要学习干这件事情的方式方法和技术路线，有的简单，有的复杂。有的人学得多，会干的事情多；有的人学得少，会干的事情少。机器人也是这样，程序功能多，能进行的操作多；程序功能少，能进行的操作少。人能干的事情多少取决于人学得多少，机器人能干的事情多少取决于它有多少套程序。人的肉体结构都一样，机器人的机械结构不外乎那么几种。完成一项功能，实现一套运动路径，就有一套相应的结构。一套专用结构只能实现一种功能、实现一种运动，不能变通。一种结构不能实现多种功能，因此要实现多种操作就需要多种机构，这样整个多功能系统就会

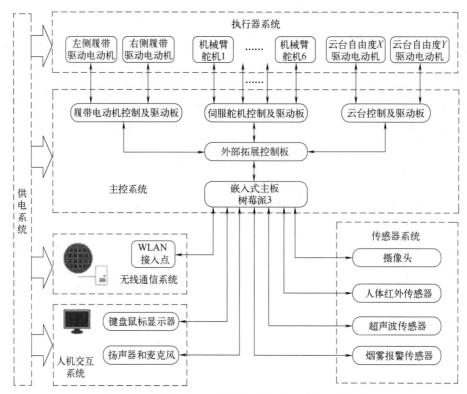

图 10-3　某服务机器人的嵌入式物联网控制系统架构

十分复杂，而且一经定型，整个系统只能实现固定功能，是刚性的不能变更的。

机器人出现以后改变了这种状况。一种机构经过编程可以实现多种功能，可以让手部走出任意可设定的轨迹，让工作机构做出任一种位姿，这是非常了不起的进步。所以机器人的发展就聚焦在两个大的方面：什么样的机械结构和什么样的程序。前者通向机器人的机械结构设计，后者通向机器人的控制系统设计。图 6-4 所示的工业机器人就模仿了人的手臂逐渐形成了一种稳定的机械结构。

就机器人来说，要具备一种并不复杂却灵活多变的机械结构，从而通过编程学习可以取代多种机构，实现万能制造。所以，机器人机械结构逐渐趋向于一种链式结构：开式链或闭式链结构。开式链结构就是串联机器人（图 10-4），闭式链结构就是并联机器人（图 10-5）。总的来说，工业机器人在这两个方向发展，串联机器人多一些。

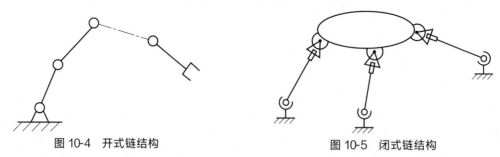

图 10-4　开式链结构　　　　　　　图 10-5　闭式链结构

串联机器人是机器人的一个大家族，人们在其安装方式、基础架构、腰部、臂部、腕部、手部等方面做文章，产生进一步的变化，使串联机器人得到繁荣发展，是工业中用得最多的机器人。所以，此处重点讲串联机器人的设计问题。首先讲串联机器人的机械设计，后面再讲串联机器人的控制系统设计问题。

串联机器人机械系统设计过程：

① 工业机器人的使用场景、完成任务的确定。

② 负载、工作空间、精度、工作速度、运动轨迹、自由度等性能参数的确定。

③ 手爪的设计。

④ 空间结构形式的确定：直角坐标、极坐标、圆柱坐标、关节式、SCARA。

⑤ 本体设计：腕的设计、大小臂设计、腰部设计、基座设计。

⑥ 安装方式设计：固定平台、移动平台。

工业机器人机械系统设计流程如图 10-6 所示。

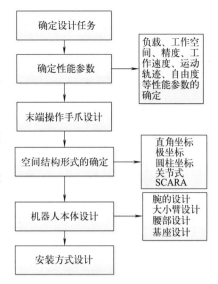

图 10-6　工业机器人机械系统设计流程

10.1.6　工业机器人控制系统设计理念

工业机器人模仿人的手臂，它的控制系统模仿人体的控制系统。最初模仿人的运动控制，实现机械臂的运动控制，这相当于人体的小脑的控制机能。现在的机械臂的运动控制能力还远未达到人体的运动控制水平，还在向高层次发展。未来的发展方向应该是在继续发展运动控制的同时，向着智能化发展。这就要向人的大脑学习，处理大量数据，产生智能，使机械臂成为智能机器人。向大脑学习这个阶段就是智能化阶段，就是要全面向着数字化网络化智能化方向发展。在高性能运动控制系统的基础上，发展嵌入式物联网控制系统，实现机器人的智能控制。

工业机器人控制系统设计过程如图 10-7 所示。

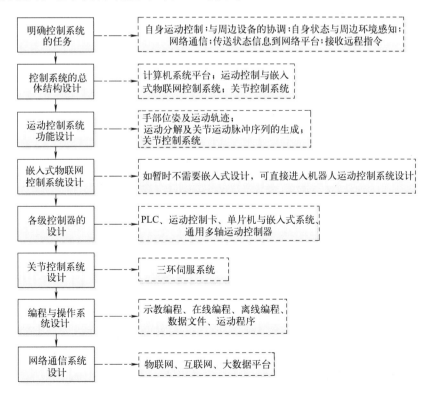

图 10-7　工业机器人控制系统设计过程

10.2 工业机器人机械系统设计

串联机器人的机械设计问题在于安装方式、基础架构、腰部、臂部、腕部、手部等方面，在各种结构形式的选择、计算与创新上。

10.2.1 工业机器人机械结构特点

工业机器人是一种关节连杆结构，如图 10-8 所示。工业机器人是若干个连杆由关节连接起来形成的链式结构。机身上装臂部，臂部的驱动装置装在机身上，通过传动装置驱动臂部的关节运动，关节运动带动臂部运动。大臂上装小臂，小臂的驱动装置装在大臂上，随大臂一起运动。驱动装置经过传动装置带动关节运动，关节拉动小臂运动。小臂上装腕部，腕部的第一个驱动装置装在小臂上随小臂一起运动，其输出轴经传动装置驱动整个腕部运动。腕部上装手部，带动手部运动，产生手部位姿。而手部的开合运动，其动

图 10-8　工业机器人的关节连杆结构

力来自手部自身，手部开合运动的自由度不计入整个机器人的自由度。

工业机器人的这种结构的优缺点如下。

优点：

① 自由度大，运动比较灵活，可以实现复杂运动轨迹和姿态，胜任多种工作。

② 可以编程实现多种功能，成就万能制造机的美誉，取代多种专用机。

③ 向着机器"人"的方向发展，代替人实现艰苦、繁重的劳动，代替人在恶劣的环境下劳动，代替人到海底、月球、火星等人暂时不能到达之地，做开路先锋。

缺点：

① 这种开式链的结构，一个连杆装在另一个连杆之上，多个连杆串在一起，造成其动力学现象十分复杂，给计算与控制带来了极大的挑战。两个连杆的计算负担已经很大，更多的连杆的情形就更加复杂，如图 10-9 所示。

② 复杂的动力学现象需要控制器处理大量数据，对控制器提出了很高的要求，同时也让性能的提升变得困难。未来的机器人是要学习人处理动力学的方法的，这就要将人工智能引到机器人的数据处理中，用来加强控制器的控制能力，提高机器人的性能。

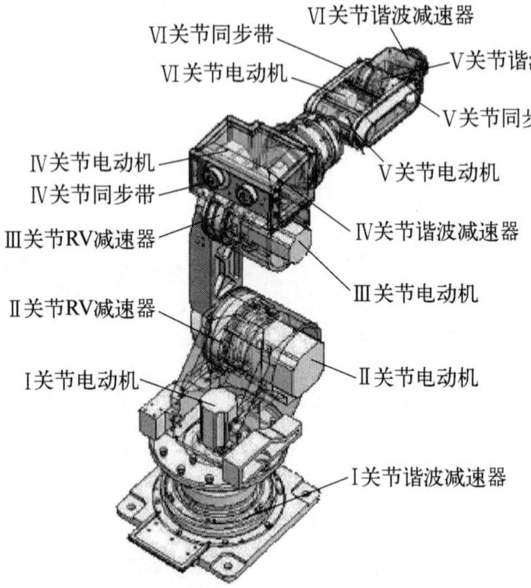

Ⅵ关节同步带
Ⅵ关节谐波减速器
Ⅵ关节电动机
Ⅴ关节谐波减速器
Ⅴ关节同步带
Ⅳ关节电动机
Ⅴ关节电动机
Ⅳ关节同步带
Ⅳ关节谐波减速器
Ⅲ关节RV减速器
Ⅲ关节电动机
Ⅱ关节RV减速器
Ⅱ关节电动机
Ⅰ关节电动机
Ⅰ关节谐波减速器

10.2.2 驱动装置

图 10-9　串联工业机器人关节连杆结构

（1）液压传动

液压传动是利用液体的压力能传递运动和动力的传动方式（图 10-10），它负责把原动机（内燃机和电动机）所具有的机械能转换为液压能，经过调节和控制后再次转化为机械能

输出，为工作机构提供动力。液压油是它的工作介质。液压传动系统由液压泵、液压阀、液压缸（或液压马达）和液压附件组成。

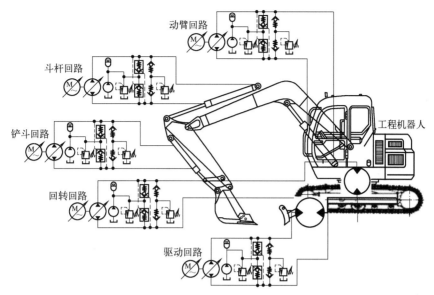

图 10-10　某工程机器人的液压传动系统

液压泵：液压泵是一种把电动机输出的机械能（转速或转矩）转换成液压能（压力或流量）的装置。

液压阀：液压泵输出的液压能经过液压阀进行压力、流量和方向的调节，之后传送到液压缸或液压马达。

液压缸（或液压马达）：液压阀调控后的液压能经液压缸（或液压马达）转换为机械能输出，去推动执行机构完成指定工作。液压缸与液压马达职能相同，都是把液压能转换成机械能。两者的区别是：液压缸输出的机械能是直线运动（力与速度），而液压马达输出的机械能是旋转运动（转矩与转速）。

液压传动系统的控制任务主要是对液压阀的控制，通过液压阀对压力、流量和方向进行调控，这主要由控制系统通过各种电磁阀来实现。机器人的液压控制系统主要是液压伺服控制系统和比例控制系统，其设计要参考有关专著。

（2）气压传动

气压传动是利用气体的压力能传递运动和动力的传动方式，它负责把原动机（内燃机和电动机）所具有机械能转换为气压能，经过调节和控制后再次转换为机械能输出，为工作机构提供动力。压缩空气是它的工作介质。气压传动系统由气压泵、气压阀、气压缸（气缸）（或气压马达）和气压附件组成。

气压泵：气压泵是一种把电动机输出的机械能（转速或转矩）转换成气压能（压力或流量）的装置。

气压阀：气压泵输出的气压能经过气压阀进行压力、流量和方向的调节，之后传送到气压缸或气压马达。

气压缸（或气压马达）：气压阀调控后的气压能经气压缸（或气压马达）转换为机械能输出，去推动执行机构完成指定工作。气压缸与气压马达职能相同，都是把气压能转换成机械能。两者的区别是：气压缸输出的机械能是直线运动（力与速度），而气压马达输出的机械能是旋转运动（转矩与转速）。

气压传动与液压传动的区别主要有：气压传动的工作压力比液压传动的工作压力低，功率低，因此工作在轻载场合。气压传动的气源来自周围空气，回流可直接排入空气，因此就不用专门设置的类似液压传动的油箱，应用非常方便。由于空气可压缩，所以，气压传动的精度比较低，工作在对精度要求不高的场合。

气压传动的系统控制任务主要是对气压阀的控制，通过气压阀对压力、流量和方向进行调控，这主要由控制系统通过各种电磁阀来实现，其设计要参考有关专著。

在气压传动中，通常把减压阀、油雾器、分水滤气器这三个器件做在一起，安装在气泵和压缩空气瓶的出口，统称气动三大件。气压传动系统还有一个特点：把气压泵、存储压缩空气的钢瓶、气动三大件做在一起，称为空气压缩机，如图 10-11 所示，这就是整个气压传动系统的气源。因此气压传动系统也可以认为由气源、气压阀和气缸（或气马达）组成，分水滤气器如图 10-12 所示，机器人末端气动机械手组成如图 10-13 所示，气动机械手实物如图 10-14 所示。

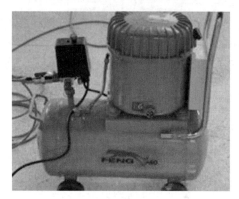

图 10-11　空气压缩机

图 10-12　分水滤气器

图 10-13　机器人末端气动机械手组成

（3）步进电动机

① 步进电动机的定义。

步进电动机：接收一个脉冲就转一定步距角，接收的脉冲越多，转动的角度越大，脉冲频率越大，电动机转得越快。如图 10-15 所示。

图 10-14　气动机械手

图 10-15　步进电动机

在实际应用中，步进电动机不直接驱动负载，其输出轴要经过机械传动再接负载。与步进电动机配合的常用机械传动有齿轮传动、同步带传动（图 10-16）、滚珠丝杠传动（图 10-17）等。

图 10-16　步进电动机之后用同步带传送

图 10-17　滚珠丝杠传动

步进电动机的机座号主要有 35、39、42、57、86、110 等。

② 步进电动机的构造。

步进电动机由转子、定子和前后端盖组成（图 10-18），其中转子由铁芯、永磁体、转轴、滚珠轴承组成，定子由绕组和铁芯组成。两相混合式步进电动机的定子有 8 个大齿、40 个小齿，转子有 50 个小齿。三相步进电动机的定子有 9 个大齿、45 个小齿，转子有 50 个小齿。

③ 步进电动机的主要参数。

相数：相数是指电动机内部的线圈组数，目前常用的有两相、三相、五相步进电动机。

拍数：拍数是指完成一个磁场周期性变化所需脉冲数或导电状态，电动机转过一个步距角所需脉冲数。

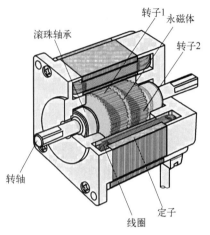

图 10-18　步进电动机的构造

保持转矩：保持转矩是指步进电动机通电但没有转动时，定子锁住转子的力矩。

步距角：对应一个脉冲信号，电动机转子转过的角位移。

定位转矩：电动机在不通电状态下，转子自身的锁定力矩。

失步：电动机运转的步数，不等于理论上的步数。

失调角：转子齿轴线偏移定子齿轴线的角度。电动机运转必存在失调角，由失调角产生的误差，采用细分驱动是不能解决的。

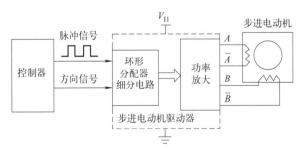

图 10-19　步进电动机的驱动器

运行矩频特性：电动机在某种测试条件下测得运行中的输出力矩与频率的关系。

④ 步进电动机的驱动器。

步进电动机的驱动器是一种能使步进电动机运转的功率放大器（图 10-19），能把控制器发来的脉冲信号转化为步进电动机的角位移，电动机的转速与脉冲频率成正比，所以控制脉冲频率可以精确调速，控制脉冲数就可以精确定位。

步距角：控制系统每发一个步进脉冲信号，电动机所转动的角度见表 10-1。

表 10-1　步距角

电动机固有步距角	所用驱动器类型及工作状态	电动机运行时的真正步距角
0.9°/1.8°	驱动器工作在半步状态	0.9°
0.9°/1.8°	驱动器工作在 5 细分状态	0.36°
0.9°/1.8°	驱动器工作在 10 细分状态	0.18°
0.9°/1.8°	驱动器工作在 20 细分状态	0.09°
0.9°/1.8°	驱动器工作在 40 细分状态	0.045°

步进电动机转速、脉冲频率与步距角之间的关系

$$n = \frac{p\alpha}{360 \times m} \tag{10-2}$$

式中，n 为电动机的转速，输出轴每秒转数，r/s；p 为脉冲频率，每秒脉冲数，Hz；α 为电动机固有步距角（°）；m 为细分数（整步为 1，半步为 2）。

⑤ 步进电动机的闭环伺服控制。

步进电动机的闭环伺服控制中，位置伺服矢量控制框图如图 10-20 所示，硬件框图如图 10-21 所示。

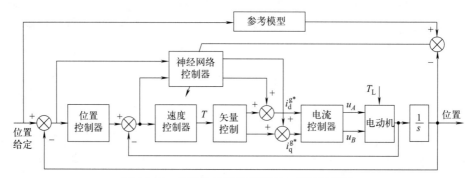

图 10-20　步进电动机位置伺服矢量控制框图

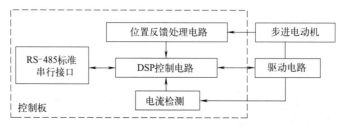

图 10-21　步进电动机位置伺服矢量控制硬件框图

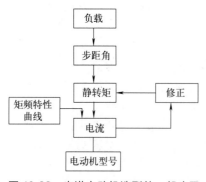

图 10-22　步进电动机选型的一般步骤

⑥ 步进电动机选型计算方法。

步进电动机选型的一般步骤如图 10-22 所示。

最大速度选择：步进电动机最大速度一般为 1200r/min。交流伺服电动机额定速度一般为 3000r/min，最大转速为 5000r/mim。机械传动系统要根据此参数进行设计。

电动机定位精度的选择：机械传动比确定后，可根据控制系统的定位精度选择步进电动机的步距角及驱动器的细分等级。一般选电动机的一个步距角对应于系统定位精度的 1/2 或更小。

注意：当细分等级大于 1/4 时，步距角的精度不能保证。

步进电动机编码器的分辨率选择：分辨率要比定位精度高一个数量级。

电动机力矩选择：步进电动机的动态力矩一下子很难确定，往往先确定电动机的静力矩。静力矩选择的依据是电动机工作的负载，而负载可分为惯性负载和摩擦负载。直接启动时（一般由低速），两种负载均要考虑，加速启动时主要考虑惯性负载，恒速运行时只需要考虑摩擦负载。一般情况下，静力矩应为摩擦负载的 2～3 倍，静力矩一旦选定，电动机的机座及长度便能确定下来（几何尺寸）。

转动惯量计算：物体的转动惯量为

$$J = \int r^2 \rho \, dV \tag{10-3}$$

式中，J 为物体的转动惯量，$kg \cdot m^2$；dV 为体积元；ρ 为物体密度，kg/m^3；r 为体积元与转轴的距离，m。

下面介绍三种情况下，电动机输出轴上转动惯量的计算。

第一种情况：电动机带动转速丝杠，如图 10-23 所示。

$$J = W \left(\frac{1}{2} \times \frac{BP}{10^3} \right)^2 \times GL^2 \tag{10-4}$$

式中，W 为可动部分总质量，kg；BP 为丝杠螺距，mm；GL 为减速比。

第二种情况：电动机带动齿轮齿条和链轮，如图 10-24 所示。

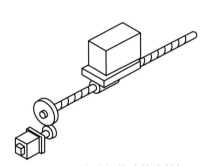

图 10-23 电动机带动转速丝杠

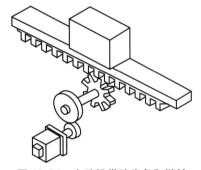

图 10-24 电动机带动齿条和链轮

$$J = W \left(\frac{1}{2} \times \frac{D}{10^3} \right)^2 \times GL^2 \tag{10-5}$$

式中，W 为可动部分总质量，kg；D 为小齿轮直径、链轮直径，mm；GL 为减速比。

第三种情况：电动机带动旋转体和转盘，如图 10-25 所示。

$$J = \left[J_1 + W \left(\frac{L}{10^3} \right)^2 \right] \times GL^2 \tag{10-6}$$

式中，J_1 为转盘的惯性矩，$kg \cdot m^2$；W 为转盘上物体的质量，kg；L 为物体与旋转轴的距离，mm；GL 为减速比。

加速度计算：控制系统要定位准确，物体运动必须有加减速过程，如图 10-26 所示。

已知加速时间 Δt、最大角速度 ω_{max}，可得电动机的角加速度。

$$\varepsilon = \frac{\omega_{max}}{\Delta t} (rad/s^2) \tag{10-7}$$

电动机力矩计算

$$T = (J\varepsilon + T_L)/\eta \tag{10-8}$$

式中，T 为系统外力折算到电动机上的力矩，$N \cdot m$；η 为传动系统的效率。

⑦ 步进电动机驱动器的命名方法。

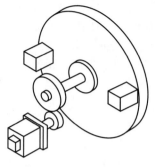

图 10-25　电动机带动旋转体和转盘

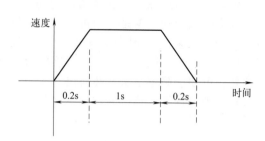

图 10-26　物体的加减速过程

步进电动机驱动器的命名方法如图 10-27 所示。

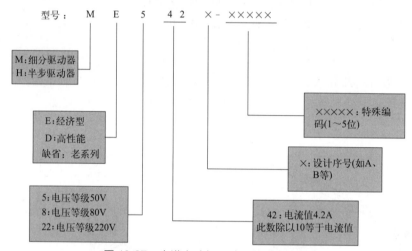

图 10-27　步进电动机驱动器的命名方法

（4）伺服电动机

1）什么是伺服电动机

　　伺服电动机也称执行电动机，在控制系统中用作执行元件，将输入的电压控制信号转换为轴上输出的角位移和角速度，以驱动控制对象。它具有这样的特点：有控制电压时转子立即旋转，无控制电压时转子立即停转。转轴转向和转速是由控制电压的方向和大小决定的。它有两大类：直流伺服电动机和交流伺服电动机（图 10-28、图 10-29）。

图 10-28　直流伺服电动机及驱动器

图 10-29　安川交流伺服电动机及驱动器

在实际应用中，伺服电动机不直接驱动负载，其输出轴要经过机械传动再接负载。与伺服电动机配合的常用机械传动有谐波减速器、RV摆线针轮减速器、行星齿轮减速器、齿轮传动、同步带传动、丝杠螺母副等。

2）直流伺服电动机的构造

直流伺服电动机由定子、转子、旋转编码器、前后端盖组成，如图10-30所示。

3）伺服电动机的力学特性

假设电动机的负载阻转矩为 T_L，控制电压 $0.25V_c$ 时，电动机在特性点 A 运行，转速为 n，这时电动机产生的转矩与负载阻转矩相平衡。当控制电压升高到 $0.5V_c$ 时，电动机产生的转矩就随之增加至 C 点（电压提升，电流提升，转矩与电流的平方成正比，因此转矩也随之提升为原来的 4 倍），由于电动机的转子及负载存在着惯性，转速不能瞬时改变，因此电动机就要瞬时地在特性点 C 运行，这时电动机产生的转矩大于负载阻转矩，电动机就加速，一直增加到 B，电动机就在 B 点运行，如图10-31所示。

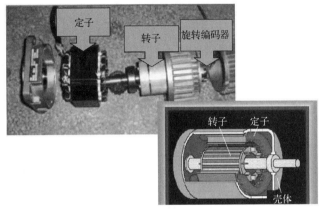

图 10-30　直流伺服电动机的构造

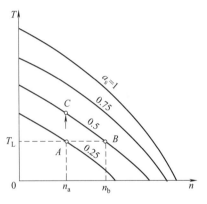

图 10-31　伺服电动机的力学特性

4）伺服电动机的驱动器

直流伺服电动机的驱动器如图10-32所示。

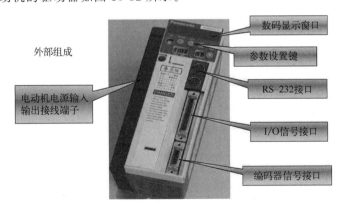

图 10-32　直流伺服电动机的驱动器

驱动器的主要功能如下。

① 根据给定信号，输出与此成正比的控制电压 V_c。

② 接收编码器的速度和位置信号。

③ 具有 I/O 信号接口。

5）交流伺服电动机的系统连接

交流伺服电动机的系统连接如图 10-33 所示。

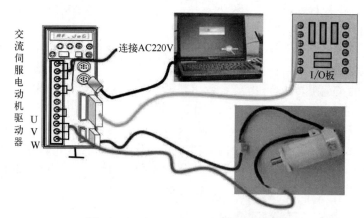

图 10-33　交流伺服电动机的系统连接

6）ST 系列交流伺服电动机型号编号方法

$$\underset{1}{110}\quad \underset{2}{ST}\quad \underset{3}{-M}\quad \underset{4}{050}\quad \underset{5}{30}\quad \underset{6}{L}\quad \underset{7}{F}\quad \underset{8}{B}\quad \underset{9}{Z}$$

1 表示电动机外径，单位为 mm。

2 表示电动机是正弦波驱动的永磁同步交流伺服电动机。

3 表示电动机安装的反馈元件：M—光电编码器。

4 表示电动机零速转矩，其值为三位数×0.1，单位为 N·m。

5 表示电动机额定转速，其值为二位数×100，单位为 r/min。

6 表示电动机适配的驱动器工作电压：L—AC220V，H—AC380V。

7 表示反馈元件的规格：F—复合式增量光电编码器。

8 表示电动机类型：B—基本型。

9 表示电动机安装了失电制动器。

7）伺服电动机的选型

① 种类的选择。

一般自动控制应用场合应尽可能选用交流伺服电动机。调速和控制精度要求很高的场合选用直流伺服电动机或其他专用的控制电动机，如直线电动机等。

② 结构形式的选择。

根据工作方式和工作环境选择不同的结构形式。例如，频繁启停的场合选用空心杯转子结构的伺服电动机；在速度要求较平衡的场合，选用大惯量伺服电动机。

③ 功率的选择。

功率选得过大不经济；功率选得过小，则电动机容易因过载而损坏。总体上的选择方法：对于连续运行的伺服电动机，所选功率应等于或略大于生产机械的功率；对于短时工作的伺服电动机，允许在运行中有短暂的过载，故所选功率可等于或略小于生产机械的功率。

8）伺服电动机的工作原理

① 两相绕组：励磁绕组和控制绕组。

在空间上互差 90°电角度，有效匝数又相等的两个绕组称为对称两相绕组。通入励磁绕组的电流 i_f 与通入控制绕组的电流 i_c 相位上彼此相差 90°、幅值彼此相等（图 10-34），这样的两个电流称为两相对称电流，用数学式表示为

$$i_c = I_m \sin(\omega t)$$
$$i_f = I_m \sin(\omega t - 90°)$$

交流伺服电动机的结构如图 10-35 所示。

② 磁场转速。

$$n_0 = \frac{f}{p}(\text{r/s}) = \frac{60f}{p}(\text{r/min}) \qquad (10\text{-}9)$$

式中，f 为电源的频率，Hz；p 为定子绕组极对数。旋转磁场的转速取决于定子绕组极对数和电源的频率。

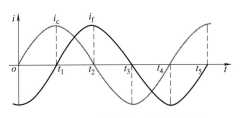

图 10-34 励磁绕组和控制绕组的
两相对称电流

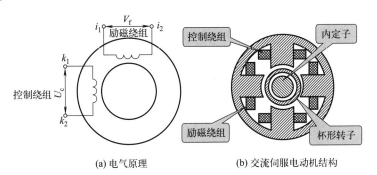

(a) 电气原理   (b) 交流伺服电动机结构

图 10-35 交流伺服电动机的结构

10.2.3 机械传动装置

如果机器人的关节驱动装置采用液压或气压传动，则驱动装置与传动装置合为一体，不需另外的机械传动装置。如果关节驱动装置采用伺服电动机或者步进电动机，则在电动机之后要有机械传动装置，以改变电动机输出的转速和转矩，更好地控制关节和连杆的运动。机器人关节机械传动通常有以下几种形式：谐波传动、RV 减速器、滚珠丝杠传动、蜗轮蜗杆、齿轮齿条传动机构、链传动、带传动和绳传动。

（1）谐波传动

图 10-36 为谐波传动。其中，3 是输入轴，带着波轮 4 转动。波轮 4 通过滚针轴承 8 压着柔轮 6 与刚轮内齿 2 啮合。刚轮内齿 2 不转动，这样的啮合运动只能柔轮转动，输出运动

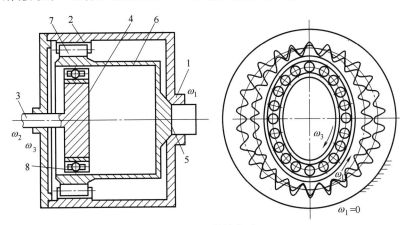

图 10-36 谐波传动

1—减速器壳体；2—刚轮内齿；3—输入轴；4—波轮；5—输出轴；
6—柔轮；7—柔轮外齿；8—波轮与柔轮之间的滚针轴承

由柔轮 6 带动输出轴 5 实现。柔轮上的齿数少于刚轮上的齿数，波轮转动一圈，柔轮与刚轮啮合的齿数等于刚轮的齿数。就刚轮与柔轮之间的相对运动而言，当波轮转动一圈时，刚轮不动，柔轮转了个齿差数（柔轮转动的齿数等于刚轮比柔轮多出的齿数，即刚轮与柔轮的齿差数）。这样，当输入轴（波轮）转动一圈时，输出轴只转动了柔轮与刚轮相差的齿数。例如，刚轮的齿数为 50，柔轮的齿数为 49，则输入轴转一圈，输出轴只转 1 个齿，传动比为 50∶1。

谐波传动的传动比的计算公式为

$$\text{谐波传动的传动比} = \frac{\text{刚轮的齿数} - \text{柔轮的齿数}}{\text{刚轮的齿数}} \qquad (10\text{-}10)$$

（2）滚珠丝杠传动

滚珠丝杠传动是一种把转动变成直线运动，获得关节平动的传动方式，如图 10-37 所示。

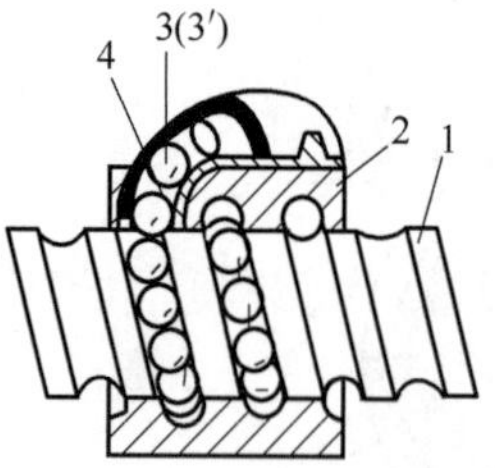

（3）活塞缸和齿轮齿条传动机构

图 10-38 中，1 是齿条，它的末端可以装上机械手。2 是齿轮，装在活塞杆的末端。3 是液压缸或气压缸的活塞杆，由气压或液压动力驱动而伸缩。这种传动常用来增加气压缸或液压缸的垂直于活塞杆方向的载荷，并保证其运动的平稳性。

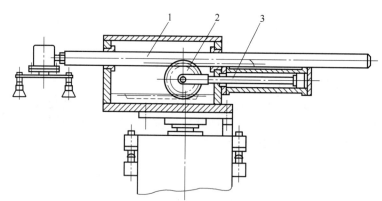

图 10-37　滚珠丝杠传动

1—丝杆；2—螺母；3—滚珠；4—导槽

图 10-38　活塞缸和齿轮齿条传动机构

1—伸缩臂（齿条）；2—齿轮；3—活塞杆

（4）链传动、带传动和绳传动

链传动、带传动（图 10-39）和绳传动（图 10-40）常用于从动轮与主动轮之间距离较远的传动，传动比不大，传动距离远，有一定柔性。

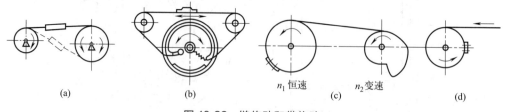

(a)　　　(b)　　　(c)　　　(d)

n_1 恒速　　n_2 变速

图 10-39　链传动和带传动

10.2.4　空间坐标结构形式的选择

常用的工业机器人按空间结构形式分有直角坐标机器人、圆柱坐标机器人、极坐标机器人、关节坐标机器人、SCARA 机器人。实际中采用哪种形式，要根据末端执行器的工作空间、运动轨迹、负载情况等因素来选择。

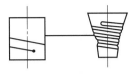

图 10-40　绳传动

直角坐标机器人如图 10-41 所示。该类机器人的连杆做直线运动，连杆之间串联连接，Y 装在 X 上，Z 装在 Y 上，末端机械手装在 Z 上。该种结构适于末端机械手在矩形空间运动。末端运动宜用直线插补控制。

圆柱坐标机器人如图 10-42 所示。该类机器人的末端机械手的工作空间为圆柱形。关节 1 处做旋转运动，关节 2、3 处做直线运动。连杆 3 装在连杆 2 上，连杆 2 装在连杆 1 上，组成串联开式机构。

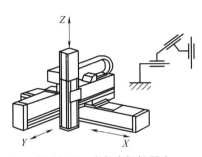

图 10-41　直角坐标机器人

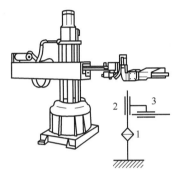

图 10-42　圆柱坐标机器人

极坐标机器人如图 10-43 所示。它的工作空间为球形。关节 1、2 处做旋转运动，关节 3 处做直线运动。连杆 3 装在连杆 2 上，连杆 2 装在连杆 1 上，组成串联开式机构。

关节式机器人如图 10-44、图 10-45 所示，其中的图 10-45 所示的机器人带有平行四边形机构。关节 1、2、3 处均做旋转运动。连杆 3 装在连杆 2 上，连杆 2 装在连杆 1 上，组成串联开式机构。

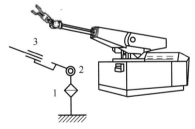

图 10-43　极坐标机器人

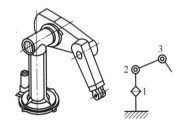

图 10-44　关节式机器人（普通型）

SCARA 机器人如图 10-46 所示，关节 1、2、3 处均做旋转运动。连杆 3 装在连杆 2 上，连杆 2 装在连杆 1 上，组成串联开式机构。这种机器人结构上的特点是 3 个转动轴互相平行。

10.2.5　安装方式的选择

机器人的配置形式有标准、加高、倒挂、侧挂四种，详见 6.3.1 节。

10.2.6　手部设计

机器人的手部是重要的执行机构。从其功能和形态上看，它可分为工业机器人的手部和类人机器人的手部。前者应用较多，也比较成熟，后者正处于深入研究阶段。工业机器人的手部是用来抓取工件或工具的部件。由于被抓取的工件的形状、尺寸、重量、材质等的不同，手部的结构也是多种多样的，大部分的手部结构是根据特定的工件要求而专门设计的。

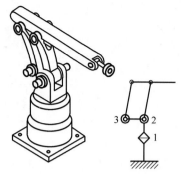

图 10-45 关节坐标机器人（带有平行四边形机构）

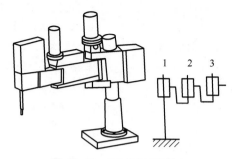

图 10-46 SCARA 机器人

各种手部的工作原理不同，结构形式各异。常用的手部按其握持原理的不同可分为两类，即钳爪式和吸附式。

（1）手部设计要点

① 应具有足够的夹紧力。

② 应具有足够的张开角。

③ 应能保证工件的可靠定位。

④ 应具有足够的强度和刚度。

⑤ 应适应被抓取对象的要求。

⑥ 应尽量做到结构紧凑、重量轻、效率高。

⑦ 应具有一定的通用性和可互换性。

（2）工业机器人手部（hand，end-effector）的特点

① 手部与手腕连接处可拆卸。

② 手部是机器人末端操作器。

③ 手部的通用性比较差，一种作业一种手部。

④ 手部是独立部件，其自由度不计入机器人本体自由度。

（3）普通机械手爪设计

① 机械手爪的驱动。

机械手爪的驱动有电气驱动、液压驱动、气压驱动、微纳驱动等多种驱动方式，应根据应用领域和使用要求来选择驱动方式。

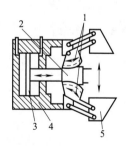

图 10-47 平行移动二指手爪的驱动与传动

1—扇形齿轮；2—齿条；
3—活塞；4—气缸；
5—爪钳

图 10-47 所示的手爪采用气缸驱动。气缸 4 中活塞 3 的伸缩运动拉动齿条 2，齿条 2 由啮合的扇形齿轮 1 转动，扇形齿轮 1 的摆动带动平行四边形机构，拉着爪钳 5 平动，手爪张开闭合。

② 机械手爪的传动。

机械手爪的传动采用各种机械传动机构。图 10-48 所示的四种手爪的传动机构分别是：a. 齿轮齿条式传动；b. 拨杆杠杆式传动；c. 滑槽式传动；d. 重力自紧式传动。

（4）磁力吸盘设计

磁吸式手部是利用永久磁铁或电磁铁通电后产生磁力来吸取工件的，如图 10-49 所示。磁吸式手部只能对铁磁物体起作用，对某些不允许有剩磁的零件要禁止使用。所以，磁吸式手部的使用有一定的局限性。

磁吸式手部的设计要点如下。

① 应具有足够的电磁吸引力。

② 应根据被吸附工件的形状大小来确定吸盘的形状、大小，吸盘的吸附面应与工件的被吸附表面形状一致。

（5）吸盘的设计

① 气吸式手部的设计要点。吸力大小与吸盘的直径大小，吸盘内的真空度（或负压大小），以及吸盘的吸附面积的大小有关。工件被吸附表面的形状和表面不平度也对其有一定的影响，设计时要充分考虑上述各种因素，以保证足够的吸附力。应根据被抓取工件的要求确定吸盘的形状。由于气吸式手部多吸附薄片状的工件，故可用耐油橡胶压制不同尺寸的盘状吸头。

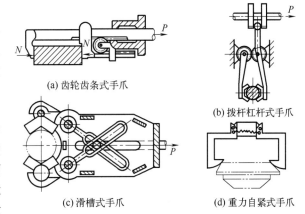

(a) 齿轮齿条式手爪

(b) 拨杆杠杆式手爪

(c) 滑槽式手爪

(d) 重力自紧式手爪

图 10-48　四种手爪传动机构

② 真空吸盘的设计。真空泵 2 在电动机 1 的带动下，经过电磁阀 3 抽走吸盘 5 下边的空气，在吸盘 5 和工件之间形成真空，吸盘上面的空气（一个大气压）将吸盘 5 压在工件表面之上形成对工件的吸力。当电磁阀 3 断电弹簧复位、电磁阀 4 通电时，吸盘底部与大气相通，负压解除，释放工件，如图 10-50 所示。

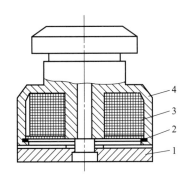

图 10-49　磁吸式手部
1—磁盘；2—防尘盖；3—线圈；4—外壳体

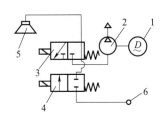

图 10-50　真空吸盘的真空形成原理
1—电动机；2—真空泵；3, 4—电磁阀；5—吸盘；6—通大气

③ 气流负压吸盘的设计。图 10-51 所示为气流负压吸盘的结构。高速气流由进气口进入，由排气口排出，橡胶皮腕底部有小孔与这个气道相同。根据伯努力方程，高速气流会在橡胶皮碗底部的小孔中产生负压，这个负压吸引皮碗下部的空气向高速气流汇集，加入高速气流，一同流向排气口，这就是高速气流对周围空气的卷吸作用。这样，橡胶皮碗下面的空气被不断吸走而产生真空，橡胶皮腕上面的空气就会将皮碗压紧在工件表面，从而拉动工件一起运动。

④ 挤气负压吸盘的设计。图 10-52 为挤气负压吸盘的结构。压动压盖 2，打开密封垫 3，用力将吸盘架 1 连同吸盘 4 压紧在工件表面，将吸盘和工件之间的空气全部挤走，然后迅速松开压盖 2，这样工件就被吸附在吸盘上，从而被拉动。

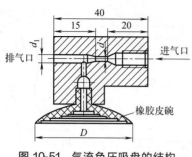

图 10-51 气流负压吸盘的结构

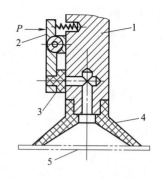

图 10-52 挤气负压吸盘的结构

1—吸盘架；2—压盖；3—密封垫；4—吸盘；5—工件

10.2.7 手腕设计

（1）手腕（腕部）的自由度

机器人操作臂将末端工具置于其工作的三维空间内的任意点需要 3 个自由度。为了进行实际操作，它还应该能够将工具置于任意的方位，这就需要一个腕部。机器人手腕一般需要有 3 个自由度，即翻转、俯仰、偏转。

图 10-53 为手腕的 3 个自由度。

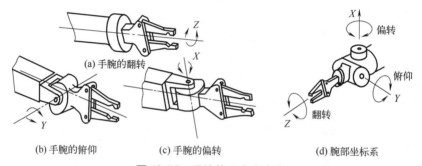

(a) 手腕的翻转

(b) 手腕的俯仰　　(c) 手腕的偏转　　(d) 腕部坐标系

图 10-53 手腕的 3 个自由度

（2）手腕的分类

① 单自由度手腕。

手腕的翻转用 R 表示，俯仰和偏转均用 B 来表示，一个手腕可以只有一个自由度，如图 10-54 所示。

(a) R手腕　　　(b) B手腕　　　(c) B手腕

图 10-54 单自由度手腕的三个自由度形式

② 双自由度手腕。

翻转、俯仰和偏转可以两两组合形成双自由度手腕，如图 10-55 所示。

③ 三自由度手腕。

翻转、俯仰和偏转可以组合成三自由度手腕，如图 10-56 所示。

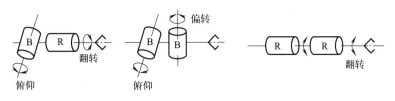

(a) BR手腕   (b) BB手腕   (c) RR手腕

图 10-55　双自由度手腕的几种组合方式

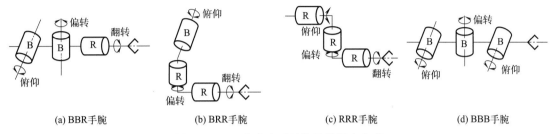

(a) BBR手腕   (b) BRR手腕   (c) RRR手腕   (d) BBB手腕

图 10-56　三自由度手腕的几种组合方式

（3）手腕的设计要点

① 结构应尽量紧凑、重量轻。

② 要适应工作环境的要求。

③ 要综合考虑各方面要求，合理布局。

10.2.8　臂部设计

臂部是机器人的主要执行部件，其作用是支撑手部和腕部并改变手部的空间位置。机器人的臂部一般有 2～3 个自由度，即伸缩、回转、俯仰或升降。臂部的总重量较大，受力较复杂，运动时承受腕部、手部和工件的动静态载荷。

（1）臂部的设计要点

① 手臂应具有足够的承载能力和刚性。

② 导向性要好。

③ 运动要平稳，定位精度要高。应注意减轻重量和运动惯量。

（2）手臂的常用空间结构

工业机器人的臂部结构一般包括臂部的伸缩、回转、俯仰或升降等运动结构以及与其有关的构件，如传动机构、驱动装置、导向定位装置、支承连接件和位置检测元件等，此外还有与腕部（或手部）连接的有关构件及配管、线等。

① 直角坐标式。

机身设计成横梁式，用于悬挂手臂部件，分为单臂悬挂式和双臂悬挂式。它具有占地面积小、能有效利用空间、动作简单直观等优点。横梁可以是固定的，也可以是行走的，如图 10-57 所示。

② 圆柱坐标式。

手臂可以升降，可以大范围回转，也可以在水平面内伸缩，分别如图 10-58 中的 1、2、3 所示。其末端机械手的运动空间是一个圆柱体，如图 10-58 所示。

③ 极坐标式。

末端机械手通过腕部在手臂的带动下可以做大范围空间回转（11）、俯仰（13）、伸缩（10），如图 10-59 所示。

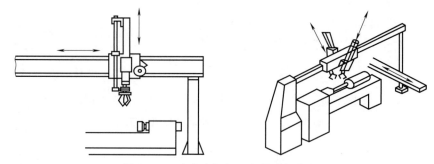

图 10-57 直角坐标机器人的臂部结构

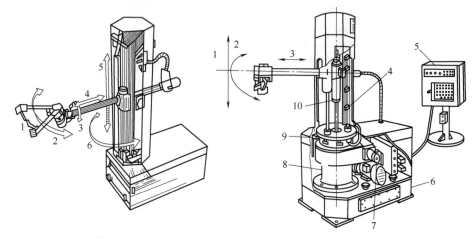

图 10-58 圆柱坐标机器人的臂部结构

1—升降；2—回转；3—伸缩；4—升降位置检测器；5—控制器；6—液压源；
7—回转机构；8—机身；9—回转位置检测器；10—升降缸

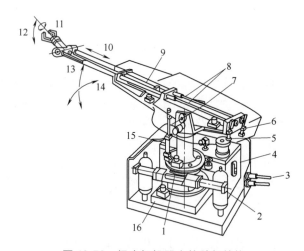

图 10-59 极坐标机器人的臂部结构

1—回转用齿轮齿条副；2—回转齿条缸；3—接控制柜；4—液压源；5—腕部弯曲液压缸；
6—手腕回转用液压缸；7—俯仰回转轴；8—花键轴；9—伸缩缸；10—伸缩；
11—回转；12—上下弯曲；13—俯仰；14—臂回转；15—俯仰缸；16—机身

④ 关节式。

图 10-60 所示为关节式机器人的臂部结构，它有臂的回转、臂的前后移动、臂的俯仰、腕的摆动、腕的弯曲 5 个自由度。

⑤ SCARA 机器人臂部。

图 10-61 所示为 SCARA 机器人臂部结构，其中，4、6、7 轴相互平行，8 轴与 7 轴重合，为直线运动。

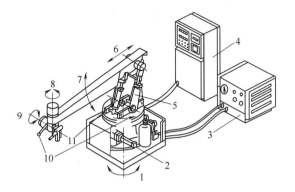

图 10-60　关节式机器人的臂部结构

1—臂回转；2—回转油缸；3—液压源；4—控制柜；

5—连杆；6—臂前后运动；7—臂俯仰；8—腕摆动；

9—腕弯曲；10—示教手柄；11—臂俯仰缸

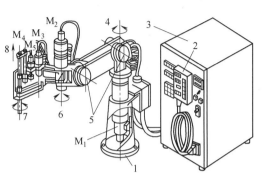

图 10-61　SCARA 机器人臂部结构

1—机座；2—示教盒；3—控制柜；4—水平回转 M_1；

5—回转轴；6—水平回转 M_2；

7—腕回转 M_3；8—腕上下运动 M_4

（3）工业机器人臂部的常用运动结构

① 直线运动臂部。臂部的伸缩、横向移动都属于直线运动。实现直线运动的常用机构有液压缸、气缸、齿轮齿条、丝杠螺母及连杆机构等。其中，液压缸和气缸在机器人中应用最多。图 10-62 所示为常见的直线运动臂部结构，由电动机 7 带动蜗杆 6 使蜗轮 3 回转，蜗轮内孔有内螺纹，与丝杠 2 组成丝杠螺母运动副，带动丝杠 2 做升降运动。

② 回转运动臂部。实现机器人臂部回转运动的常用机构有齿轮传动、同步带、液压缸和连杆机构等。图 10-63 所示为采用活塞缸和齿轮齿条机构实现臂部的回转运动。液压缸两腔分别通以液压油推动齿条活塞做往复移动，与齿条啮合的齿轮即做往复回转。由于齿轮和臂部固连，从而实现臂部的回转运动。

③ 俯仰运动臂部。机器人臂部的俯仰运动一般采用液压（气）缸与连杆机构联用来实现，如图 10-64 所示。其中，小臂的俯仰运动用的驱动缸 5 位于小臂 4 的下方，其活塞杆与小臂用铰链连接，缸体采用尾部耳环（也可采用中部销轴等）的方式与大臂 6 连接。大臂的俯仰运动由液压缸（或气缸）驱动。

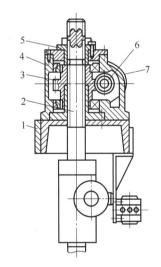

图 10-62　直线运动臂部

1—机架；2—丝杠；3—蜗轮；4—箱体；

5—花键；6—蜗杆；7—驱动电动机

10.2.9　机身设计

（1）机身设计应注意问题

① 要有足够的刚度和稳定性。

② 运动要灵活，一般要有导向装置。

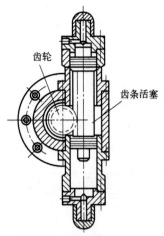

图 10-63　齿轮齿条实现
臂部的回转运动

齿轮

齿条活塞

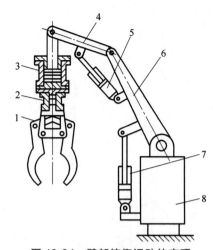

图 10-64　臂部俯仰运动的实现

1—手爪；2—手爪开合驱动活塞；3—手爪伸缩驱动活塞；4—小臂；
5—小臂驱动缸；6—大臂；7—大臂驱动缸；8—腰部

③ 结构布置要合理。

（2）回转和升降机构

图 10-65 所示为用链传动实现机身回转。

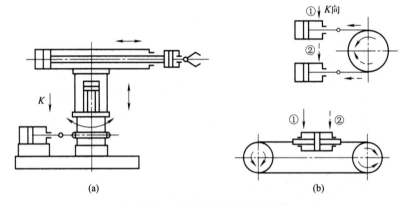

(a)

(b)

图 10-65　用链传动实现机身回转

（3）回转和俯仰机构

图 10-66 所示为机身的回转和俯仰机构。

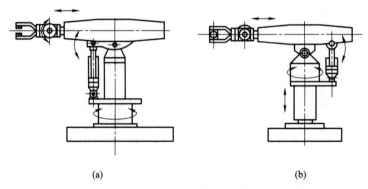

(a)

(b)

图 10-66　机身的回转和俯仰机构

10.2.10 工业机器人的机座结构

工业机器人的机座是机器人的基础部分，它起着支承作用，机座必须有足够的刚度和稳定性。机座主要有固定式和移动式两种，采用移动式机座可以扩大机器人的工作范围。对固定式机座工业机器人而言，其机座直接安装在工业机器人底座上面。对移动式机座工业机器人而言，其机座则安装在行走机构上。常见的工业机器人多为固定式机座。

10.2.10.1 机器人的固定式机座

固定式机座结构比较简单。固定机器人的形式分为直接地面安装、台架安装和底板安装三种形式。

① 机器人用机座直接安装在地面上时，是将底板埋入混凝土中或用地脚螺栓固定。底板要求尽可能稳固，以经受得住机器人手臂传递过来的反作用力。底板与机器人机座用高强度螺栓连接。

② 机器人用台架安装在地面上时，安装方法与机座直接安装在地面上基本相同。机器人机座与台架用高强度螺栓固定，台架与底板用高强度螺栓固定。

③ 机器人用底板安装在地面上时，用螺栓将底板安装在混凝土地面或钢板上。机器人与底板用高强度螺栓固定连接。

10.2.10.2 机器人的行走机构

行走机构是行走机器人的重要执行部件，它一方面支承机器人的机座、臂部和手部，另一方面带动机器人按照工作任务的要求进行运动。

（1）固定轨迹式行走机构

此类机器人的机座安装在一个可移动的托板座上，靠丝杠螺母驱动，整个机器人沿丝杠纵向移动，也可采用类似起重机梁行走等方式。

（2）无固定轨迹式行走机构

无固定轨迹式行走机构主要有轮式行走机构、履带式行走机构、足式行走机构、步进式行走机构、蠕动式行走机构等。

① 轮式行走机构。

轮式行走机器人是行走机器人中应用最多的一种，主要在平坦的地面上行走。车轮的形状和结构形式取决于地面的性质和车辆的承载能力。在轨道上运行的多采用实心刚轮，在室外路面上行走的多采用充气轮胎，在室内平坦地面上行走的可采用实心轮胎。

轮式行走机构依据车轮的多少分为一轮、二轮、三轮、四轮及多轮。行走机构在实现上的关键是要解决稳定性问题，实际应用的轮式行走机构多为三轮和四轮。

a. 三轮行走机构。三轮行走机构具有一定的稳定性，代表性的车轮配置方式是一个前轮、两个后轮，如图 10-67 所示。

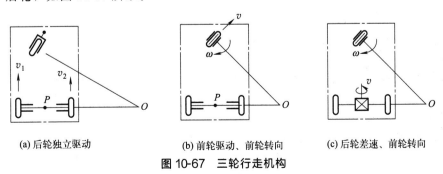

(a) 后轮独立驱动   (b) 前轮驱动、前轮转向   (c) 后轮差速、前轮转向

图 10-67 三轮行走机构

图 10-67（a）所示为两个后轮独立驱动，前轮仅起支承作用，靠后轮转向；图 10-67

（b）所示为采用前轮驱动、前轮转向的方式；图 10-67（c）所示为利用两后轮差动减速器减速、前轮转向的方式。

b. 四轮行走机构。四轮行走机构的应用最为广泛。四轮行走机构可采用不同的方式实现驱动和转向，如图 10-68 所示。图 10-68（a）所示为后轮分散驱动；图 10-68（b）所示为用连杆机构实现四轮同步转向。这种行走机构相比仅有前轮转向的行走机构，可实现更灵活的转向和较大的回转半径。具有四组轮子的轮系，其运动稳定性有很大的提高。但是必须使用特殊的轮系悬架系统保证四个轮子同时和地面接触。它需要四个驱动电动机，控制系统也比较复杂。

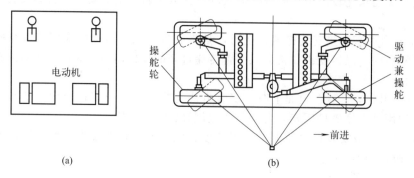

图 10-68　四轮行走机构

c. 越障轮式行走机构。普通轮式行走机构对崎岖不平的地面适应性很差，为了提高轮式车辆的地面适应能力，可以采用越障轮式行走机构，这种行走机构往往是多轮式行走机构，如图 10-69、图 10-70 所示。

图 10-69　火星车式越障轮

图 10-70　三合轮式越障轮

② 履带式行走机构。

履带式行走机构适合在天然路面行走，它是轮式行走机构的拓展，履带的作用是给车轮连续铺路。履带式行走机构由履带、驱动轮、支承轮和张紧轮等组成，如图 10-71 所示。

履带式行走机构的形状有很多种，主要是一字形、倒梯形等，如图 10-72 所示。一字形履带式行走机构的驱动轮及张紧轮兼作支承轮，增大了支承地面面积，改善了稳定性。倒梯形履带式行走机构中不做支承轮的驱动轮与张紧轮装得高于地面，适合穿越障碍。另外，因为减少了泥土夹入引起的损伤和失效，所以可以提高驱动轮和张紧轮的寿命。

履带式行走机构的优点：

a. 支承面积大，接地比压小，适合在松软或泥泞场地进行作业，下陷度小，滚动阻力小。

b. 越野机动性好，可以在有些凹凸的地面上行走，可以跨越障碍物，能爬梯度不大的台阶，爬坡、越沟等性能好。

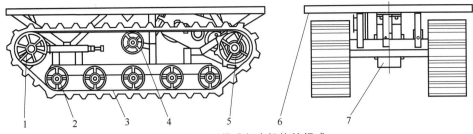

图 10-71　履带式行走机构的组成

1—张紧轮（导向轮）；2—支承轮；3—履带；4—托轮；5—驱动轮；6—机座安装台面；7—机架

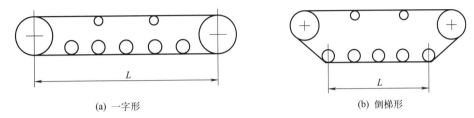

(a) 一字形　　　　　　　　　　　(b) 倒梯形

图 10-72　履带式行走机构的形状

c. 履带支承面上有履齿，不易打滑，牵引附着性能好，有利于发挥较大的牵引力。

履带式行走机构的缺点：

a. 由于没有自定位轮，没有转向机构，只能靠左右两个履带的速度差实现转向，所以转向和前进方向都会产生滑动。

b. 转向阻力大，不能准确地确定回转半径。

c. 结构复杂，质量大，运动惯性大，减振功能差，零件易损坏。

10.2.11　平衡系统设计

（1）平衡系统的作用

① 提高安全性。

② 降低关节驱动力矩变化的峰值。

③ 改进机器人动力学性能。

④ 减小弹性变形的不利影响。

⑤ 增加运动平稳性。

（2）平衡系统设计的主要途径

① 质量平衡。

② 弹簧力平衡。

③ 可控力平衡。

10.2.12　缓冲与定位机构

（1）传动件的定位机构类型

① 电气开关定位。

② 机械挡块定位。

③ 伺服定位系统。

（2）传动件的消隙机构类型

① 齿轮消隙。

② 柔性齿轮消隙。

③ 对称传动消隙。

④ 偏心机构消隙。

⑤ 齿廓弹性覆盖层消隙。

10.2.13 材料的选择

（1）机器人连杆和关节的材料选择的基本要求

① 强度要高。

② 弹性模量要大。

③ 重量要轻。

④ 结构阻尼要大。

⑤ 材料要经济。

（2）机器人常用材料

① 碳素结构钢和合金结构钢。

② 铝、铝合金和其他轻合金材料。

③ 纤维增强合金。

④ 纤维增强复合材料。

⑤ 黏弹性大的阻尼材料。

⑥ 陶瓷材料。

10.3 工业机器人控制系统设计

10.3.1 工业机器人的运动控制过程

机器人控制系统的任务就是实现机器人的各种功能。没有控制系统，再先进的机器人功能也不能实现。工业机器人的工作过程如图 10-73 所示。

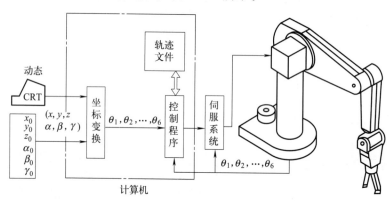

图 10-73 工业机器人的工作过程

工业机器人的运动控制过程可分为如下阶段。

① 直角坐标空间的轨迹规划。手部的位姿在参考坐标系下的轨迹，起点、终点和中间路径，按照加速、减速、匀速等的运动要求，得到一系列的中间点，足够精确，足够优化，足够满足应用情境的要求。这一步称为直角坐标空间的轨迹规划。

② 逆运动学解算。从直角空间轨迹规划得到的一系列中间位姿，利用逆运动学方程，解算出对应的各关节的关节角。

③ 关节空间轨迹规划。把各关节的关节角序列，起点、终点、中间点，按照关节速度、加速度等要求，进一步在关节空间规划，得到从起点到终点的一系列关节角。

直角坐标空间的轨迹规划、逆运动学解算、关节空间轨迹规划通常在个人计算机上进行，把这三步得到的一系列的各关节的关节角序列，通过PC的PCI总线（数据总线、地址总线、控制总线）传送到运动控制器，在运动控制器中，进行脉冲化处理。

④ 关节脉冲控制序列的生成。在运动控制器中，根据相应的左右限位、转动方向、运动速度等，进行直线插补、圆弧插补、螺旋插补等插补算法，将关节角增量再转换成一系列的脉冲序列和转向信号，以便下一步的关节控制系统使用。这一步也是整个机器人控制中核心的一步。

⑤ 隔离放大转换。关节脉冲序列和转向信号从运动控制器出来，经过隔离放大后，传送给关节控制系统。

⑥ 各关节控制系统。关节控制系统协同工作，完成各关节的控制任务。每一个关节都有关节驱动伺服或步进电动机，每个伺服或步进电动机都与它的驱动器、编码器、左右限位开关、原点开关等构成独立关节控制系统。一个机器人有几个关节就有几个独立关节控制系统，它们需要的关节控制目标指令来自上一步的运动控制器。运动控制器有若干控制通道，每一个通道对应一个关节控制系统，产生关节控制系统所需的控制指令，所以机器人运动控制器的通道数要大于机器人的关节数。

10.3.2　工业机器人的运动控制系统的总体架构

根据机器人的运动控制过程，工业机器人的运动控制系统的硬件架构分为如下三级。

① 直角坐标空间轨迹规划、逆运动学解算、关节坐标空间轨迹规划，这三个阶段为一级，这一级在个人计算机（PC）或可编程序控制器（PLC）的CPU模块中进行。这一级通常称为上位机。

② 关节脉冲序列的生成、隔离放大转换。这一阶段有几个选项：基于PCI总线的运动控制卡、可编程控制器的运动控制模块、基于嵌入式系统或运动控制专用芯片的独立控制器。这是专业的运动控制级，这个阶段称为第二级，也称运动控制级。

③ 各关节控制系统。由关节驱动电动机及驱动器构成的关节控制系统，完成最终控制任务。这称为第三级。

工业机器人控制系统三级架构如图10-74所示。

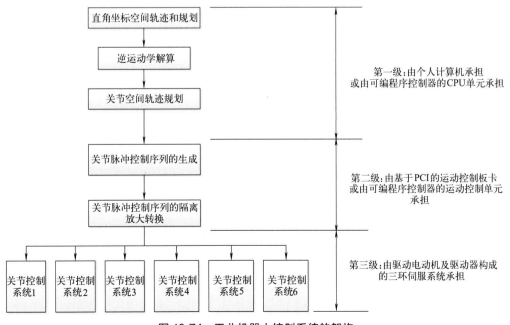

图10-74　工业机器人控制系统的架构

工业机器人控制系统的三级架构举例如图 10-75 所示，机器人控制系统的组成框图如图 10-76 所示。

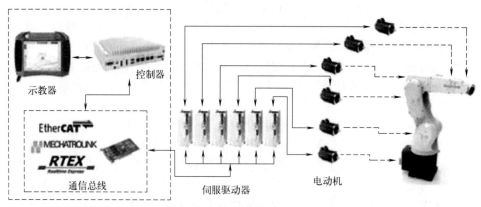

图 10-75　工业机器人控制系统三级架构举例

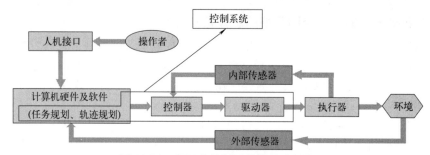

图 10-76　机器人控制系统的组成框图

10.3.3　工业机器人控制系统结构方式

机器人控制系统的结构有三种方式：集中式控制系统、主从式控制系统、分散式控制系统。

（1）集中式控制系统

集中式控制系统是用一台计算机实现全部控制功能，结构简单，成本低，但实时性差，难以扩展，在早期的机器人中常采用这种结构，其构成框图如图 10-77 所示。

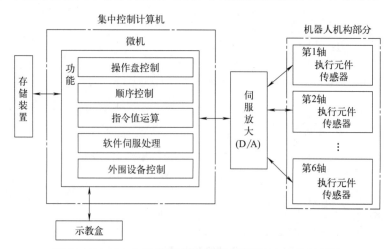

图 10-77　用一台计算机实现全部功能的集中式控制系统

基于个人计算机的集中控制系统，可以把多种控制卡、传感器等设备通过标准PCI插槽或标准串口、并口集成到控制系统中。

集中式控制系统的优点：硬件成本较低，便于信息的采集和分析，易于实现系统的最优控制，整体性与协调性较好，基于PC的系统硬件扩展较为方便。

其缺点包括：系统控制缺乏灵活性，控制危险容易集中，一旦出现故障，其影响面广，后果严重；由于机器人的实时性要求很高，当系统进行大量数据计算时，会降低系统实时性，系统对多任务的响应能力也会与系统的实时性相冲突。此外，系统连线复杂，会降低系统的可靠性。

（2）主从式控制系统

主从式控制系统采用主、从两级处理器实现系统的全部控制功能。主CPU实现管理、坐标变换、轨迹生成和系统自诊断等；从CPU实现所有关节的动作控制。其构成如图10-78所示。

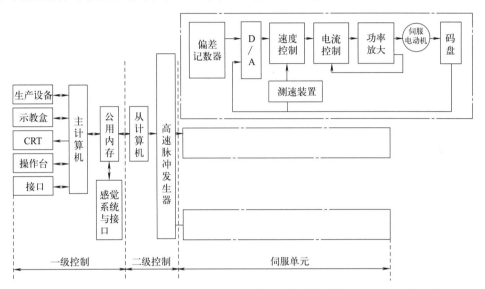

图10-78　采用主、从两级处理器实现系统的全部控制功能的主从式控制系统

主从控制方式实时性较好，适于高精度、高速度控制，但系统扩展性较差，维修困难。

（3）分散式控制系统

分散式控制系统按系统的性质和方式将系统控制分成几个模块，每一个模块各有不同的控制任务和控制策略，各模式之间可以是主从关系，也可以是平等关系。这种方式实时性好，易于实现高速、高精度控制，易于扩展，可实现智能控制，是目前流行的方式，其控制框图如图10-79所示。

分散式控制的主要思想是"集中管理，分散控制"，即系统对其总体目标和任务可以进行综合协调和分配，并通过子系统的协调工作来完成控制任务，整个系统在功能、逻辑和物理等方面都是分散的，所以又称集散控制系统或分步控制系统。分散式控制结构提供了一个开放、实时、精确的机器人控制系统。分散式系统常采用两级分布式控制：通常由上位机、下位机和网络组成。上位机可以进行不同的轨迹规划和控制计算，下位机进行插补细分、控制优化等的研究和实现。上位机和下位机通过通信总线相互协调工作，这里的通信总线可以是RS-232、RS-485、IEEE488及USB总线等形式。现在，以太网和现场总线技术的发展为机器人提供了更快速、稳定、有效的通信服务，尤其是现场总线，它应用于生产现场，在微机化测量控制设备之间实现双向多结点数字通信，从而形成了新型的网络集成式全分散控制系统——现场总线控制系统。

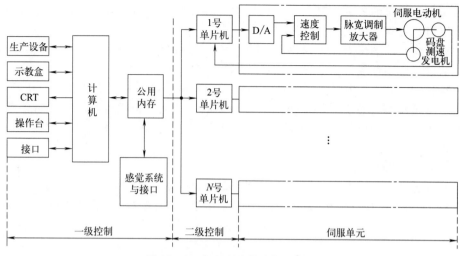

图 10-79　机器人分散式控制框图

分散式控制系统的优点：系统灵活性好，控制系统的危险性低，有利于系统功能的并行执行，提高系统的处理效率，缩短响应时间。

10.3.4　工业机器人控制系统的硬件设计

（1）微机系统平台的选择

无论是人机界面、操作面板的功能，还是运动控制板卡、PLC 及运动控制功能的开发软件的运行环境等，目前都离不开微机系统，所以，在设计机器人的控制系统之初，一定要首先选择好微机系统。一般都是台式机或笔记本电脑，还有在这些基础上专门开发的工控机平台。选择的微机系统平台应能保证人机界面软件、运动控制板卡、PLC 的开发环境顺利运行，并留有进一步开发的余地。

（2）人机界面

各种人机界面用于实现人机交互。目前机器人控制系统的人机界面包括按钮指示灯操作面板、示教盒、触摸屏、组态控制软件、计算机示教编程软件。

① 按钮指示灯操作面板。

用按钮向机器人控制器发送指令，用指示灯指示机器人的工作状态。图 7-43 所示为 PLC 控制机器人的人机界面，该人机界面可以完成向机器人控制器发送置位、复位、示教、记录、再现的指令，可以向机器人 6 个坐标轴发送正向运动或反向运动的控制指令。但是，这个控制面板不能发出各轴的速度、加速度指令。因此，各轴的速度、加速度只能在程序中设定。

② 示教盒。

图 9-2 是各种机器人示教盒。示教盒上有键盘和显示器，通过示教盒可以向机器人控制器发送各种控制指令，机器人运行的状态也可在示教盒显示器上显示出来。示教盒可以控制机器人各轴的运动，完成示教再现功能。示教盒可以调整示教和运行时机器人的转角、转速、加速度。示教盒也是示教编程时的编程器。

③ 触摸屏。

触摸屏是一种智能终端，是一种人机界面设备（HMI），它可以用作机器人控制系统的人机界面，是一种优秀的人机交互设备。触摸屏可以设置按钮、指示灯等输入输出信号，直接作为机器人控制器的输入输出端，可以给机器人发送控制指令，也可以显示机器人的工作状态。触摸屏按照工作原理有电容屏、电阻屏、表面声波屏和红外屏等几种（图 10-80），开发生产触摸屏的公司有许多。

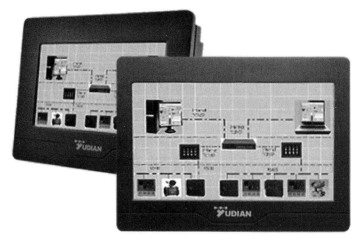

图 10-80　各种触摸屏

④ 组态控制软件。

组态控制软件与触摸屏具有同样的效果，都可以作为机器人控制系统的输入输出设备。它是在台式机或笔记本电脑上运行的软件，通过这套软件可以设定输入按钮、指示灯，可以设置各种曲线和图形以指示机器人的工作状态，还可以制作出模拟现场的动画对机器人的工作过程和环境进行仿真，甚至可以达到数字孪生的效果。组态控制软件有许多类型，如国内的组态王（图 9-5）、开物、昆仑通态 MCGS 等，国外有德国的 Intouch 等。

⑤ 计算机示教编程软件。

也可以制作专门的在个人计算机上运行的在线示教编程软件作为机器人控制的人机界面。在软件上设置对应各轴的按钮以指挥各轴的运动，还可以设定各轴的转角、转速、加减速模式等运行参数，可以设置示教、记录（保存）、再现、复位按钮，使机器人完成相应的功能。

图 10-81 是模块化 6 自由度机器人的示教编程软件，图 7-30 是三菱 RV-M1 机器人在线操作软件 COSIPROG。

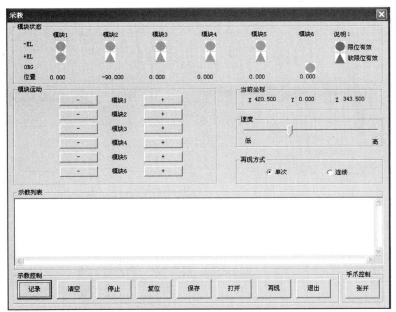

图 10-81　模块化 6 自由度机器人操作软件界面之一

⑥ 人机界面实现的功能。

人机界面可以实现下列功能：启动、停止、急停、单轴启停、示教、标定、复位、记录（忆）、复现、单步、单周期、自动周期连续、状态指示。

机器人启动：按下此按钮，机器人伺服系统上电，解除伺服锁定，各轴处于等待命令状态。

机器人停止：按下此按钮，机器人正在进行的运动停止。

机器人急停：按下此按钮，机器人各个部分紧急停止，各轴抱闸锁定。

单轴启停按钮：这是一系列按钮，控制机器人的每个轴的左右移动，也包括它们的速度设定、步长设定。

标定按钮：按下此按钮，标定原点位置，X、Y、Z 方向的长度，系统中关键位置的尺寸和坐标。

示教按钮：按下此按钮，可以单独指挥各关节运动，让手部达到期望位姿（期望轨迹上的某个位姿），按下记录按钮，当前位姿下的各关节变量都被保留在指定存储空间单元。示教结束时，会形成一个保存运动轨迹的数据文件。

复位按钮：按下此按钮，各个关节回到复位位置，等待执行机器人操作。机器人在执行轨迹之前都要首先复位。

单步按钮：按下此按钮，手部位姿变化一个增量。

单周期按钮：按下此按钮，机器人手部从起始位置沿编程轨迹走到末端位置，在这个过程中手部开合完成相应操作。

自动周期连续按钮：按下此按钮，机器人连续工作，直到按下停止按钮。

（3）运动控制器

机器人运动控制器的类型：基于 PLC 的运动控制通道和模块、基于 PC 的运动控制卡、嵌入式运动控制系统、通用运动控制器（卡）、专用独立机器人控制系统等。

① 基于 PLC 的运动控制通道和模块。

许多 PLC 都有运动控制功能，有的具有运动控制通道，有的具有运动控制模块。PLC 的运动控制功能就是高速脉冲输入输出和方向控制功能。有的整体式 PLC 设有高速脉冲 I/

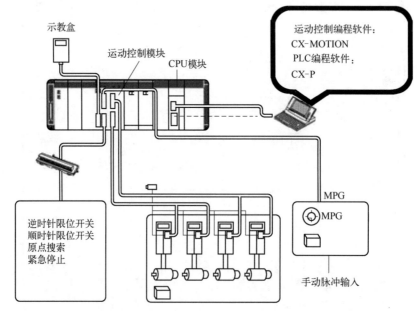

图 10-82 欧姆龙可编程序控制器 CS1 的运动控制模块 MC421 及运动控制系统架构

O 端口，例如 OMRON（欧姆龙）的 CP1H/L、西门子的 S7-200 系列、三菱的 FX-2N/3U/5U 等。模块式 PLC 大多具有运动控制模块，例如 OMRON 的 CS1、西门子的 S7-300/400/1200 系列、基恩士的 KV3000/5000 等。图 10-82 所示为欧姆龙可编程序控制器 CS1 的运动控制模块 MC421 及以它为核心构成的运动控制系统框架。

图 10-82 中，支持运动控制的 PLC 为欧姆龙的 CS1，运动控制模块为 MC421。MC421 可以连接 4 个驱动器，控制 4 台伺服电动机，控制机器人的 4 个关节。这个运动控制模块有专用的编程软件 CX-MOTION。

如图 10-83 所示，支持运动控制模块 PEC6600 的 PLC 为西门子的 S7-200 的 CPU 224。S7-200 的编程软件为 STEP 7-MicroWIN V4.0 incl. SP6，运动控制器 PEC6600 的编程软件为 PLC_Config 2.9.11。

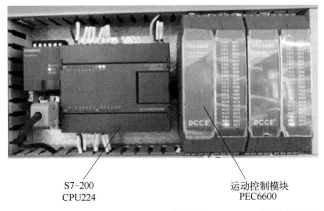

S7-200
CPU224

运动控制模块
PEC6600

图 10-83　西门子 S7-200CPU 支持的 PEC6600 运动控制器

② 基于 PC 的运动控制卡。

用专用运动控制芯片结合通用微处理器可开发出基于个人计算机 PCI 总线的运动控制卡。这种运动控制卡充分利用个人计算机的各种软硬件资源（汇编语言编程、高级语言开发环境、操作系统、BIOS、PCI 总线等），利用专有运动控制芯片的运动控制功能（高速脉冲输入输出、插补运算等），利用通用微处理器的强大处理能力，做成高性能运动控制系统，实现对机器人的控制。图 10-84 所示为以运动控制芯片 PCL6045B 为核心的、可以插入 PC 的 PCI 插槽内的运动控制卡，可以实现机器人 4 个轴的控制。图 10-85 所示为四轴运动控制芯片 PCL6045B 与 8086 微处理器的连接框图。

图 10-84　基于 PC 的运动控制卡

③ 嵌入式运动控制系统。

机器人控制系统是由以嵌入式微处理器为核心构成一定架构的嵌入式硬件系统，运行相应架构下的嵌入式操作系统，应用该操作系统下的软件的编程和开发环境开发出的。图 10-86 所示为以 ARM9 为核心的运动控制系统，用于对六轴机器人的控制。用 ARM9 系

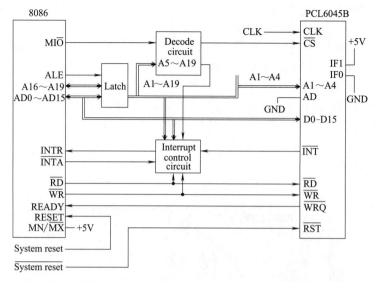

图 10-85　4 轴运动控制芯片 PCL6045B 与 8086 微处理器的连接

列嵌入式微处理器作为核心构造嵌入式硬件系统，运行 WinCE 嵌入式操作系统，用 VC++、

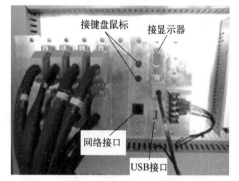

图 10-86　以 ARM9 为核心的六轴
机器人的嵌入式控制器

VB 等开发语言开发机器人控制程序。该嵌入式控制器可以连接标准的鼠标、键盘和显示器，支持编程和开发工作。运行时，去掉键盘和显示器，在控制柜中运行。这是一种最有前途的机器人控制系统，支持互联网和物联网。嵌入式系统加物联网构成的信息物理系统（CPS）是智能设备的控制系统的基础，也是智能制造的基础控制设备。

④ 运动控制器。

通过运动控制器实现下列功能。

a. 生成关节控制命令。运动控制器的每一个通道生成 1 路脉冲序列，发送给相应关节伺服电动机及驱动器构成的关节控制系统，控制关节角、

角速度、角加速度和关节驱动力矩。

b. 协调各关节的运动，实现末端机械手的位姿控制。

（4）关节驱动控制系统

关节驱动控制系统是机器人控制系统的具体执行层，该层实现关节角、角速度、角加速度和驱动力矩的控制。该层由动力及驱动元件、机械传动部分和关节变量感知部分组成。动力元件有电动、液动、气动和特种执行元件几类。图 10-87 是伺服电动机驱动的机器人关节三环伺服系统框图。

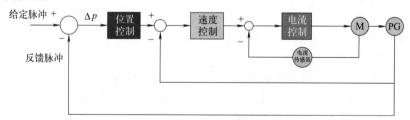

图 10-87　伺服电动机驱动的机器人关节三环伺服系统框图

10.3.5 工业机器人控制系统的软件设计

（1）工业机器人控制系统软件类型

① 人机界面软件。包括触摸屏开发软件、组态控制软件、C++、VB 等在微机上运行的机器人操作运行及调整软件。

② 运动控制开发软件。包括开发运动控制卡的驱动程序、PLC 的运动控制模块的编程软件、嵌入式系统运动控制模块的开发软件。

③ 伺服电动机的调试软件。

④ 通用的机器人操作系统。

⑤ 机器人离线编程软件。

（2）控制软件开发环境

一般工业机器人生产公司都有自己独立的开发环境和独立的机器人编程语言，如日本 MOTOMAN 公司、德国 KUKA 公司、美国 Adept 公司、瑞典 ABB 公司等。很多大学在机器人开发环境（robot development environment）方面已有大量研究工作，提供了很多开源代码，可在部分机器人硬件结构下进行集成和控制操作，目前已在实验室环境下进行了许多相关实验。国内外现有的机器人系统开发环境有 Team Bots. v. 2.0e、ARIA、v. 2.4.1、Player/Stage. v. 1.6.5.1.6.2、Pyro. v. 4.6.0、CARMEN. v. 1.1.1、Mission Lab. v. 6.0、ADE. V. 1.0beta、Miro. v. CVS-March17.2006、MARIE. v. 0.4.0、Flow Designer. v. 0.9.0、Robot Flow. v. 0.2.6 等。从机器人产业发展来看，对机器人软件开发环境的需求是来自机器人最终用户，他们不仅使用机器人，而且希望能够通过编程的方式赋予机器人更多的功能，这种编程往往是采用可视化编程语言实现的，如乐高 Mind Storms NXT 的图形化编程环境和微软 Robotics Studio 提供的可视化编程环境。

（3）机器人专用操作系统

① VxWorks。VxWorks 操作系统是美国 Wind River 公司于 1983 年设计开发的一种嵌入式实时操作系统（RTOS），是 Tornado 嵌入式开发环境的关键组成部分。VxWorks 具有可裁剪微内核结构，高效的任务管理，灵活的任务间通信，微秒级的中断处理，支持 POSIX1003.1b 实时扩展标准，支持多种物理介质及标准的、完整的 TCP/IP 网络协议等特点。

② Windows CE。Windows CE 与 Windows 系列有较好的兼容性，这无疑是 Windows CE 推广的一大优势。Windows CE 为建立针对掌上设备、无线设备的动态应用程序和服务，提供了一种功能丰富的操作系统平台，它能在多种处理器体系结构上运行，并且通常适用于那些对内存占用空间具有一定限制的设备。

③ 嵌入式 Linux。由于其源代码开放和免费，人们可以任意修改，以满足自己的应用。其中大部分都遵从 GPL，可以稍加修改后应用于用户自己的系统。有庞大的开发群体，无需专门的人才，只要懂 Unix/Linux 和 C 语言即可。支持的硬件数量庞大。嵌入式 Linux 和普通 Linux 并无本质区别，PC 上用到的硬件，嵌入式 Linux 几乎都支持，而且各种硬件的驱动程序源代码都可以得到，为用户编写自己专有硬件的驱动程序带来很大方便。

④ μC/OS-Ⅱ。μC/OS-Ⅱ是著名的源代码公开的实时内核，专为嵌入式应用所设计，可用于 8 位、16 位和 32 位单片机或数字信号处理器（DSP）。它的主要特点是源代码公开、可移植性好、可固化、可裁剪、占先式内核、可确定性等。

⑤ DSP/BIOS。DSP/BIOS 是 TI 公司特别为其 TMS320C6000TM、TMS320C5000TM 和 TMS320C28xTM 系列 DSP 平台所设计开发的一个尺寸可裁剪的实时多任务操作系统内核，是 TI 公司的 Code Composer Studio TM 开发工具的组成部分之一。DSP/BIOS 主要由三部分组成：多线程实时内核；实时分析工具；芯片支持库。利用实时操作系统开发程序，

可以方便快速地开发复杂的 DSP 程序。

10.3.6 智能机器人控制系统

智能机器人控制系统向着嵌入式物联网方向发展。

① 开放性模块化的控制系统体系结构。采用分布式 CPU 计算机结构,分为机器人控制器(RC)、运动控制器(MC)、光电隔离 I/O 控制板、传感器处理板和编程示教盒等。机器人控制器(RC)和编程示教盒通过串口/CAN 总线进行通信。机器人控制器(RC)的主计算机完成机器人的运动规划、插补和位置伺服以及主控逻辑、数字 I/O、传感器处理等功能,而编程示教盒完成信息的显示和按键输入。

② 模块化、层次化的控制器软件系统。软件系统建立在开源的实时多任务操作系统 Linux 上,采用分层和模块化结构设计,以实现软件系统的开放性。整个控制器软件系统分为三个层次:硬件驱动层、核心层和应用层。三个层次分别面对不同的功能需求,对应不同层次的开发,系统由若干个功能相对独立的模块组成,这些功能模块相互协作,共同实现该层次所提供的功能。

③ 机器人的故障诊断与安全维护技术。对机器人进行故障诊断及维护,是保证机器人安全的关键技术。

④ 网络化机器人控制器技术。目前机器人的应用由单台机器人工作站向机器人生产线发展,机器人控制器的联网技术变得越来越重要。控制器上具有串口、现场总线及以太网联网功能,可用于机器人控制器之间和机器人控制器同上位机之间的通信,便于对机器人生产线进行监控、诊断和管理。

10.4 工业机器人设计实例

10.4.1 RV-M1 机器人的机械系统

(1) RV-M1 机器人的性能指标

RV-M1 机器人的性能指标如表 10-2 所示。

表 10-2 RV-M1 机器人的性能指标

项 目		性 能	注 释
机械结构		垂直关节机器人	
操作范围	腰的回转	300°(最大 120°/s)	J1 轴
	肩部回转	130°(最大 72°/s)	J2 轴
	肘部回转	110°(最大 109°/s)	J3 轴
	腕部俯仰	±90°(最大 100°/s)	J4 轴
	腕部回转	±180°(最大 163°/s)	J5 轴
臂长	上臂	250mm	
	前臂	160mm	
负载能力		最大 $1.2^{①}$ kgf(包括机械手的重量)	重心:离腕部机械手安装面 75mm
最大路径速度		1000mm/s(腕部工具面)	手腕安装面中心点 P 的速度
位置重复精度		0.3mm(腕部工具面的转动中心)	手腕安装面中心点 P 的精度
驱动系统		直流伺服马达的伺服驱动系统	
机器人重量		约 19kgf	
马达功率		J1~J3 轴为 30W。J4,J5 轴为 11W	

① 1kgf=9.80665N。

（2）RV-M1 机器人的机械总体结构

RV-M1 机器人由基座、腰部、上臂、前臂、腕部组成，其中，腰部、大臂、小臂各占一个自由度，腕部占两个自由度，共 5 个自由度，如图 6-5 所示。

RV-M1 机器人共有 5 个转动关节（图 6-6），这 5 个转动关节全部由伺服电动机驱动，每个电动机之后都有传动机构，都有限位开关。其中腰部电动机传动机构是谐波减速器，上臂电动机的传动机构是同步带和谐波减速器，前臂电动机的传动机构是同步带、谐波减速器和连杆机构，腕部靠前臂的电动机的传动机构是谐波传动和同步带，腕部靠末端机械手的电动机的传动机构是谐波传动。

（3）各轴的结构与驱动传动

① 腰部。腰部是转动关节，伺服电动机驱动，谐波减速器传动，左右限位开关，绕垂直轴转动，转角范围 300°，死角 60°，如图 10-88、图 10-89 所示。

图 10-88　RV-M1 机器人的腰部与传动（一）

图 10-89　RV-M1 机器人的腰部与传动（二）

② 上臂。上臂绕水平关节转动（图 10-90），伺服电动机驱动。伺服电动机放在腰部，随腰部一起转动，兼作平衡配重。先用同步带传动，后用谐波减速器。转角范围为 130°（最大 72°/s）。

③ 前臂。前臂绕水平轴转动（图 10-91、图 10-92），驱动电动机放在腰部，兼作平衡配重。传动分三部分：初用同步带，后用谐波减速器，然后用连杆传动。转角范围为 110°（最大 109°/s）。

④ 腕部俯仰。腕部第一自由度（图 6-68、图 10-93），转角范围为 ±90°（最大 100°/s），驱动电动机装在小臂上，传动为谐波传动和同步带传动。

图 10-90　RV-M1 机器人的大臂驱动与传动

⑤ 腕部回转。腕部第二自由度，转角范围为 ±180°（最大 163°/s），驱动电动机装在小臂上，传动为谐波传动。

10.4.2　RV-M1 机器人的控制系统

10.4.2.1　RV-M1 机器人控制系统性能指标

RV-M1 机器人控制系统性能指标如表 10-3 所示。

图 10-91 RV-M1 小臂的驱动与传动（一）

图 10-92 RV-M1 小臂的驱动与传动（二）

图 10-93 RV-M1 腕部俯仰的驱动与传动

表 10-3 RV-M1 机器人控制系统性能指标

项 目	性 能
示教方法	编程语言系统(63 条指令,在 PC 上实现)
控制方法	PTP 位置控制系统,使用直流伺服电动机
控制轴数	5 轴＋1 个机械手
位置检测	脉冲编码器
返回原点设定	限位开关和脉冲编码器(Z 相探测方法)
插补功能	关节插补,直线插补
速度设定	10 挡,最大 1000mm/s
位置数	629(8KB)
程序步数	2048(16KB)
数据存储	用内嵌的写入器写入 EPROM,或后备电池支持的静态 RAM(电池可更换,保存数据 2 年)
位置示教装置	示教盒或 PC 软件
编程器	PC
外部 I/O	通用 I/O 通道,每通道 8 点(或 16 点) 通用同步信号(STB BUSY ACK RDY) 分布式 I/O;外部 I/O 的电源可以为 12V 或 24V
接口	1 个并行接口(连接到 Centronics) 1 个串行接口(连接到 RS-232C)
紧急停止	使用前面板、示教盒的开关或 NC 接触端子
手部控制	电动操作手、气动操作手或交流电磁阀
制动控制	J2 轴或 J3 轴
电源	AC 120V/220V/230V/240V,0.5kV·A
环境温度	5～40℃
重量	约 23kgf
尺寸/mm	380×331×246

10.4.2.2 RV-M1 机器人控制系统的硬件系统

（1）RV-M1 机器人控制系统总体组成

RV-M1 机器人控制系统组成如图 6-62 所示。机器人本体是机器人控制系统的控制对象，它由基座、5 个连杆和 5 关节组成。机器人控制系统的任务就是驱动控制这 5 个连杆和5 个关节，并通过它们控制末端机械手。每一个连杆和关节都对应一个直流伺服电动机、相应传动装置以及传感检测元件，这些驱动器、传动装置和检测元件都装在机器人本体上。

（2）RV-M1 机器人控制系统的独立控制器

RV-M1 机器人控制系统的独立控制器装在控制箱内，如图 10-94 所示。机器人控制系统的控制器、驱动电路、I/O 电路、与 PC 的通信电路都在控制箱内，控制箱上有专用接口连着示教盒。

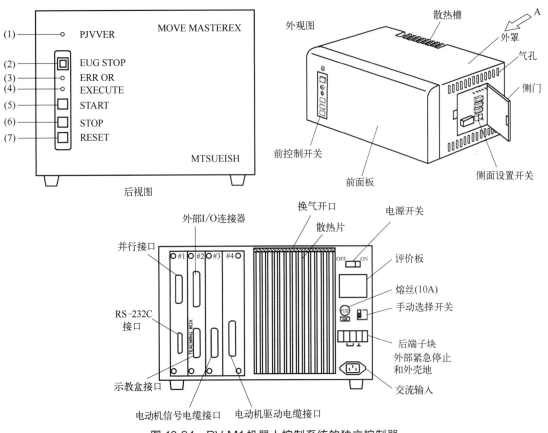

图 10-94　RV-M1 机器人控制系统的独立控制器

（3）RV-M1 机器人控制系统的示教盒

RV-M1 机器人控制系统的示教盒如图 7-27 所示。示教盒的功能是对机器人进行示教和编程。示教盒也是一种人机界面，上面设有输入按钮和显示器件，通过示教能够把操作指令输入机器人控制系统，机器人的一些状态信息也能够在显示器上显示出来。

（4）RV-M1 机器人控制系统的架构

RV-M1 机器人控制系统有两种架构：以个人计算机为中心的控制系统架构、以驱动单元为中心的控制系统架构。

① 以个人计算机为中心的控制系统架构。

如图 7-28 所示，该图表示机器人以个人计算机为中心的架构。测量装置、绘图仪、打印机、摄像头等有关控制设备都通过扩展单元连接到个人计算机上，机器人系统通过 D/U 单元与扩展单元相连，通过扩展单元与个人计算机相连，算作个人计算机的一个外设。

② 以驱动单元为中心的控制系统架构。

如图 7-29 所示，该图表示机器人以驱动单元为中心的控制系统。外围 I/O 设备连接在可编程控制器上，可编程控制器和机器人本体都连接在 D/U 驱动单元上，都在驱动单元的控制下工作，管理工作、外围设备的工作、视觉系统都直接连接在个人计算机上。

10.4.2.3　RV-M1 机器人软件系统

RV-M1 机器人的控制软件装在一个软件包内，运行在个人计算机系统上，运行在 Windows 操作系统下。这个软件包内有两套相互关联的软件：一套是在线示教编程软件 COSIPROG，另一套是离线编程与仿真软件 COSIMIR。

（1）在线示教编程软件——COSIPROG

COSIPROG 具有建立文件、打开文件、保存文件、编辑文件、编译文件等功能，用于对机器人运行的数据文件和程序文件进行操作。还有下载到机器人控制器、在线示教和转入离线仿真的功能，如图 7-30 所示。

（2）离线编程与仿真软件——COSIMIR

COSIMIR 具有打开文件、编辑和保存文件、查看文件和执行文件等功能。该软件能够选择机器人一些常用运行环境，读入机器人程序和机器人位置数据文件，在个人计算机上离线（断开机器人本体及控制器）仿真运行机器人，检查机器人运行轨迹及其与环境的关系，如图 7-31 所示。

10.4.3　汇博多控模块化机器人的机械结构设计

本小节内容参见第 6 章 6.6.3 汇博多控模块化机器人的机械结构。

10.4.4　汇博多控模块化机器人的控制系统

10.4.4.1　总体架构

汇博多控模块化机器人的控制系统总体架构如图 7-38 所示。

10.4.4.2　基于运动控制卡的模块化机器人控制系统

这是一个基于运动控制卡的机器人关节控制系统，运动控制卡利用 PC 机的 PCI 总线，可以视作 PC 机的外部 I/O 设备。它产生控制脉冲，控制步进电动机或伺服电动机的运动，进而实现机器人的控制功能。

（1）基于运动控制卡的模块化机器人控制系统的硬件系统

这个基于运动控制卡的模块化机器人控制系统架构如图 7-39 所示。

它采用三级架构：

第一级采用个人计算机，这一级的功能是模块组合、正逆运动学解算、模块控制、示教编程、机器视觉。

第二级是基于 PCI 总线的运动控制卡。两块运动控制卡 MAC-3002SSP4 和 MAC-3002SSP2 分别以专用运动控制芯片 PCL6045B 和 PCL6025B 为核心（图 10-95、图 10-96），采用 PCI 总线，插于个人计算机的 PCI 插槽中。两块运动控制卡产生 6 路控制脉中，这 6 路控制脉冲通过 6 个通道分别发送至 6 台伺服电动机及驱动器，作为 6 台伺服电动机的运动控制指令，控制这 6 台伺服电动机的关节转速、转向和转角。

第三级是关节控制级，分别是各个关节的控制系统，每一个关节控制系统都是三环伺服系统（图 10-97），接收第二级发来的脉冲序列，实现关节位置、速度、加速度和力矩的控制。

图 10-95　基于 PCI 插槽的运动
控制卡 MAC-3002SSP4

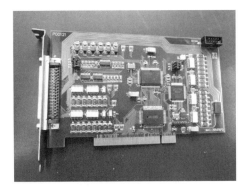

图 10-96　基于 PCI 插槽的运动
控制卡 MAC-3002SSP2

图 10-97　六个关节电动机的驱动器

1 轴步进电动机驱动器设置如图 10-98 所示。

3～6 轴步进电动机驱动器设置，如图 10-99 所示。

AKS MOTOR AKS230

(Switch: "ON"=0: "OFF"=1)

M1	M2	M3	Microstep
0	0	0	———
1	1	1	1
0	1	1	1/2
1	0	1	1/4
0	0	1	1/8
1	1	0	1/16
0	1	0	1/32
1	0	0	1/64

Current Table

M5	M6	M7	Current
0	0	0	0.9A
0	0	1	1.2A
0	1	0	1.5A
0	1	1	1.8A
1	0	0	2.1A
1	0	1	2.4A
1	1	0	2.7A
1	1	1	3A

VCC+
GND −
A+
A−
B+
B −

Switch
UP "1"

DOWN "0"

REST−
REST+
CW−
CW+
CP−
CP+

图 10-98　1 轴步进电动机驱动器的设置

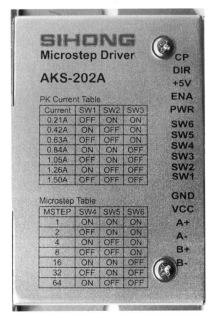

SIHONG
Microstep Driver

AKS-202A

PK Current Table

Current	SW1	SW2	SW3
0.21A	OFF	ON	ON
0.42A	ON	OFF	ON
0.63A	OFF	OFF	ON
0.84A	ON	ON	OFF
1.05A	OFF	ON	OFF
1.26A	ON	OFF	OFF
1.50A	OFF	OFF	OFF

Microstep Table

MSTEP	SW4	SW5	SW6
1	ON	ON	ON
2	OFF	ON	ON
4	ON	OFF	ON
8	OFF	OFF	ON
16	ON	ON	OFF
32	OFF	ON	OFF
64	ON	OFF	OFF

CP
DIR
+5V
ENA
PWR
SW6
SW5
SW4
SW3
SW2
SW1
GND
VCC
A+
A-
B+
B-

图 10-99　3～6 轴步进电动机驱动器设置说明

（2）基于运动控制卡的模块化机器人控制系统的软件系统

① 利用 PC 的操作系统和高级语言。

② 运动控制卡的驱动程序。

③ 开发机器人的操作编程应用软件。

④ 运动学与动力学。

⑤ 轨迹规划。

10.4.4.3　基于 PLC 的模块化机器人控制系统

（1）基于 PLC 的模块化机器人控制系统的总体架构

如图 7-40 所示，基于 PLC 的模块化机器人控制系统的总体架构也是三级架构：

第一级仍然是个人计算机。不过此时的个人计算机所起的作用是模块化机器人 PLC 控制系统的硬件组态器和相应 PLC 控制程序的编程器，用 PLC 的编程语言实现模块化机器人的复位、停止、示教、再现功能。

第二级是 PLC 和运动控制模块。这里的 PLC 是西门子 S7-200 的 CPU 224，运动控制模块是大工计控的 PEC6600。

第三级是关节控制级，仍然是独立关节控制，6 个关节控制系统。这 6 个关节控制系统均为三环伺服系统，实现对关节角、角速度、角加速度和输出力矩的控制。

（2）人机界面

选用按钮指示灯式人机界面，如图 7-43 所示。

（3）运动控制器

运动控制器采用主从式结构。主站 PLC 作为人机界面控制器和与从站通信控制器，联系人机界面和各关节电动机的运动状态。从站提供各关节控制脉冲和关节状态传感器。

① 主控制器。主站采用 S7-200PLC 的 CPU 模块，CPU 224 XP CN DC/DC/DC，输入 14 点，输出 10 点，如图 10-100 所示。

② 从控制器。从站采用大工计控的 PEC6600，16 点普通输入，8 点高速输入，12 点普通输出，4 点高速输出，4 点 MBUS 通信端子，如图 10-101 所示。

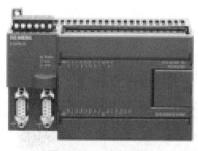

图 10-100　主控制器

图 10-101　从控制器

（4）软件系统

S7-200 PLC 编程软件 STEP 7-MicroWIN V4.0。

PEC6000 编程软件 PLC_Config2.8.5Alpha。

本 章 小 结

① 阐述了工业机器人的设计理念。

a. 工业机器人的总体设计理念。

b. 工业机器人的机械电子系统设计理念。

c. 工业机器人的嵌入式物联网控制系统设计。

d. 工业机器人的机械系统设计思想。

e. 工业机器人的控制系统设计。

② 介绍了工业机器人机械系统设计的详细过程。

③ 介绍了工业机器人控制系统设计的详细过程。

④ 介绍了 RV-M1 机器人的机械系统、控制系统。

⑤ 介绍了汇博模块化机器人的机械系统、控制系统。

思考与练习题

1. 什么是设计？

2. 工业机器人设计思想有哪些？

3. 机械电子系统设计内容是什么？

4. 嵌入式物联网控制系统设计内容是什么？

5. 什么是嵌入式系统？

6. 叙述嵌入式系统的组成。

7. 叙述嵌入式物联网控制系统的设计过程。

8. 叙述工业机器人机械结构特点

9. 工业机器人关节驱动装置有哪些类型？

10. 工业机器人常用机械传动装置有哪些？

11. 叙述串联工业机器人的组成。

12. 工业机器人机械系统设计内容是什么？

13. 叙述工业机器人的运动控制过程。

14. 叙述工业机器人的运动控制系统的总体架构。

15. 工业机器人控制系统的结构有哪几种方式？

16. 工业机器人控制系统的人机界面有哪些？

17. 工业机器人控制系统的运动控制器有哪些？

18. 工业机器人控制系统设计内容是什么？

19. 工业机器人机身设计应注意哪些问题？

20. 工业机器人臂部设计应注意哪些问题？

21. 工业机器人传动件定位常有哪几种方法？

22. 工业机器人传动件消隙常有哪几种方法？各有什么特点？

23. 简介工业机器人总体设计思路。

参 考 文 献

[1] 吴振彪，王正家. 工业机器人 [M]. 2 版. 武汉：华中科技大学出版社，2006.

[2] 许仰曾. 液压工业 4.0 数字化网络化智能化 [M]. 北京：机械工业出版社，2019.

[3] 叶佩青，张辉. PCL6045B 运动控制与数控应用 [M]. 北京：清华大学出版社，2007.

[4] 三浦宏文. 机电一体化实用手册 [M]. 杨晓辉译. 北京：科学出版社，2007.

[5] 高学山. 光机电一体化系统典型实例 [M]. 北京：机械工业出版社，2007.

[6] 高森年. 机电一体化 [M] 赵文珍译. 北京：科学出版社，2001.

[7] 胡泓，姚伯威. 机电一体化原理及应用 [M]. 北京：国防工业出版社，2000.

[8] 王孙安，杜海峰，任华. 机械电子工程 [M]. 北京：科学出版社，2003.

[9] 万遇良. 机电一体化系统的设计与分析. 北京：中国电力出版社，1998. 10

[10] 赵丁选. 光机电一体化设计使用手册（上下册）[M]. 北京：化学工业出版社，2003.

[11] 机电一体化技术手册编委会. 机电一体化技术手册 [M]. 北京：机械工业出版社，1999.

[12] 戴夫德斯·谢蒂，理查德 A. 科尔克. 机械电子系统设计（原书第 2 版）[M]. 薛建彬，朱如鹏译. 北京：机械工业出版社，2016.

第11章
工业机器人在智能制造中的应用

11.1 智能制造系统

11.1.1 制造技术的定义

狭义上，制造是把原材料加工成产品的过程。

广义上，制造是包括产品设计、材料选择、生产制造、质量保证、管理和营销在内的一系列工作和劳动。

11.1.2 工业革命的发展

按照德国对工业发展时代的划分，当前工业发展已经经历了三次工业革命，并且第四次工业革命正在发生，如图 11-1 所示。

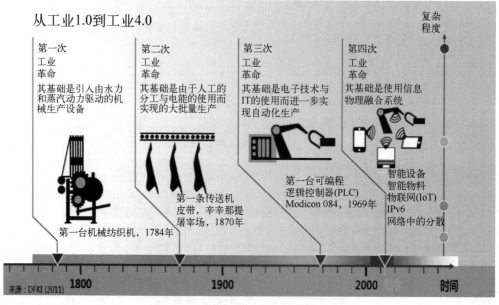

图 11-1 德国对工业发展时代的划分

（1）第一次工业革命：机械化时代

早期制造业大多为手工制造，典型代表为作坊。18 世纪 60 年代，由蒸汽机驱动的机器在英国诞生，先后传入法国、德国和美国，经过一段时间的发展，机器代替了手工，工厂代替了作坊，这是人类工业发展史上一次巨大的飞跃，由手工制造时代进入机器制造时代。

第一次工业革命彻底改变人类生产和生活面貌，从此人类进入了"蒸汽时代"，以往传统动力驱动的装置改由蒸汽机驱动，极大提升了生产效率。不仅如此，蒸汽机的出现还推动了一系列新兴产业的发展，火车、汽车、轮船、机械化工厂开始出现，工业化社会的雏形就形成了。

（2）第二次工业革命：电气化时代

电的发现和在生产中的应用标志着人类进入第二次工业革命。第二次工业革命的意义在于电力开始用于带动机器，成为新的主要能源；流水线生产方式大幅提高了劳动生产率，也降低了对劳动者的技术要求，降低了生产成本。1870年以后，由电产生的各种新技术、新发明层出不穷，并被应用于各种工业生产领域，人类进入了电气时代。

（3）第三次工业革命：自动化时代

电子技术的发展，大规模集成电路的出现，计算机的发明及在工业生产中的应用，导致工业控制由继电器接触器式控制发展为可编程逻辑控制器控制，编程代替硬接线，控制功能强而且灵活。第三次工业革命利用信息技术，实现了大规模自动化生产，大幅提高了制造业的效率，极大地推动了生产力的发展，人类进入自动化时代，同时也进一步减少了人类的体力劳动，改变了人们的生活观念，提高了人们的生活水平，奠定了现代生活的基础。

（4）第四次工业革命：智能化时代

2011年汉诺威工业博览会提出工业4.0（Industry 4.0）概念，即第四次工业革命。2013年，德国政府正式推出"工业4.0"。工业4.0是智能工厂和智能制造的集合体，包括智能设备、智能物料、物联网（IoT）、IPv6等。第四次工业革命可以实现大规模个性化定制、远程运维、网络协同制造等新型生产方式，生产自组织、柔性化程度逐渐提高，进入智能化时代，同时也进一步减少了人类体力劳动和部分脑力劳动，人们的生活方式，如购物方式也会产生极大改变。

11.1.3 智能制造

（1）智能制造的提出

1988年，美国人赖特（Paul Kenneth Wright）、伯恩（David Alan Bourne）正式出版了智能制造研究领域的首本专著《制造智能》（*Manufacturing Intelligence*，Addison Wesley，1988年），对智能制造的内涵与前景进行了系统描述，将智能制造定义为"通过集成知识工程、制造软件系统、机器人视觉和机器人控制来对制造技工的技能与专家的知识进行建模，以使智能机器能够在没有人工干预的情况下进行小批量生产"。在此基础上，英国Williams教授对上述定义做了更为广泛的补充，认为"集成范围还应包括贯穿制造组织内部的智能决策支持系统"。

《麦格劳-希尔：英汉双解科技大词典》将智能制造定义为：采用自适应环境和工艺要求的生产技术，最大限度地减少监督和操作，制造物品的活动。

智能制造最新的定义：基于新一代信息技术，贯穿设计、生产、管理、服务等制造活动各个环节，具有信息深度自感知、智慧优化自决策、精准控制自执行等功能的先进制造过程、系统与模式的总称。其具有以智能工厂为核心，以端到端数据流为基础，以网络互联为支撑等特征。实现智能制造可以缩短产品研制周期、降低资源消耗、降低运营成本、提高生产效率、提升产品质量。

智能制造实例之一：传统机械人＋机器视觉。

传统搬运机器人只能按照已有程序从开始位置抓取物料按固定路线到达终点并卸货，当物料位置偏移或路线有障碍时，机器人将无能为力。如果给机器人装上视觉，即像人一样拥有眼睛，机器人便可以确定物料位置、越过障碍等，机器人就更加智能了。

智能制造实例之二：传统机械人＋互联网。

传统机器人之间不能相互交流，就像一个人被关进小黑屋。当机器人联网后，就加上了"嘴巴"，具有"说话能力"，能与别的机器人或人员进行信息交换，通力合作完成任务。

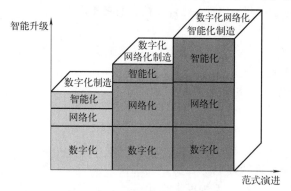

图 11-2　智能制造的滚动化演进

（2）智能制造的演进

智能制造是一个不断演进发展的大概念，可归纳为三个基本范式：数字化制造、数字化网络化制造、数字化网络化智能化制造（图 11-2），这也是智能制造发展的三个阶段。

一方面，三个基本范式依次展开，各有自身阶段的特点和需要重点解决的问题，体现着先进信息技术与制造技术融合发展的阶段性特征；另一方面，三个基本范式在技术上并不是决然分离的，而是相互交织、迭代升级，体现着智能制造发展的融合性特征。

① 数字化制造阶段。

数控技术：20 世纪 50 年代，数控（numerical control，NC）机床在美国第一次出现，在大幅度提高工作效率的同时完成了从人工控制向自动化控制的过渡；自动编程工具（automatically programmed tools，APT）的诞生，简化了数字化生产的流程；第一台加工中心在美国 UT 公司被研制出，集成了多种加工方式和工序，进一步精益化生产流程。

计算机辅助设计与制造（CAD/CAM）：20 世纪 60 年代，计算机辅助设计/制造（computer aided design/manufacturing，CAD/CAM）软件出现，使产品设计和制造过程更具高效；柔性制造系统（flexible manufacturing system，FMS）的诞生改变了传统制造流程形式，大幅提升了硬件设备的生产能力。

计算机集成制造系统（CIMS）：20 世纪 80 年代，计算机集成制造系统（computer integrated manufacturing system，CIMS）通过计算机软硬件，综合运用现代管理技术、制造技术、信息技术、自动化技术、系统工程技术，将企业生产全部过程中有关的人、技术、经营管理三要素及信息与物流有机集成并优化运行，使各种技术之间、各类数据之间有了更高级的数字化融合，制造过程中设计、制造、管理等各阶段相互协同，为制造技术的发展奠定了基础。

网络化智能化的初级阶段：20 世纪 90 年代中期，互联网得以普及应用，"互联网＋"概念兴起，制造业与互联网的初步融合，此时企业层、处理层、控制层和现场层只能在上下级之间通信，协调效率不高，网络化水平急需提高。20 世纪 70 年代出现的专家系统模拟人类专家的知识和经验解决特定领域的问题，在医疗、化学、地质等领域取得成功。在制造领域出现的各类故障诊断专家系统，智能化水平还比较低。

数字化制造阶段的特点主要表现为三点。

a. 数字技术在产品中得到普遍应用，形成数字一代。包括产品和工艺的数字化，制造装备/设备的数字化，材料、元器件、被加工的零部件、模具/夹具/刀具等"物"的数字化以及人的数字化。

b. 广泛应用于数字化设计、建模仿真、数字化装备、信息化管理。包括各类计算机辅助设计、优化软件和各类信息管理软件。

c. 实现生产过程的集成优化。包括网络通信系统构建，不同来源的异构数据格式的统一以及数据语义的统一。数据的互联互通，其目的是要利用这些数据实现整个制造过程各环节的协同。具体体现在产品数据管理（product data management，PDM）系统、制造执行系统（manufacturing execution system，MES）、企业资源计划（enterprise resource planning，ERP）系统等管理系统的协同功能。

② 数字化网络化制造阶段。20 世纪末，互联网大规模普及应用，网络将人、流程、数据和事物连接起来。智能制造进入了以万物互联为主要特征的数字化网络化制造阶段。数字化网络化制造也可称为"互联网＋制造"，或称第二代智能制造。

数控机床将加工过程中需要的刀具与工件的相对运动轨迹、主轴速度、进给速度等按规定的格式编成加工程序（图 11-3），计算机数控系统即可根据该程序控制机床自动完成加工任务。

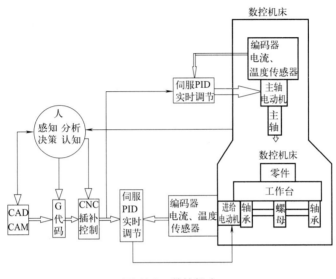

图 11-3　数控机床

互联网＋数控机床实现对加工状态的感知（图 11-4），并且可实现机床状态数据的采集、汇集和在设备间互联互通。

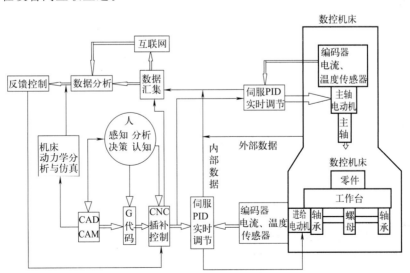

图 11-4　互联网＋数控机床

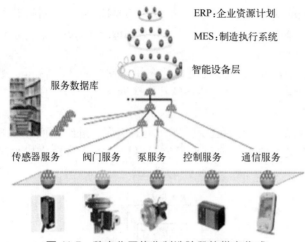

ERP:企业资源计划

MES:制造执行系统

智能设备层

服务数据库

传感器服务　阀门服务　泵服务　控制服务　通信服务

图 11-5　数字化网络化制造阶段的纵向集成

数字化网络化制造阶段在制造方面的特征主要表现为三大集成：纵向集成、横向集成和端到端集成。

a. 纵向集成。纵向集成是一个组织拥有一个供应链各个部分的方法（图 11-5），主要解决企业内部的集成，即解决信息孤岛的问题，解决信息网络与物理设备之间的联通问题，目标是实现全业务链集成，这也是智能制造的基础。

b. 横向集成。横向集成代表的就是企业之间全产业链的集成（图 11-6），以供应链上下游之间的合作为主线，通过价值链以及信息网络的互联，推动企业之间研产供销、经营管理与生产控制、业务与财务全流程的无缝衔接，从而实现产品开发、生产制造、经营管理等在不同企业之间的信息共享和业务协同，实现了生产过程的去中心化。

c. 端到端集成。过去，产品交付到用户手中以后，产品的使用状况、维修管理等环节与生产制造是分离的，信息是不及时、不透明的。所谓端到端集成就是把所有该连接的端（点）都集成互联起来（图 11-7），通过价值链上不同端的整合，实现产品设计、生产制造、物流配送、使用维护的产品全生命周期管理和服务。通过端到端集成，用户的需求和反馈可以直接与研发设计端相连，形成以产品为核心的互联互通的业务闭环流程。

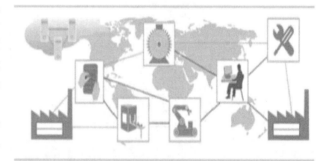

横向集成

将各种应用于不同制造阶段和商业计划的IT系统集成在一起

包括价值网络在不同企业的集成，也就是"互联网+"

图 11-6　数字化网络化制造阶段的横向集成

数字化网络化制造阶段的特点如下。

数字化特点：采用数字主线等技术，统一数据源，与产品有关的数字化模型都采用标准开发的描述，可以逐级向下传递并回溯而不失真，在整个生命周期内，各环节模型都能够及时进行关键技术的双向同步和沟通。

数字孪生技术可持续地预测装备或系统的健康状态（图 11-8）、剩余使用寿命和产品合格率，并预见关键安全事件的系统响应，加大了

图 11-7　数字化网络化制造阶段的端到端集成

仿真系统对现实的模拟，减少了物理样机的生产和实验实践。

网络化特点：网络化实现了生产信息的自动采集以及信息、人与机器，机器与机器之间的通信，如图 11-9 所示。

智能化特点：目前智能制造的"智能"还处于 smart 的层次，smart 字面含义是赋予企业快速响应内部和外部变化的能力。快速响应之所以重要，是因为市场竞争日趋激烈，使响应速度越来越重要，智能制造最重要的作用之一就是加快响应速度。智能制造系统具有数据采集、数据处理、数据分析的能力，能够准确执行指令，能够实现市场信息迅速反映到生产制造上，实现闭环反馈。智能制造系统能支撑各自组织生产单元在分布的模式下自主地运行。由这些自组织生产单元构成的整个系统能够以恰当的方式运行，使企业整体能够通过协调各级（公司级、工厂级、车间级）活动来获得最好的运行特性。

图 11-8　数字化网络化制造阶段的数字孪生

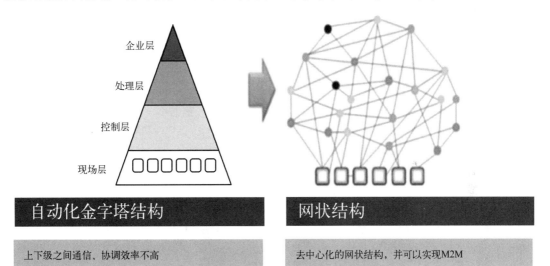

图 11-9　数字化网络化制造阶段的网状结构

智能制造数字化网络化阶段基于数字化阶段发展而来，以网络技术为支撑，以信息为纽带，实现了人、现实世界及对应的虚拟世界的深度融合。

数字化网络化制造阶段在产品、制造、服务三方面的特点如下。

a. 在产品方面，数字技术、网络技术得到普遍应用，产品实现网络连接，设计、研发实现协同与共享，实现了生产过程的去中心化。

b. 在制造方面，实现企业间横向集成、企业内部纵向集成和产品流程端到端集成，打通整个制造系统的数据流、信息流。物/务联网的应用为制造业的制造物联提供了基础。

c. 在服务方面，企业与用户通过网络平台实现连接和交互，企业生产开始从以产品为中心向以用户为中心转型，通过远程运维，为用户提供更多的增值服务，包括智能服务和大规模个性化定制。

③ 数字化网络化智能化制造阶段。如果说数字化网络化制造是新一轮工业革命的开始，那么新一代智能制造，即数字化网络化智能化制造的突破和广泛应用将推动形成新工业革命的高潮，将重塑制造业的技术体系、生产模式、产业形态。

人工智能1.0：1956年，一批顶级专家在美国达特茅斯（Dartmouth）聚会，首次确定了"人工智能"概念：让机器像人那样认知、思考和学习，即用计算机模拟人的智能。60多年来，人工智能技术几起几伏，顽强地奋斗，不断地前进，但总体而言，还是属于第一代技术，属于"人工智能1.0"时代。

新一代人工智能呈现出深度学习、跨界融合、人机协同、群体智能等新特征，大数据智能、跨媒体智能、人机混合增强智能、群体智能和自主智能系统正在成为发展重点（图11-10）。

新一代智能制造是一个大系统（图11-11），主要是由智能产品和装备、智能生产和智能服务三大功能系统以及智能制造云和工业智联网两大支撑系统集合而成。

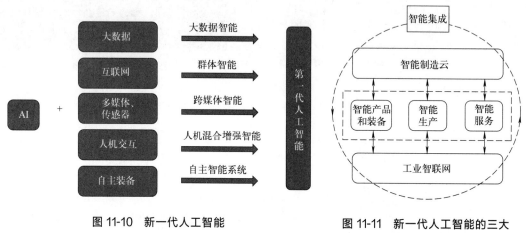

图 11-10　新一代人工智能

图 11-11　新一代人工智能的三大
功能和两大支撑

智能产品和装备：智能产品和装备是新一代智能制造系统的主体，新一代人工智能的融入使产品和装备发生了革命性变化。

智能生产：智能工厂是智能生产的主要载体，追求的目标是生产过程的优化，大幅度提升生产系统的性能、功能、质量和效益。新一代人工智能技术与先进制造技术的融合将使生产线、车间、工厂发生大变革，企业将向自学习、自适应、自控制的新一代智能工厂进军。

智能服务：在"机器学习""深度学习""人工神经网络"等算法的提出和发展的背景下，人工智能技术进入高速发展阶段，人工智能语义领域的任务型对话服务机器人应用在客户服务场景中。

新一代智能制造系统最本质的特征是通过深度学习、迁移学习和增强学习等技术的应用，使信息系统增加了认知和学习的功能，从而使人类从繁重的体力劳动和简单重复的脑力劳动中解放出来，可以从事更有意义的创造性工作。

11.2　信息物理系统

（1）信息物理系统的概念

什么是CPS？与传统制造相比，智能制造发生的最本质的变化是在人与物理系统之间增加了信息系统（cyber system），信息系统与物理系统组成了信息物理系统（cyber-physical system），如图11-12所示。

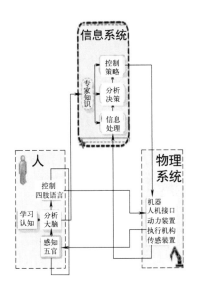

图 11-12　信息物理系统

① CPS 的定义。CPS 通过集成先进的感知、计算、通信、控制等信息技术和自动控制技术，构建了物理空间与信息空间中人、机、物、环境、信息等要素相互映射、适时交互、高效协同的复杂系统，实现系统内资源配置和运行的按需响应、快速迭代、动态优化。

信息物理系统的应用如图 11-13 所示。

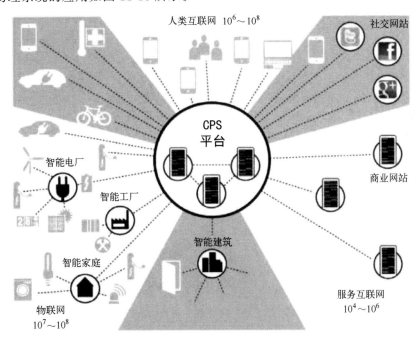

图 11-13　信息物理系统的应用

信息系统和物理系统的关系有点类似于计算机系统中操作系统与 BIOS 之间的关系。

② CPS 的本质。状态感知是指对外界数据的获取，如物理实体的尺寸、外部环境的温度、液体流速、压强等数据。

实时分析是指对显性数据的进一步理解，是将感知的数据转化成认知的信息的过程。

科学决策是指对信息的综合处理，在这一环节 CPS 能够权衡判断当前时刻获取的所有来自不同环境中的信息，形成最优决策来对物理实体空间进行控制。

精准执行是指对决策的精准物理实现，执行的本质是将信息空间产生的决策转换成物理实体可以执行的命令。

③ CPS 的特征。CPS 作为沟通信息世界和物理世界的桥梁，表现出六大典型特征。

数据驱动：数据驱动是指通过构建"状态感知、实时分析、科学决策、精准执行"的数据自动流动的闭环赋能体系，CPS 将隐性的数据从物理空间中显性地转化到信息空间中，进而迭代更新汇集成知识库。转化过程中，由状态感知后实时分析数据；根据数据做出科学决策判断；精准执行后，将数据作为输出结果展示出来。因此，数据是 CPS 的重中之重。

软件定义：工业软件是对各类工业生产环节规律的代码化，支撑了绝大多数的生产制造过程。作为面向制造业的 CPS，软件就成为实现其功能的核心载体之一。

泛在连接：网络通信是 CPS 的基础保障，能够实现 CPS 内部单元之间以及其他 CPS 之间的互联互通。随着信息通信技术的发展，网络通信将会更加全面深入地融合信息空间和物理空间，表现出明显的泛在连接特征，实现任何时间、任何地点、任何人、任何物都能顺畅地通信。

虚实映射：CPS 构筑信息空间与物理空间数据交互的闭环通道，能够实现信息虚体与物理实体之间的交互联动。其中，"数字孪生"是虚实映射的基础。

异构集成：软件、硬件、网络、工业云等一系列技术的有机组合构建了一个信息空间与物理空间之间数据自动流动的闭环系统。CPS 能够将异构硬件、异构软件、异构数据及异构网络集成起来，实现数据在信息空间与物理空间不同环节的自由流动。因此，CPS 必定是一个对多方异构环节集成的综合体。

系统自治：CPS 能够根据感知的环节变化信息，在信息空间进行处理分析，自适应地对外部变化做出有效响应。

④ CPS 的横向对比。

a. CPS 与物联网对比。CPS 与物联网在原理和工作重点方面的区别见表 11-1。

表 11-1　CPS 与物联网在原理和工作重点方面的区别

比较项目	物　联　网	CPS
原理	物联网是基于无线连接实现感知的,其控制与计算的成分占比并不多。它往往是一个物理实体通过传感器感知某项活动后,将状态信息交给其他物理实体去决策与执行	CPS 在完成信息传递的功能之外,还要负责协调物理实体之间的工作,并且其自身的计算能力也很强大,从而最终能够实现自治的目标
工作重点	物联网强调物物相联与信息传输	CPS 强调物理世界和信息世界之间实时的、动态的信息回馈、循环过程

b. CPS 与嵌入式系统对比。CPS 与嵌入式系统在概念和工作范围方面的区别见表 11-2。

表 11-2　CPS 与嵌入式系统在概念和工作范围方面的区别

比较项目	嵌入式系统	CPS
概念	嵌入式系统是用于嵌入式微型计算机上的操作系统	CPS 系统是一个信息物理的混合系统,是一个跨学科跨领域的概念
工作范围	嵌入式系统较为单一地工作在特定的嵌入式环境当中	CPS 系统不仅要监控一个嵌入式设备的运作,还要负责不同嵌入式设备之间的交互,并以它们之间的交互信息进行工作上的协调。通俗地说,CPS 就是把嵌入式系统通过物联网联系起来,并协调其运作

（2）信息物理系统的实现

CPS 的三个层次：信息物理系统（CPS）可分为单元级、系统级、SoS 级（system of systems，系统之系统级）三个层次，如图 11-14 所示。单元级 CPS 可以通过组合与集成（如 CPS 总线）构成更高层次的 CPS，即系统级 CPS；系统级 CPS 可以通过工业云、工业大数据等平台构成 SoS 级的 CPS，实现企业级层面的数字化运营。

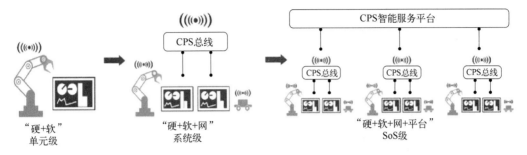

图 11-14　信息物理系统的三个层级

① 单元级 CPS——具有不可分割性的信息物理系统的最小单元，如图 11-15 所示。

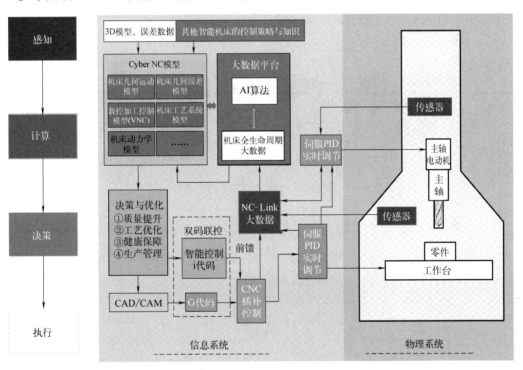

图 11-15　单元级信息物理系统

② 系统级 CPS——"一硬、一软、一网"的有机组合。系统级 CPS 由多个单元级 CPS 来构建（图 11-16），单元级 CPS 之间的交互是通过工业网络（如工厂现场总线、工业以太网）来实现的，由此达到数据的大范围、宽领域的自动流动。通过引入网络，实现了多个单元级 CPS 之间的协同调配，进而提高了制造资源配置的优化广度、深度和精度，如图 11-17 所示。

③ SoS 级 CPS——多个系统级 CPS 的有机组合，如图 11-18 所示。

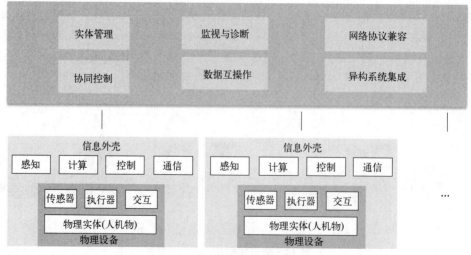

图 11-16 系统级 CPS 的架构

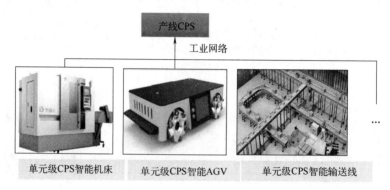

图 11-17 系统级 CPS 的实例

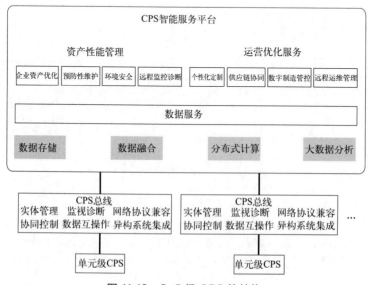

图 11-18 SoS 级 CPS 的结构

11.3 机器人在智能制造中的应用

（1）智能制造的定义中就包含机器人

1988 年，美国人赖特和伯恩在《制造智能》中，首次将智能制造定义为"通过集成知识工程、制造软件系统、机器人视觉和机器人控制来对制造技工的技能与专家的知识进行建模，以使智能机器能够在没有人工干预的情况下进行小批量生产"。也就是说，让工业机器人学习制造技工的技能和专家的知识，独自承担生产任务。智能制造的核心就是工业机器人。工业机器人要想学习人，就需要具有人的"五官"，尤其是"眼睛"。这就要求机器人具有视觉系统，能够感知周围环境中物体的色彩、形状、尺寸、位置并能求出物体的速度和加速度。机器人除要具有图像获取、处理和识别的能力外，还要具有处理大量数据并从数据中挖掘出有用信息的能力，还要具有人工智能。所以，智能制造的核心就是工业机器人＋视觉＋人工智能。

（2）智能制造的发展对现有机器人提出的要求

① 在现有工业机器人的基础上，向着以下方向发展。

a. 具有物联网和互联网能力。

b. 具有智能感知能力。

c. 具有大数据处理能力。

d. 能够自学习，如机器学习、深度学习，学习人类智能，实现人工智能，并不断向高水平演进。

e. 配有机器视觉，并对获得的信息进行深度学习。

f. 控制器向着 PLC 视觉控制一体机方向发展。

② 现有工业机器人的结构、组成、关键核心技术等方面要有全面提升。

现有机器人在数字化的机械电子技术的基础上向网络化智能化的信息物理系统（CPS）发展，具有物联网、互联网能力。能与其他智能设备交换信息，能把自身信息快速准确地传送到车间级、厂部级，由本地传送到外地。控制器向高性能发展，具有高存储容量，高处理速率，多处理器并行处理能力。用更多的内外传感器、智能传感器，用高性能摄像头、RFID 等。研发高性能的机器人操作系统和应用软件。

（3）离散型智能制造的生产资源层的核心要素是工业机器人

离散型智能制造生产资源层的关键要素是智能化装备和智能制造模式。智能化装备有数控加工中心、工业机器人、AGV 小车、增材制造装备，其核心是工业机器人。工业机器人是狭义的智能机器人，其他几项，如数控加工中心、AGV 小车、增材制造装备可称为广义的智能机器人。所以智能工业机器人是离散型智能制造的核心。

离散型智能制造的总体架构如图 11-19 所示。

企业层：主要通过 ERP 系统与 PLM 系统对各项数据进行汇总管理与分析决策。

工厂/车间层：主要实现生产过程的管理与控制。

生产资源层：主要完成产品的生产过程与质量检测过程。

一体化网络环境：可集成企业内外各类制造信息。

依托各类智能算法进行智能决策支持，可进一步实现制造系统的闭环控制。

在生产资源层，智能生产装备、智能物流装备、质量检测设备的核心是智能工业机器人。

智能工业机器人是面向工业领域的多关节机械手或多自由度的机器装置，可以接受人类指挥，按照预先编排的程序运行，还可以根据人工智能技术制定的原则纲领行动，动作灵

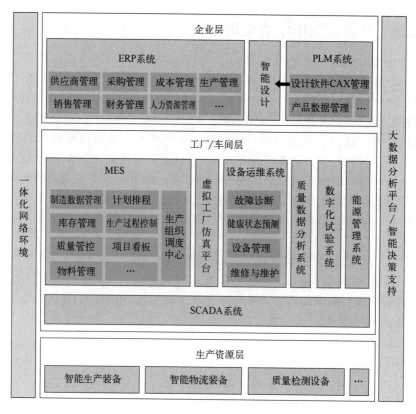

图 11-19　离散型智能制造的总体架构

活，结构紧凑，占地面积小，有很高的自由度，几乎适合任何轨迹或角度的工作。

（4）机器人在智能制造中的应用案例

案例一：工业机器人在中国一拖集团有限公司新型轮式拖拉机智能工厂中的应用。

中国一拖集团有限公司针对新型轮式拖拉机产品的多样性、制造复杂性、生产效率低等现状，重点开展新型轮式拖拉机多品种定制化混流型生产的智能制造体系建设，推进制造过程智能化，实现机械加工车间和装配车间数字化，以及箱体加工、传动系统装配、质量过程检测等关键工序智能化。上料、打磨、物流运输等岗位由机器人代替。对 MES/ERP/PLM/MDC 异构系统的高效集成，提高了农机装备生产过程智能优化控制水平，实现了大型重型动力换挡、无级变速拖拉机等高端装备的创新突破，提升了我国农机装备的国际竞争力。

① 新型轮式拖拉机智能工厂总体架构。

总体架构包括智能化制造体系、智能化生产控制中心、智能化生产执行过程管理、智能化仓储与物流四大子系统，如图 11-20 所示。由总体架构可知：自动化立体刀库、AGV、桁架机器人等多处采用工业机器人。

② 新型轮式拖拉机智能工厂信息化平台。

信息化平台如图 11-21 所示，它是利用物联网和工业互联网构建的从设备层到决策层，从研发、营销服务到上下游供应链的信息化平台。由该信息化平台可以看出，在自动化设备层，全部采用工业机器人和机器人化的生产装备。

a. 在自动桁架加工线上装备机器人，具体位置在减速器壳体桁架加工线下料口、传动箱壳体桁架加工线下料口、制动器活塞桁架加工线上料口。传动箱壳体去毛刺及制动器活塞桁架自动化生产线上下料机器人如图 11-22 所示。

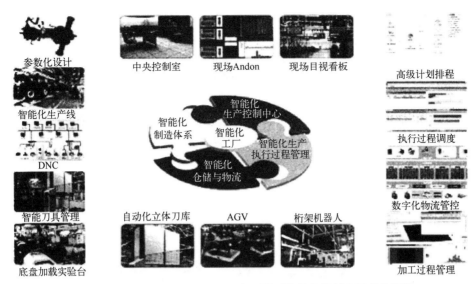

图 11-20　中国一拖集团有限公司新型轮式拖拉机智能工厂总体架构

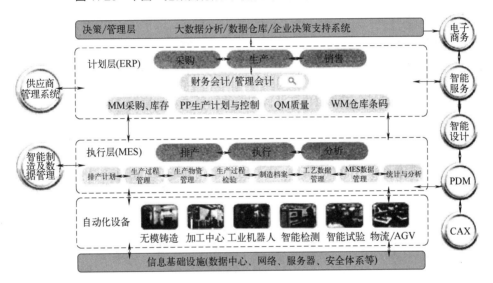

图 11-21　中国一拖集团有限公司新型轮式拖拉机智能工厂信息化平台

图 11-22　传动箱壳体去毛刺及制动器活塞桁架自动化生产线上下料机器人

b. 采用智能化刀具管理系统。

c. 采用智能化物流装备。

d. 采用高档数控机床。

案例二：郑州宇通客车有限公司智能制造系统建设。

客车制造是典型的离散型制造，属于多品种小批量订单式生产，目前是劳动密集型产业，自动化程度和智能化程度较低，信息化网络化程度低，急需进行智能制造系统建设。郑州宇通客车有限公司通过智能制造项目的实施，在已有的制造基础上为新能源客车建立了一套覆盖市场、订单、设计、仿真、生产组织、物流、装备、售后服务的端到端集成的智能制造系统，为新能源客车的未来市场拓展奠定了更加坚实的基础。

郑州宇通客车有限公司智能制造总体架构如图 11-23 所示，采用设备层、控制层、生产管理层、企业运营层四层架构。设备层采用智能装备，在焊接机器人工作站、模组搬运、AGV/RGV、自动立体仓库等处大量采用工业机器人。

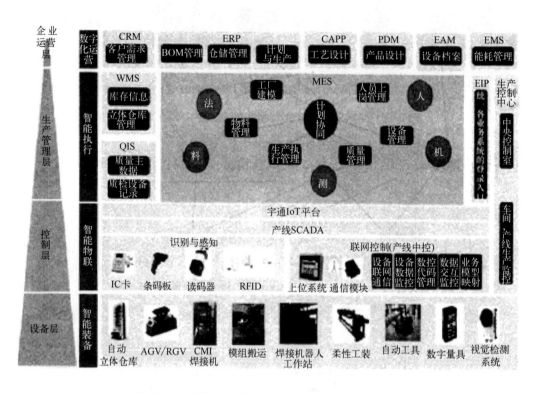

图 11-23　郑州宇通客车有限公司智能制造总体架构

案例三：豫北转向系统（新乡）股份有限公司汽车转向系统智能工厂。

豫北转向系统（新乡）股份有限公司着力推进智能工厂建设。①通过完善 PLM 系统、设计工艺仿真等实现智能设计。②通过升级完善 ERP 系统、CRM 系统实现智能经营。③通过 MES 与智能装配、智能检测、智能仓储与物流、数据采集系统实现智能生产。④通过全价值链信息集成和大数据平台，实现设计、制造、检测、物流等环节无缝对接。⑤通过物联网和互联网实现各种信息的互联互通。

豫北转向系统（新乡）股份有限公司的智能工厂的总体架构如图 11-24 所示，该智能工厂在全价值链系统集成、标准规范和大数据平台的支持下，在信息安全体系的保护下，构建了智能生产和智能经营两个大的层级。在智能生产的执行层，在智能装配和智能物流中大量采用了工业机器人。

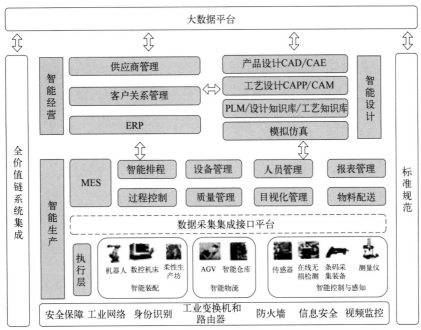

图 11-24 豫北转向系统（新乡）股份有限公司的智能工厂的总体架构

本 章 小 结

① 介绍了智能制造的概念和智能制造的演化范式。

② 介绍了信息物理系统的定义、本质、特征与实现。

③ 介绍了工业机器人与智能制造的紧密关系。

思考与练习题

1. 叙述工业革命发展的 4 个阶段。

2. 什么是智能制造？

3. 叙述智能制造的发展阶段。

4. 叙述智能制造各发展阶段的特点。

5. 新一代智能制造的三大功能和两个支撑是什么？

6. 什么是信息物理系统？

7. 信息物理系统有哪些特征？

8. 信息物理系统与嵌入式系统和物联网有什么关系？

9. 信息物理系统是怎么构成的？它有哪几种类型？

10. 工业机器人在智能制造中起什么作用？

11. 智能制造对工业机器人的发展提出了哪些要求？

参 考 文 献

[1] 陈明，张光新，向宏. 智能制造导论［M］. 北京：机械工业出版社，2021.

[2] 李琼砚，路敦民，程朋乐. 智能制造概论［M］. 北京：机械工业出版社，2021.

[3] 郝敬红，李凯钊，朱恺真. 智能制造31例［M］. 北京：机械工业出版社，2020.

[4] 王隆太. 先进制造技术［M］. 北京：机械工业出版社，2020.

[5] 杨文通，王蕾，刘志峰等. 数字化网络化制造技术［M］. 北京：电子工业出版社，2004.

[6] 徐杜，蒋永平，张宪民. 柔性制造系统原理与实践［M］. 北京：机械工业出版社，2001.